"十四五"职业教育国家规划教材

机 械 制 图

（多学时）（第2版）

主　编	谢晓红　邱定筹
副主编	邱吟华　丁彩平
参　编	罗鸣翔　周衍仁
	周　平　尹玉珍
主　审	沈精虎　黄　曙
（按姓氏笔画为序）	顾寄南　葛金印

电子工业出版社

Publishing House of Electronics Industry

北京·BEIJING

内 容 简 介

本教材为职业教育课程改革国家规划新教材，是以掌握基本概念、注重技能培养和提高综合素质为主导思想，以"淡化理论、够用为度、培养技能、重在应用"为原则，按最新制图国家标准编写而成的。主要内容包括：制图基本知识与技能；正投影基础；组合体；机件的表达方法；常用零件的特殊表示法；零件图；装配图；专用图样识读；第三角画法。本教材解题步骤详细，插图分步骤给出，并力求总结出规律性的东西给读者。本教材适用于职业院校、技工院校、职业高中机械类及工程技术类相关专业的制图教学，也可供各专业师生和工程技术人员参考。

本教材还配有《机械制图习题集（多学时）（第2版）》和配书资料包。

图书在版编目（CIP）数据

机械制图：多学时 / 谢晓红，邱定筹主编. —2 版. —北京：电子工业出版社，2017.8 (2025.10 重印)

ISBN 978-7-121-31629-6

Ⅰ. ①机… Ⅱ. ①谢… ②邱… Ⅲ. ①机械制图－职业教育－教材 Ⅳ. ①TH126

中国版本图书馆 CIP 数据核字（2017）第 119318 号

策划编辑：白　楠
责任编辑：白　楠
印　　刷：三河市双峰印刷装订有限公司
装　　订：三河市双峰印刷装订有限公司
出版发行：电子工业出版社
　　　　　北京市海淀区万寿路 173 信箱　邮编 100036
开　　本：787×1 092　1/16　印张：16.75　字数：428.8 千字
版　　次：2010 年 7 月第 1 版
　　　　　2017 年 8 月第 2 版
印　　次：2025 年 10 月第 20 次印刷
定　　价：34.50 元

再版前言

随着科学技术的发展、产业结构的调整及劳动力市场的变化，我国职业教育的教学改革也在不断深入。在此背景下，教育部于 2009 年制定了新的《机械制图》教学大纲，以满足职业教育在培养高素质劳动者和专门人才方面的要求。本教材是根据《机械制图》教学大纲的要求，在结合编者从事职业教育 20 余年的教学实践、总结"机械制图"课程教学经验及改革成果的基础上编写而成的。

与同类教材相比本教材有以下特点。

1. 以了解概念、强化应用、培养技能为目标。职业教育培养的是应用型人才，本教材全面贯彻"实用为主、必用和够用为度"的原则，将基本技能的培养贯穿教材的始终。

2. 力求"以例代理"。文字叙述力求简明扼要、突出图的重要性。根据学生经常出现的一些典型错误，给出正误对比的示例。

3. 注重理论联系实际。例如，本教材注意将投影理论与图示应用相结合，既加强必要的理论基础，又注重基本原理的具体应用。又如，采用"零""装"结合的体系，将零件与部件相结合，通过常用部件及其主要零件来阐述零件图和装配图的主干内容。

4. 注重自学能力的培养。本教材解题步骤详细，插图分步骤给出，降低了以往从问题提出一步到答案带来的理解难度，使学生可以较顺利地对教学内容进行预习理解，有利于学生自学习惯的养成和自学能力的培养。

5. 引入"拼图法"拼装装配图。本教材在内外螺纹旋合、螺栓连接、齿轮啮合、键连接等部分改变了传统的绘制装配图的方法，采用将若干个零件的视图用"拼图"的方式获得装配图，解决了长期以来"装配图"部分在机械制图教学过程中难讲难学的瓶颈问题，方便学生理解，又增加了课堂的趣味性，同时为后期看装配图打下良好的基础。教学建议：这部分内容有条件的建议在机房中用 CAD 软件进行拼图教学，无条件的可采用剪纸的方式完成拼图。

6. 采用最新国家标准。本教材采用了国家质量监督检验检疫总局颁布的《技术制图》、《机械制图》等有关最新国家标准，根据课程内容的需要，选择并分别编排在正文或附录中，以树立贯彻最新国家标准的意识，培养学生查阅国家标准的能力。

7. 模块化结构组织教材内容。本教材包括新大纲中的基础模块、部分选学模块和综合实践模块的相关内容。其中"第三角画法"因其画图与读图方法均与第一角画法相近，故篇幅较少，教学中可参考相关章节展开教学。

8. 编有《机械制图习题集（多学时）（第 2 版）》及配书资料包与本教材配套使用。

本教材所需学时为 128 学时＋（0.5～1）周综合实践教学环节，学校可根据实际情况灵活安排教学内容。

由于编者水平有限，书中难免存在缺点和错误，敬请批评指正。

本教材由广东省技师学院谢晓红、邱定筹任主编，广东省技师学院邱吟华、丁彩平任副主编。参加编写的人员还有：广东省技师学院周衍仁、罗鸣翔、武汉市第二轻工业学校周平、江苏财经职业技术学院尹玉珍。

本教材经全国职业教育教材审定委员会审定通过，由青岛大学沈精虎、湖南省沅江市职业中专黄曙审稿，电子工业出版社还聘请了江苏大学顾寄南、无锡机电高等职业技术学校葛金印审阅了书稿，他们对本教材的编写提出了许多宝贵的意见和建议，在此一并表示感谢！

本教材在编写过程中，得到了广东省技师学院的有关领导和同行们的大力支持和帮助，在此一并表示衷心感谢！

为了方便教师教学，本书还配有电子教学参考资料包，请有此需要的教师登录华信教育资源网（www.hxedu.com.cn）。

编　者

本书配套教学资源说明

本书配有电子教学资料包，可以登录华信教育资源网（www.hxedu.com.cn）免费下载。

本书还配有教学资源库，读者可利用移动设备扫描下方的二维码访问、浏览。

目　　录

第一部分　基 础 模 块

第二部分 综合实践模块

第三部分　选 学 模 块

绪 论

《机械制图》绘制的是什么图呢?

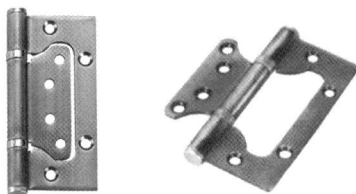

图 0-1　合页实物图

0.1 图样及其在生产中的用途

根据投影原理、标准或有关规定绘制的表示工程对象，并有必要的技术说明的图，称为图样。

在现代的工业生产中，无论是机器、仪器的设计、制造与维修，还是工程建筑的设计与施工，都是通过图样来进行的。

如图 0-1 所示的合页（又称铰链）是连接家具两个部分并能使之相对转动的金属部件。图 0-2 是合页装配图。设计者通过该图样来表达设计意图；制造者根据图样进行制造与施工；使用者通过图样了解它的构造和性能，掌握正确的使用和维护方法。因此，图样是工业生产中的重要技术文件，是交流技术思想的重要工具，是工程界的技术语言。工程操作人员必须具备绘制和阅读图样的能力。

不同部门使用的图样名称不同，要求也不同。用来表示机器、仪器等的图样，称为机械图样。机械制图就是研究绘制与识读机械图样的基本原理和方法的一门课程。

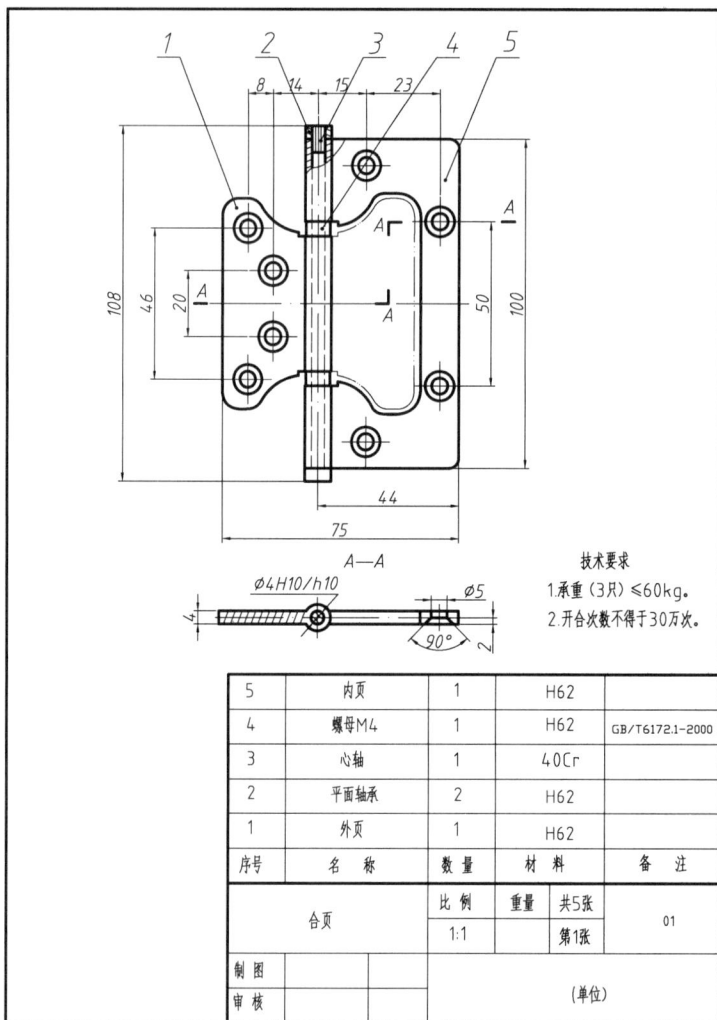

图 0-2　合页装配图

技术要求
1.承重（3只）≤60kg。
2.开合次数不得于30万次。

5	内页	1	H62	
4	螺母M4	1	H62	GB/T6172.1-2000
3	心轴	1	40Cr	
2	平面轴承	2	H62	
1	外页	1	H62	
序号	名　称	数　量	材　料	备　注

合页		比　例	重量	共5张	01
		1:1		第1张	
制　图					
审　核			（单位）		

0.2　本课程的主要任务

　　本课程的主要任务是使学生掌握机械制图的基本知识，获得读图和绘图能力；培养学生分析问题和解决问题的能力，使其形成良好的学习习惯，具备继续学习专业技术的能力；对学生进行职业意识培养和职业道德教育，使其形成严谨、敬业的工作作风，为今后解决生产实际问题和职业生涯的发展奠定基础。通过本课程的教学，使学生：

　　① 能执行机械制图国家标准和相关行业标准；

　　② 能运用正投影法的基本原理和作图方法；

　　③ 能识读中等复杂程度的零件图和简单的装配图，绘制简单的零件图；

　　④ 具备一定的空间想象和思维能力，形成由图形想象物体、以图形表现物体的意识和能力，养成规范的制图习惯；

⑤ 养成学生自主学习的习惯，能够获取、处理和表达技术信息，并能适应制图技术和标准变化的需要；

⑥ 通过制图实践培养制订并实施工作计划的能力、团队合作与交流能力，以及良好的职业道德和职业情感，提高适应职业变化的能力。

0.3　本课程的学习方法

① 本课程的核心内容是如何用平面图形来表达空间物体，以及如何根据平面图形想象空间物体的形状。因此，学习时一定要抓住"物"与"图"之间相互转化的方法和规律，不断的"由物画图"和"由图想物"，逐步提高空间想象和思维能力。

② 本课程是实践性很强的工程技术基础课。学习中，要注意物体和图样相结合，由浅入深，通过由空间到平面、由平面到空间的多画、多读、多想、反复实践，及时、独立、认真地完成习题和作业。同时还应通过参观生产现场和机械产品，借助模型、轴测图、实物等，增加生产实践知识和表象积累，培养和发展空间想象和思维能力。

③ 由于工程图样在生产实际中起着很重要的作用，其中任何一点差错都会给生产带来不应有的损失。《技术制图》、《机械制图》国家标准对图样画法、尺寸标注及技术要求注写等都进行了统一规定，要重视学习和严格遵守，对其中常用的标准应牢记并能熟练地运用。

0.4　我国工程图学历史与发展简介

我国是世界文明古国之一，在工程图学方面有着悠久历史。春秋时代的技术著作《周礼·考工记》中记载了规矩、绳墨、悬垂等绘图测量工具的运用情况；宋代李诫（仲明）著《营造法式》，运用了投影法表达复杂的建筑结构，总结了我国两千年来的建筑技术成就；清代程大位所著《算法统筹》一书的插图中有大量步车的装配图和零件图，日益接近现代工程图样。

新中国成立后，工程图学得到前所未有的发展。1959 年国家科学技术委员会首次颁布了国家标准《技术制图与机械制图》，之后不断进行修订，使全国工程图样标准得到了统一。

传统的工程图学学科以投影理论为基础，以直尺、圆规、图板为工具，至今已有两百多年的历史。随着计算机技术的发展，计算机绘图、计算机辅助设计（CAD）技术深入应用于世界工业的各个相关领域，传统的尺规绘图模式基本退出历史舞台。

近十多年来，基于计算机的三维设计更是迅猛发展，从三维实体开始设计，然后直接加工零件，又改变了传统二维图形的使用模式。

第一部分　基础模块

- ★ 制图基本知识与技能
- ★ 正投影基础
- ★ 基本体及其切割与相贯
- ★ 组合体
- ★ 机件的表达方法
- ★ 常用零件的特殊表示法
- ★ 零件图
- ★ 装配图

第1章

制图基本知识与技能

教学目标

1. 熟悉国家标准对有关机械工程图样的规定。
2. 熟练掌握常用绘图工具的使用方法。
3. 掌握常用几何图形的正确画法。

怎样绘制如图1-1所示的较复杂的外形轮廓呢?

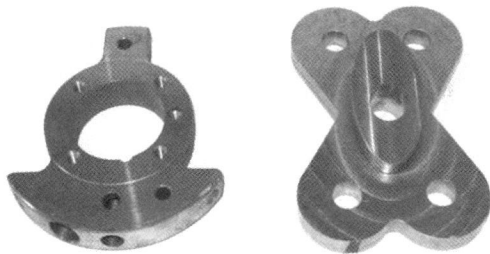

图 1-1　有较复杂外形轮廓的零件

1.1　绘图工具及其使用

正确使用绘图工具和仪器,是保证绘图质量和绘图效率的一个重要方面,必须养成正确使用、维护绘图工具的良好习惯。

1. 图板和丁字尺

图板要求板面平滑光洁,它的左侧边为丁字尺的导边,必须平直光滑,图纸用胶带纸固定在图板上,如图 1-2 所示。

丁字尺由尺头和尺身两部分组成,主要用来画水平线。使用时,丁字尺头部紧靠图板左边(导边),用左手推动丁字尺沿图板上下移动。调整到所需位置后,左手压住尺身,右手从左到右画线。画线时,铅笔前后方向应与纸面垂直,而向画线前进方向倾斜约30°。

2. 三角板

三角板由 45°和 30°(60°)两块合成一副,可配合丁字尺画铅垂线及与水平线成 15°

倍角（如 15°、30°、45°等）的斜线，如图 1-3 所示；或用两块三角板配合，画任意角度的平行线，如图 1-4 所示。

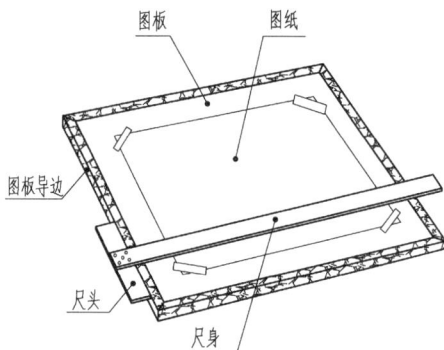

图 1-2　图板、丁字尺及图纸固定方法

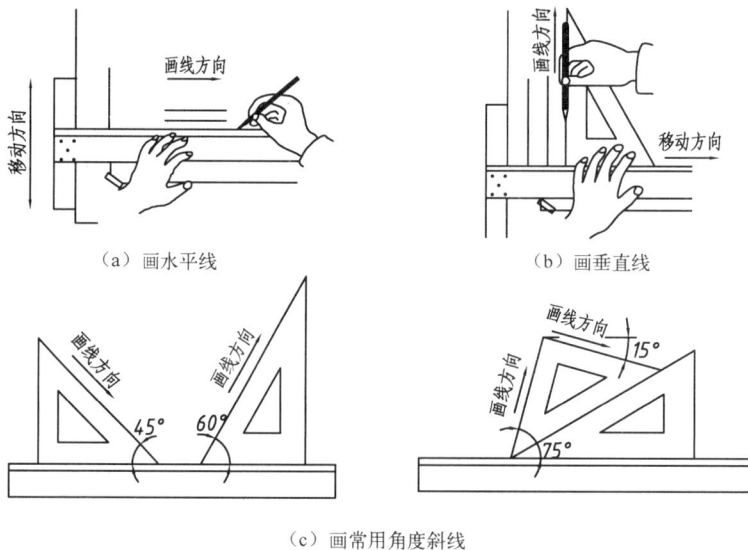

（a）画水平线　　　　　　　　　　（b）画垂直线

（c）画常用角度斜线

图 1-3　三角板和丁字尺配合作图

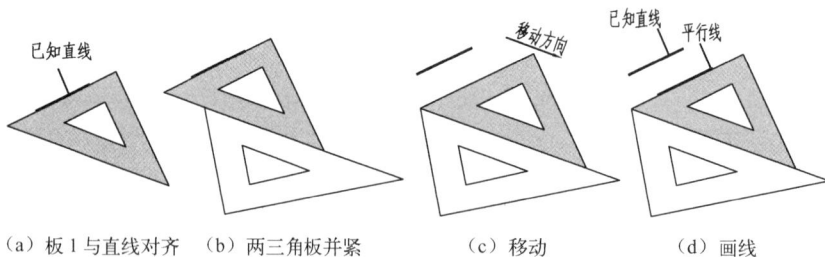

（a）板1与直线对齐　（b）两三角板并紧　（c）移动　　（d）画线

图 1-4　两块三角板配合画平行线

3. 圆规和分规

圆规用于画圆和圆弧，使用前应先调整针脚，钢针选用带台阶的一端，使针尖略长于铅芯。使用时将针尖插入图板，台阶接触纸面，画图时应使圆规向前进方向稍微倾斜。画大圆时，应使圆规两脚都与纸面垂直，如图 1-5 所示。

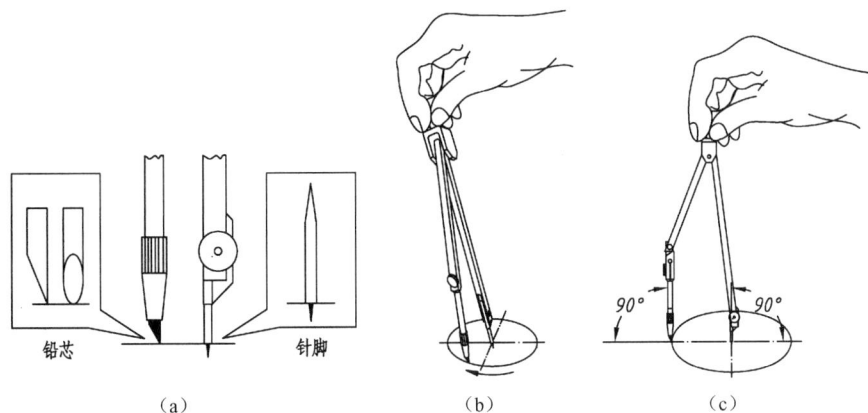

图 1-5　圆规的使用方法

分规主要用来量取线段长度或等分已知线段。

用分规截取或等分线段时，分规的两个针尖应调整平齐（图 1-6（a））。从比例尺上量取长度时，针尖不要正对尺面，应使针尖与尺面保持倾斜，切忌将针尖刺入尺面（图 1-6（b））。

当量取若干段相等线段时，可令两个针尖交替地作为旋转中心，使分规沿着不同的方向旋转前进，如图 1-6（c）所示。

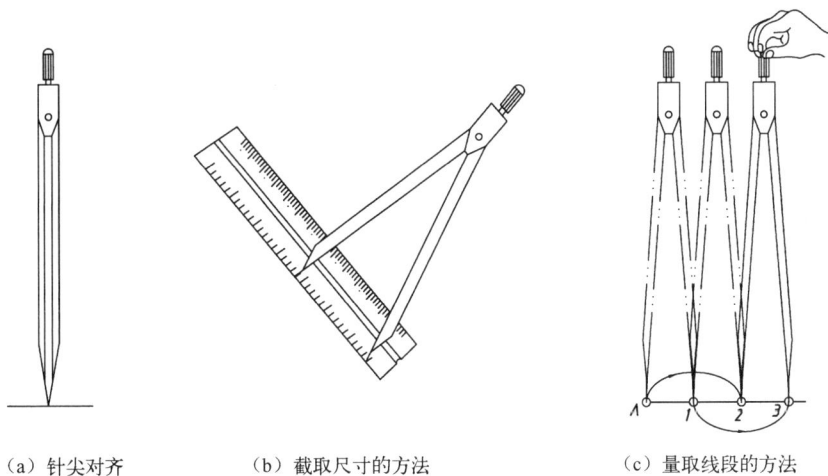

（a）针尖对齐　　　　（b）截取尺寸的方法　　　　（c）量取线段的方法

图 1-6　分规及其用法

4. 铅笔

绘图用铅笔的铅芯分别用 B 和 H 表示其软、硬程度，绘图时根据不同使用要求，应准备以下几种硬度不同的铅笔：

- 2H 或 H 用来画各种细线和底稿；
- H 或 HB 用来画箭头和写字，一般将铅笔削成圆锥状；
- HB 或 B 用来画粗实线，一般用砂纸磨成四棱柱形（见表 1-1）。

表 1-1　铅芯的削磨形状

类　　别	铅　　笔			圆规用铅芯	
铅芯软硬	2H 或 H	H 或 HB	HB 或 B	H 或 HB	B 或 2B
削磨形状	圆锥形		扁铲形	圆柱磨斜—楔形	截面为矩形的四棱柱形
用途	画细线	写字	画粗实线	画细线	画粗实线

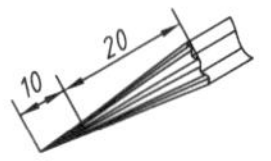

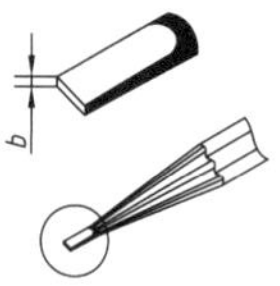

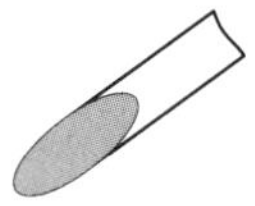

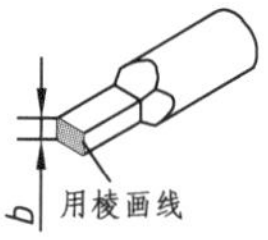

5. 绘图纸

绘图纸的质地坚实，用橡皮擦拭不易起毛。画图时，必须用图纸的正面。识别方法：用拇指触摸，光滑一面为正面，粗糙一面即为反面；或者用橡皮擦拭一下，不易起毛的一面即为正面。

除了上述绘图工具外，绘图时还要备有削铅笔的小刀、磨笔芯的砂纸、橡皮和胶带纸。

1.2　制图基本规定

为了适应现代化生产、管理及技术交流的需要，我国制定颁布了一系列国家标准（简称国标），它们是绘制、识读和使用图样的准绳。

国家标准代号为"GB"，它是由"国标"两个字的汉语拼音的第一个字母"G"和"B"组成的，如"GB/T 14689—2008"，国标后面的两组数字分别表示标准的序号和颁布的年份。国家标准的代号以"GB"开头者为强制性标准，国家标准的代号以"GB/T"开头者为推荐性标准。

1.2.1　图纸幅面和格式（GB/T 14689—2008）

1. 图纸幅面

标准的图纸幅面（简称图幅）共有五种，其尺寸见表 1-2。绘制图样时应优先采用这些图幅尺寸，必要时也允许加长幅面。加长幅面的尺寸是由基本幅面的短边成整数倍增加后得出的，如图 1-7 所示。

2. 图框格式

图纸可以横放，也可以竖放。

每张图纸上都必须用粗实线画出图框（尺寸见表 1-2），其格式有两种：一种用于无须要装订、不留装订边的图纸，如图 1-8（a）所示；另一种则用于须要装订、留有装订边的图纸，如图 1-8（b）所示。同一产品的图样只能采用一种格式。

表 1-2　图纸幅面尺寸及图框尺寸（单位：mm）

幅面代号	幅面尺寸 B×L	留边宽度 a	留边宽度 c	留边宽度 e
A0	841×1189			20
A1	594×841	25	10	20
A2	420×594	25	10	10
A3	297×420		5	10
A4	210×297		5	

注：B、L、e、c、a 如图 1-8 所示。

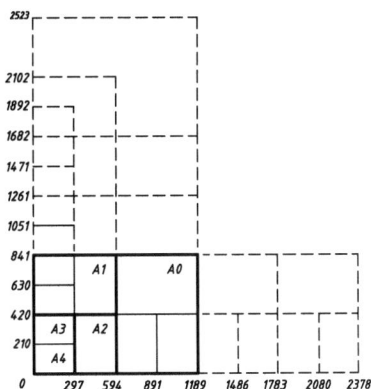

图 1-7　图幅的幅面尺寸

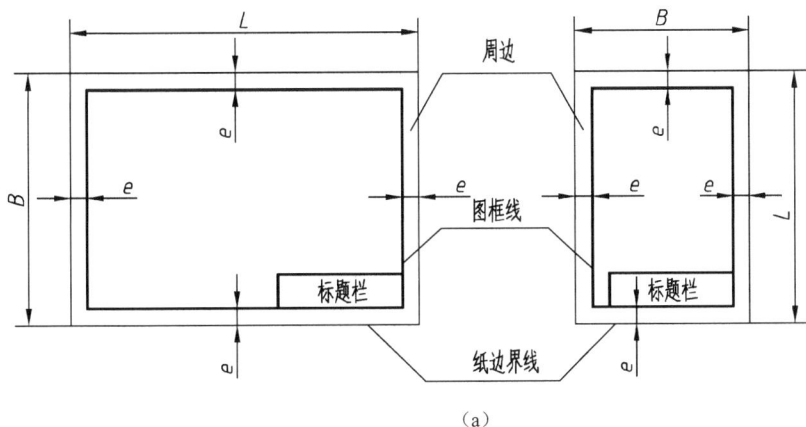

（a）

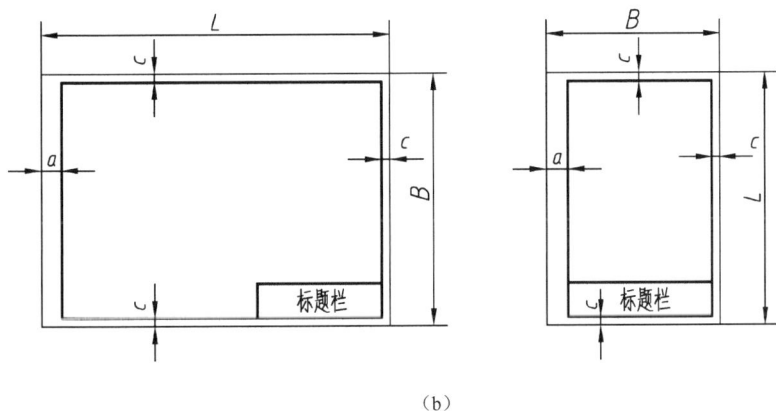

（b）

图 1-8　图框格式

3. 标题栏格式

标题栏的格式和内容在国家标准 GB/T 10609.1—2008 中给出了详细的规定，如图 1-9（a）所示，它适用于工矿企业中的各种生产用图纸。教学中建议采用简化的标题栏，如图 1-9（b）所示。

标题栏位于图纸右下角紧贴图框线的位置上，标题栏中文字的方向为看图的方向。

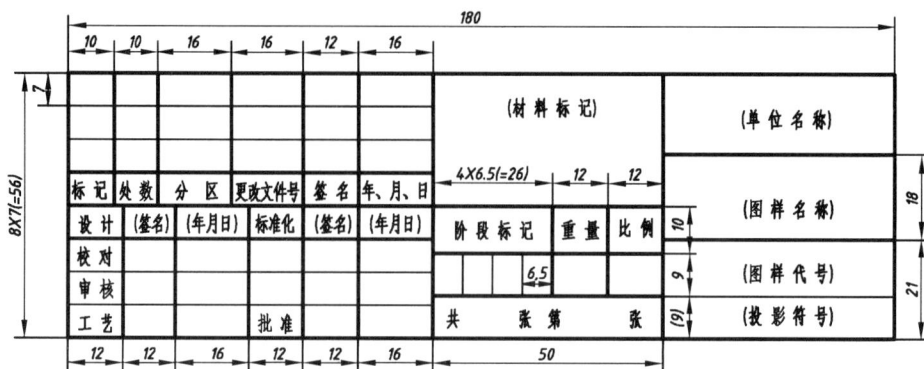

（a）国家标准规定的标题栏格式

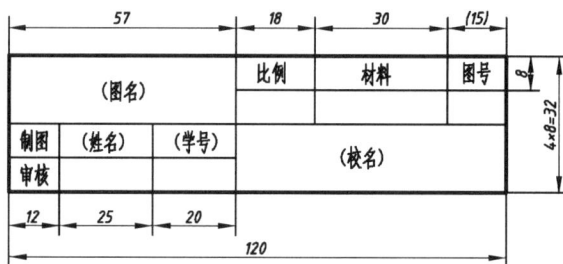

（b）推荐学生使用的格式

图1-9　标题栏格式

1.2.2　比例（GB/T 14690—1993）

比例，是指图样中图形与其实物相应要素的线性尺寸之比。

绘制图样时，应尽可能按机件的实际大小采用1:1的比例画出，以方便绘图和看图。但由于机件的大小及结构复杂程度不同，有时需要放大或缩小，当须要按比例绘制图样时，应从表1-3中所规定的第一系列中选取适当的比例，必要时也可选第二系列的比例。

不论采用何种比例，图上所注的尺寸数值均应为机件的实际尺寸，如图1-10所示。

表1-3　比　　例

种　类	比　　例	
	第 一 系 列	第 二 系 列
原值比例	1:1	
放大比例	2:1　　5:1　　1×10^n:1 2×10^n:1　5×10^n:1	2.5:1　　　　4:1 2.5×10^n:1　　4×10^n:1
缩小比例	1:2　　1:5　　1:10 1:1×10^n　1:2×10^n　1:5×10^n	1:1.5　　1:2.5　　1:3　　1:4　　1:6 1:1.5×10^n　1:2.5×10^n　1:3×10^n　1:4×10^n　1:6×10^n

注：n为正整数

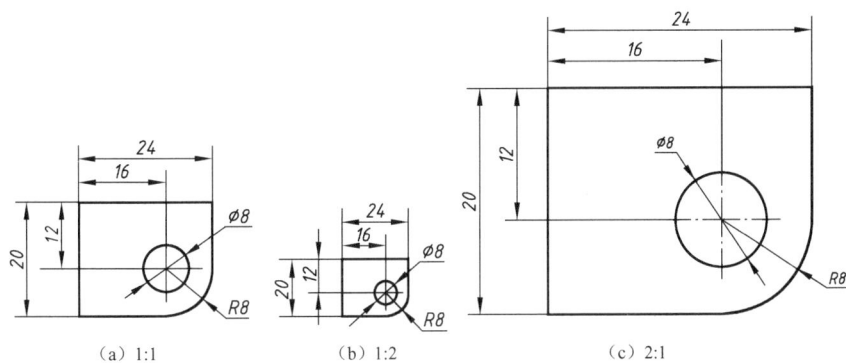

（a）1:1　　（b）1:2　　（c）2:1

图 1-10　采用不同比例绘制的同一图形

1.2.3　字体（GB/T 14691—1993）

图样中书写的汉字、数字和字母必须做到：字体工整，笔画清楚，间隔均匀，排列整齐。

字体的高度 h（单位为 mm）代表字体的号数，分为 1.8、2.5、3.5、5、7、10、14、20 八种。

1. 汉字

汉字应写成长仿宋体，并采用国家正式公布推行的简化字。汉字的高度不应小于 3.5mm，其宽度一般为 $h/\sqrt{2}$。

长仿宋字的书写要领为：横平竖直、注意起落、结构匀称、填满方格。

长仿宋字的基本笔画是：横、竖、撇、捺、挑、点、钩、折。

长仿宋体的书写示例如下所示：

字体工整　笔画清楚　间隔均匀　排列整齐

横平竖直　注意起落　结构匀称　填满方格

2. 数字

数字有阿拉伯数字和罗马数字两种，有直体和斜体之分。常用的是斜体字，其字头向右倾斜，与水平方向约成 75°，书写示例如下所示：

0 1 2 3 4 5 6 7 8 9

0 1 2 3 4 5 6 7 8 9

阿拉伯数字示例

0 1 2 3 4 5 6 7 8 9

斜体阿拉伯数字书写笔画

Ⅰ Ⅱ Ⅲ Ⅳ Ⅴ Ⅵ Ⅶ Ⅷ

Ⅰ Ⅱ Ⅲ Ⅳ Ⅴ Ⅵ Ⅶ Ⅷ

罗马数字示例

3. 字母

字母有拉丁字母和希腊字母两种，常用的是拉丁字母，我国的汉语拼音字母与它的写法一样，每种均有大写和小写、直体和斜体之分。写斜体字时，通常字头向右倾斜与水平线约成 75°，以下即为拉丁字母与希腊字母的书写示例。

$$ABCDEFGHIJKLMN$$

拉丁字母示例（斜体）

$$\alpha \beta \gamma \delta \varepsilon \zeta \eta \theta \iota \kappa \lambda \mu \nu \xi$$

希腊字母示例（斜体）

1.2.4 图线（GB/T 17450—1998、GB/T 4457.4—2002）

1. 图线及其应用

绘制图样时应采用表 1-4 中规定的各种图线。机械图样中图线的宽度分为粗、细两种，粗线的宽度 d 应按图的大小和复杂程度在 0.5～2mm 间选择，常用的线宽约为 1mm。细线的宽度约为 $d/2$。国标推荐的图线宽度系列为 0.13、0.18、0.25、0.35、0.5、0.7、1、1.4、2mm。

表 1-4 图线及应用

图 线 名 称	图 线 形 式	图 线 宽 度	图 线 应 用
粗实线	——	d	可见棱边线、可见轮廓线、相贯线、剖切符号用线
细实线	——	$d/2$	过渡线、尺寸线、尺寸界线、剖面线、指引线和基准线
虚线	— — — — —	$d/2$	不可见轮廓线 不可见棱边线
细点画线	—— · —— · ——	$d/2$	轴线、对称中心线、孔系分布的中心线、剖切线
波浪线	〜〜	$d/2$	断裂处边界线 视图与剖视图的分界线
双折线	〰	$d/2$	断裂处边界线、视图与剖视图的分界线
细双点画线	— ·· — ·· —	$d/2$	相邻辅助零件轮廓线、可动零件的极限位置的轮廓线、剖切面前的结构轮廓线、中断线
粗点画线	—— · —— · ——	d	限定范围表示线
d 系列： 0.25 0.35 0.5* 0.7* 1 1.4 2.0 （*优先采用）

2. 图线画法

绘制圆的对称中心线时，圆心应为画的交点，首末两端是画且超出轮廓线 2～5mm，如图 1-11（a）所示；在较小的图形上绘制点画线有困难时，可用细实线来代替，如图 1-11（b）所示。

各种线型相交时，都应以画相交，而不应在空隙处相交；当虚线、点画线或双点画线是实线的延长线时，连接处应为空隙，如图 1-11（c）所示。

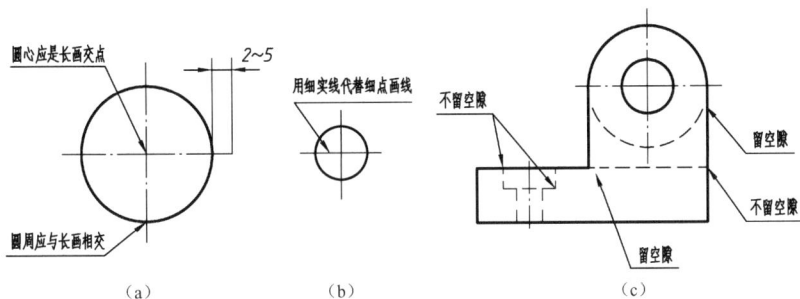

图 1-11 图线绘制注意事项

1.3 尺寸注法（GB/T 4458.4—2003、GB/T 16675.2—2012）

机件的形状由图形来表达，而大小则必须由尺寸来确定。标注尺寸时，应严格遵守国家标准中有关尺寸标注的规定，做到正确、完整、清晰、合理。

1. 标注尺寸的基本规则

① 机件的真实大小应以图样上所标注的尺寸数值为依据，与图形的比例大小及绘图的准确程度无关。

② 图样中的尺寸以 mm 为单位时，不须标注计量单位的名称或代号；如采用其他单位，则必须注明相应的单位符号。

③ 图样中所标注的尺寸，应为该图样所示机件的最后完工尺寸，否则需另加说明。

④ 机件的每一尺寸，一般只标注一次，并应标注在反映该结构最清晰的图形上。

⑤ 标注尺寸时，应尽可能使用符号或缩写词，见表 1-5。

表 1-5 常用的符号或缩写词

名　称	符号或缩写词	名　称	符号或缩写词
直径	ϕ	45°倒角	C
半径	R	深度	↓
球直径	$S\phi$	沉孔或锪平	⊔
球半径	SR	埋头孔	∨
弧长	⌒	均布	EQS
厚度	t	斜度	∠
正方形	□	锥度	◁

2. 标注尺寸的要素

一个完整的尺寸标注由尺寸界线、尺寸线、尺寸数字和表示尺寸线终端的箭头或斜线组成，如图 1-12 所示。

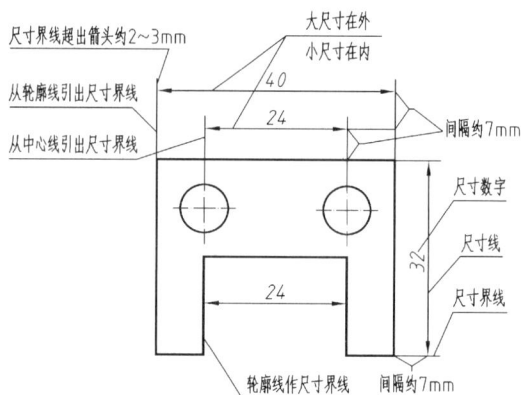

图 1-12　尺寸的基本要素

（1）尺寸界线

尺寸界线用细实线绘制，用以表示所注尺寸的起始和终止位置。尺寸界线一般由图形的轮廓线、轴线或对称中心线引出，也可利用轮廓线、轴线或对称中心线作为尺寸界线。通常，尺寸界线应与尺寸线垂直，并超出尺寸线终端 2mm 左右。

（2）尺寸线

尺寸线必须用细实线单独绘制，不能用其他图线代替，也不得与其他图线重合或画在其他图线的延长线上。标注线性尺寸时，尺寸线必须与所标注的线段平行。

尺寸线的终端有两种形式：箭头（图 1-13（a））和斜线图（图 1-13（b））。

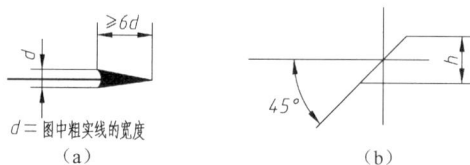

图 1-13　尺寸线的终端形式

机械图样中一般采用箭头作为尺寸线的终端，斜线形式主要用于建筑图样。当尺寸线与尺寸界线垂直时，同一图样中只能采用一种尺寸终端形式。

（3）尺寸数字

尺寸数字表示所注机件尺寸的实际大小。

3. 常见尺寸的标注方法

根据国家标准的有关规定，表 1-6 列举了一些常见的尺寸注法示例以供参考。

表 1-6 尺寸注法的基本规定

线性尺寸注法图	图例	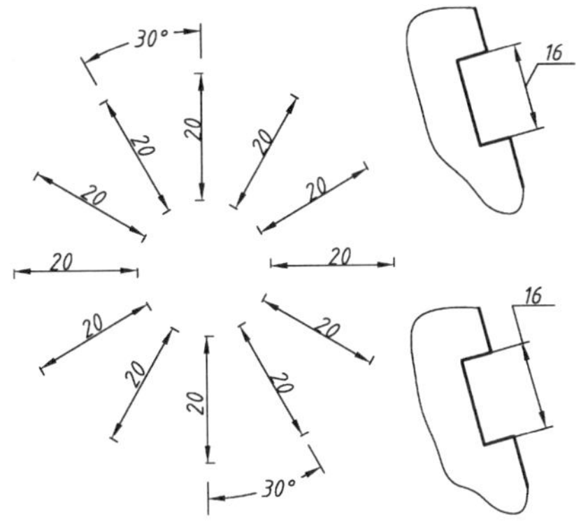	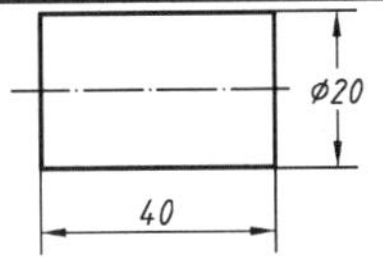 非水平方向的尺寸,其数字可水平地注写在尺寸线的中断处 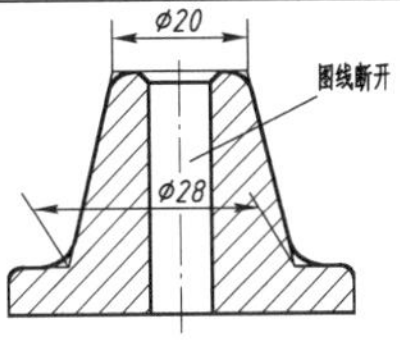		
	说明	水平方向的尺寸数字,字头朝上;竖直方向的尺寸数字,字头朝左;倾斜方向的尺寸数字其字头保持有朝上的趋势,尽量避免在与垂直方向夹角为30°范围内标注尺寸,当无法避免时,可参照右边的形式标注,同一张图样中标注形式要统一	当尺寸界线过于靠近轮廓线时,允许倾斜引出,在光滑过渡处标注尺寸时,必须用细实线将轮廓延长,从它们的交点处引出尺寸界线。 尺寸数字不可被任何图线所通过,当不可避免时,必须把图线断开		
圆及圆弧尺寸注法	图例				
	说明	圆或大于半圆的圆弧,尺寸线必须通过圆心,直径数字前加注"ϕ"	小于或等于半圆的圆弧,标注半径,尺寸线自圆心引向圆弧,数字前加注 R	当圆弧的半径过大或圆心不在图纸范围,可采用折线形式,若圆心位置无须注明,尺寸线可只画靠近箭头的一段	标注球面,应在符号"ϕ"、"R"前加注符号"S"
小尺寸注法	图例				
	说明	当没有足够的位置画箭头或注写尺寸数字时,可将箭头或尺寸数字布置在尺寸界线外面,或者两者都布置在外面,尺寸数字也可引出标注	对连续标注的小尺寸,中间的箭头可用圆点或斜线代替		

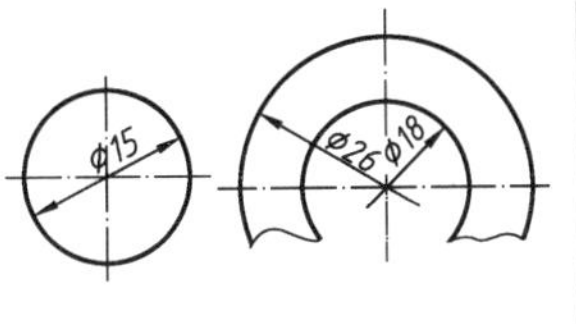

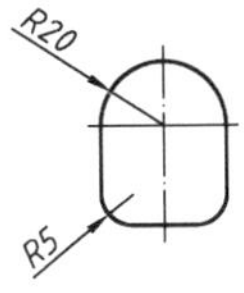

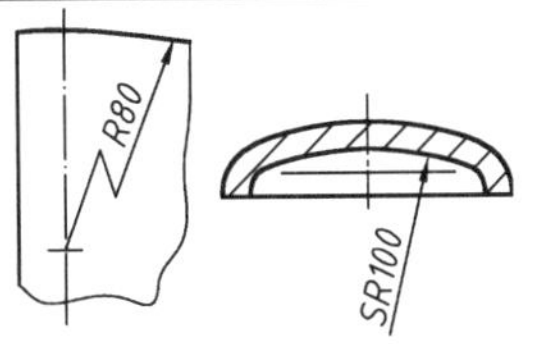

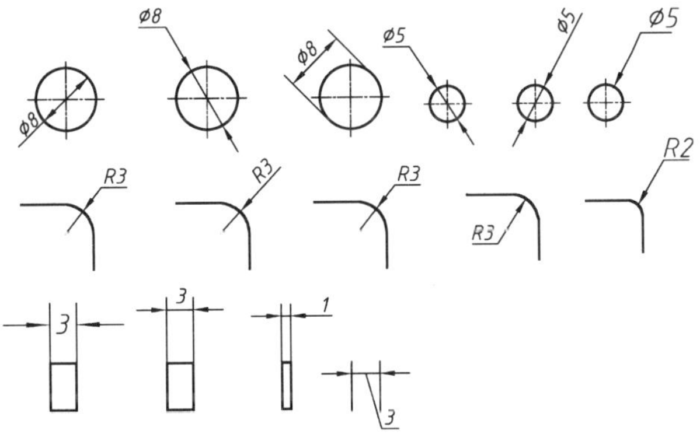

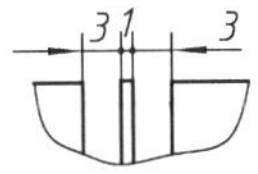

续表

角度注法	图例		
	说明	角度数字一律水平书写，注在尺寸线中断处，必要时可写在尺寸线上方或外边，也可引出标注	标注角度的尺寸界线应沿径向引出，尺寸线应画圆弧，其圆心是角的顶点
对称机件的尺寸注	图例		
	说明	当对称机件的图形只画出一半或略大于一半时，尺寸线应略超过对称中心线或断裂处的边界线，此时只在有尺寸线的一端画出箭头； 分布在对称线两侧的相同结构，可仅注其中一侧结构的尺寸	

1.4 尺规绘图

1.4.1 几何作图

1. 线段的等分

以线段的三等分为例，如图1-14所示。

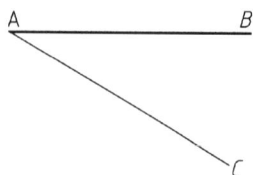

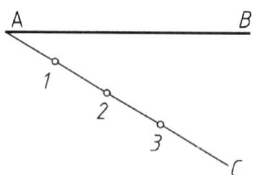

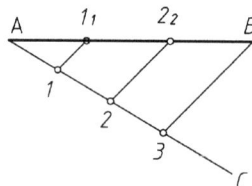

（a）过端点 A 作任意射线 AC

（b）由 A 点起，在 AC 上截取三个等长线段，得 1、2、3 点

（c）连接两端点 B3，并过 1、2 点作 B3 的平行线，交点为所求三等分点

图1-14 线段的等分

2. 圆周等分与圆的内接正多边形

用绘图工具可作出正三、四、五、六等多边形。圆内接正多边形的作图方法和步骤见表 1-7。

表 1-7　圆内接正多边形的作图方法和步骤

		作 图 步 骤			
三等分 内接正三角形	三角板作图	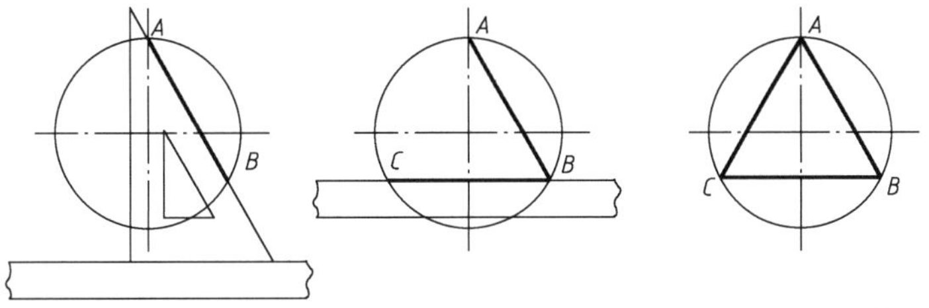 过A点作60°斜线交圆于B	过B点作水平线交圆于C	连接AC得正三角形	
	圆规作图	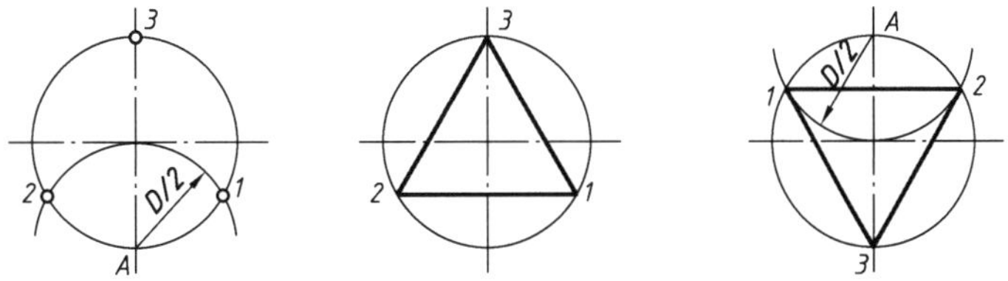 以A为圆心,圆周半径为半径,画弧交圆于1、2	连接1、2、3得正三角形	顶点在下方的正三角形画法	
四等分 内接正四边形	三角板作图	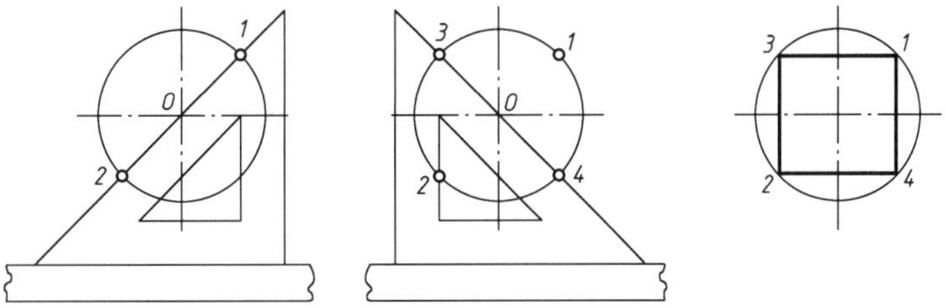 过圆心O作45°斜线交圆于1、2	旋转三角板,过O作45°斜线交圆于3、4	连接1、3、2、4得正四边形	
	圆规作图	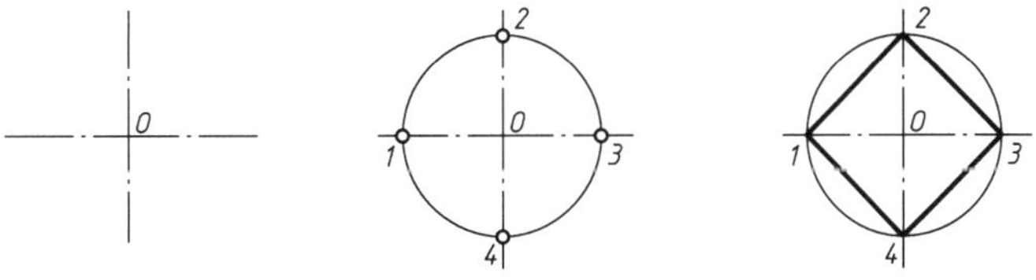 建立平面直角坐标系,O为原点	以O为圆心画圆交坐标于四个点	连接1、2、3、4得正四边形	
五等分 内接正五边形	圆规作图	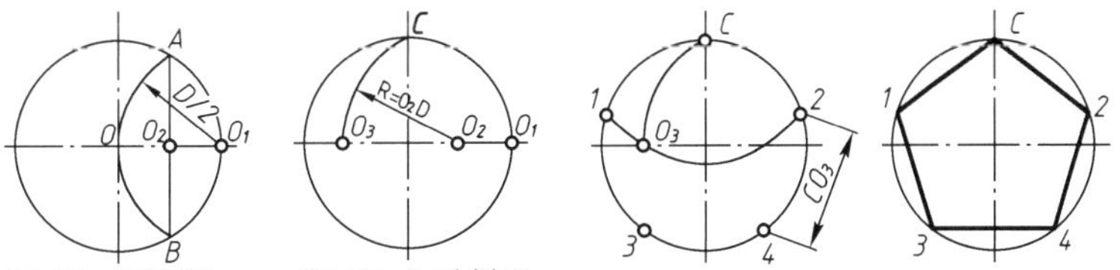 以O_1圆心,圆周半径为半径,画弧交圆于A、B,连AB得OO_1中点O_2	以O_2圆心,O_2C为半径画弧,得交点O_3,CO_3线段长为所求五边形边长	用CO_3自C起截圆周得点1、2、3、4	依次连接C、1、3、4、2,得正五边形

		作 图 步 骤
六等分 内接正六边形	三角板作图	 用三角板60°边过A点作弦1，再平移至B点作弦2 旋转三角板，过A点作弦3，再平移至B点作弦4 于圆上连接弦23、14，得正六边形 用三角板30°边过A点作弦1，再平移至B点作弦2 旋转三角板，过A点作弦3，再平移至B点作弦4 于圆上连接弦23、14，得正六边形
	圆规作图	 以A圆心，圆周半径为半径，画弧交圆于1、2 以A圆心，圆周半径为半径，画弧交圆于3、4 依次连接A、1、4、B、3、2，得正六边形

3. 斜度和锥度

（1）斜度

① 斜度的定义

斜度是一条直线对另一条直线或一个平面对另一个平面的倾斜程度。其大小用该两直线（或两平面）间夹角的正切函数值来表示，并把比值简化为 $1:n$ 的形式标注在图样上，即 $\tan\alpha = H/L = 1:n$。

② 斜度符号

斜度标注时，需要在 $1:n$ 前加注斜度符号"∠"（画法如图 1-15（a）所示，h 为字体高度），符号的方向应与斜度方向一致，如图 1-15（b）所示。

③ 斜度的画法

（a）斜度及斜度符号   （b）方斜垫圈上斜度的标注   （c）方斜垫圈立体图

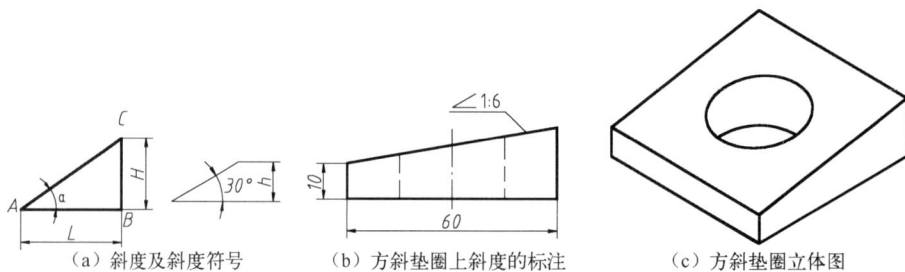

图 1-15 斜度符号及其标注

例 1-1 现以方斜垫圈为例，说明斜度的作图方法。

分析

画斜度的重点在于构建一个如图 1-15（a）所示的直角三角形，使对边∶邻边 = 1∶n，斜边即为所求。

作图步骤　　（图 1-16）

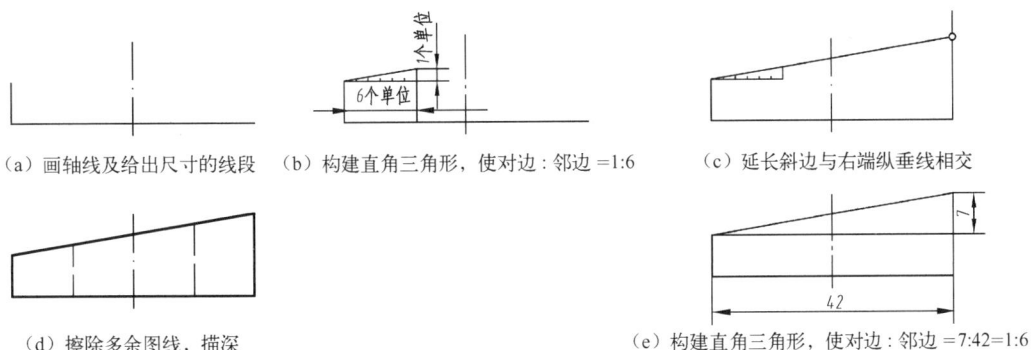

（a）画轴线及给出尺寸的线段　（b）构建直角三角形，使对边∶邻边 =1∶6　（c）延长斜边与右端纵垂线相交

（d）擦除多余图线，描深　　　（e）构建直角三角形，使对边∶邻边 =7∶42=1∶6

图 1-16　斜度的作图步骤

绘图技巧

在量取直角三角形的底和高时，可巧妙地利用原图尺寸，拼凑出 1∶n 的比例。比如上道例题中，可不量取单位长度，而是直接利用底边的长 42，拼凑出 7∶42 = 1∶6。

思考与练习

按图 1-17 中给定的尺寸，用 1∶1 的比例抄画图形，不标尺寸。

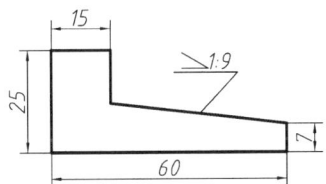

图 1-17　斜度画法练习

（2）锥度

① 锥度的定义

锥度是指正圆锥体的底圆直径与其高度的比值。在图样上以 1∶n 的形式标注，即锥度 =D/L=1∶n。

② 锥度符号

斜度标注时，需要在 1∶n 前加注锥度符号"▷"（画法如图 1-18（a）所示，h 为字体高度），符号的方向应与锥度方向一致，如图 1-18（b）所示。

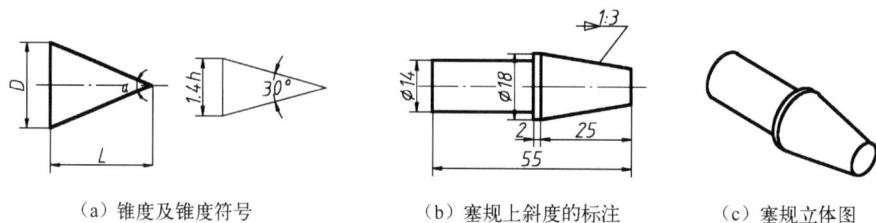

（a）锥度及锥度符号　　　　（b）塞规上斜度的标注　　　　（c）塞规立体图

图 1-18　锥度符号及其标注

③ 锥度的画法

例 1-2　现以塞规为例，说明锥度的作图方法。

分析

画锥度的重点在于构建一个等腰三角形，使其底：高 = $1:n$，两腰即为所求。

作图步骤　（图 1-19）：

（a）画轴线及给出　　　　（b）构建等腰三角形，　　　　（c）分别作两腰的平行线
　　尺寸的线段　　　　　　　使底：高 =6:18=1:3

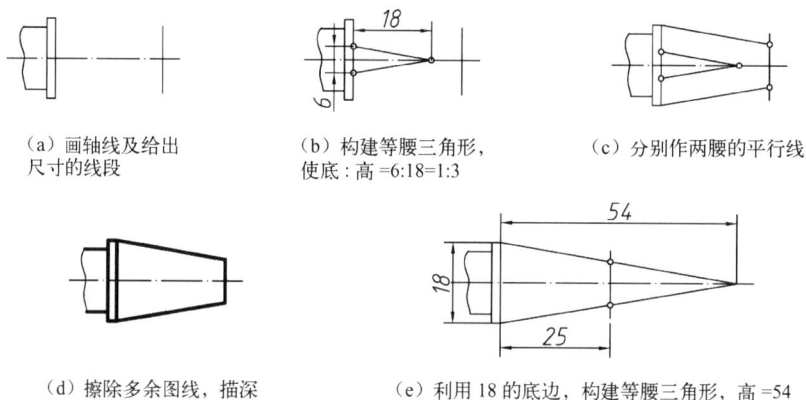

（d）擦除多余图线，描深　　　　（e）利用 18 的底边，构建等腰三角形，高 =54

图 1-19　锥度的作图步骤

绘图技巧

可直接利用 18 的直线为底，拼凑出 18：54 = 1：3 的比例，然后在轴线上量取 54 的高作等腰三角形，这样便可不用作平行线，方法略简单。

思考与练习

按图 1-20 中给定的尺寸，用 1：1 的比例抄画图形，不标尺寸。

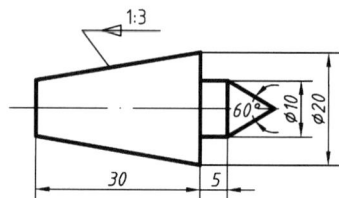

图 1-20　锥度画法练习

4. 已知长、短轴画椭圆

已知长、短轴画椭圆常采用"四心法"近似画出，即用四段圆弧连接而成，作图方法和步骤如图 1-21 所示。

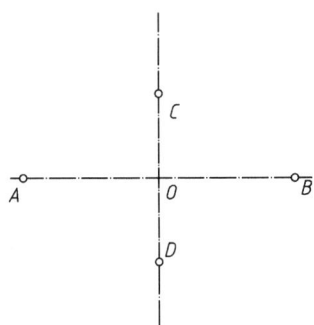

（a）根据长轴、短轴定椭圆
四端点 A、B、C、D

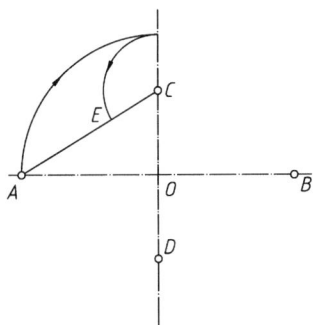

（b）连 AC，在其上减去长、
短半轴的差值，得余长 AE

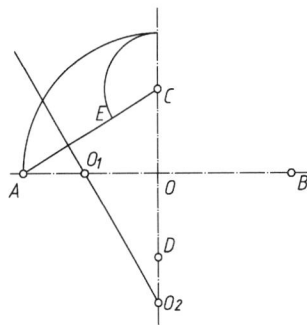

（c）作余长的垂直平分线，
交两中心线于两心 O_1、O_2

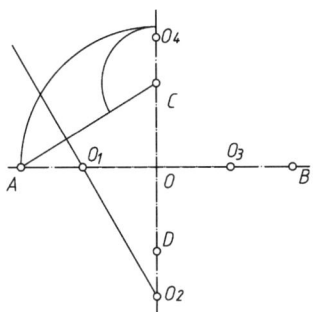

（d）O_1、O_2 分别以 O 对称得 O_3、O_4

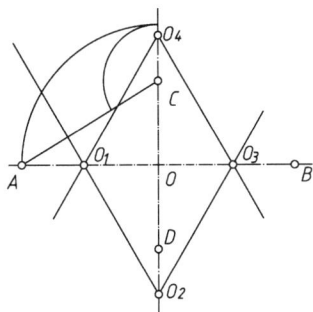

（e）四心两两相连，交线为
四段圆弧的分界线

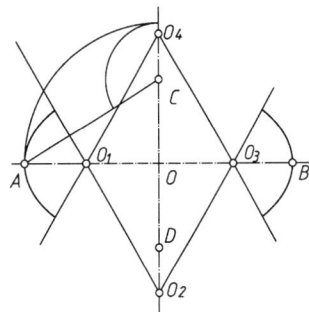

（f）以 O_1、O_3 为圆心，到 A、B
距离为半径，画弧，画到界线为止

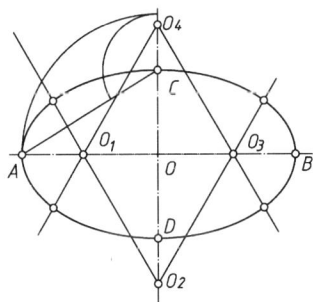

（g）以 O_2、O_4 为圆心，到 C、D
距离为半径，画弧

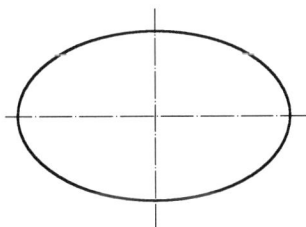

（h）擦去辅助线，描深

图 1-21　椭圆的作图方法和步骤

5. 圆弧连接

在绘制机件的图形时，常遇到从一条线（直线或圆弧）光滑过渡到另一条线的情况。这种用一段圆弧光滑地连接相邻两条线段的作图方法，称为圆弧连接。要保证圆弧连接光滑，就必须使线段和线段在连接处相切，作图时应先求连接圆弧的圆心及确定其与已知线段的切点。作图方法示例见表1-8。

表1-8　圆 弧 连 接

类别	实　例	作图方法和步骤		
		找 圆 心	找 切 点	连 圆 弧
连接两已知直线	连接圆弧 已知直线1　已知直线2 垫片	作两已知直线距离为R的平行线,交点为圆心	过圆心作已知直线的垂线,垂足为切点	以O为圆心,用圆弧连接两切点
连接两已知直线	连接圆弧 成直角的两直线 底板	以O₁为圆心,R为半径画弧交两直线于A、B	分别以A、B为圆心,R为半径画弧,交点为圆心,A、B为切点	以O为圆心,用圆弧连接两切点
外切两已知圆弧	连接圆弧(与已知圆弧内切) 已知圆弧1　已知圆弧2 连接圆弧(与已知圆弧外切) 连杆	分别作两已知圆弧的同心圆(半径相加),交点为圆心	分别作连心线,与已知圆弧的交点即为切点	以O为圆心,用圆弧连接两切点
内切两已知圆弧		分别作两已知圆弧(半径相减)的同心圆,交点为圆心	分别作连心线并延长,与已知圆弧的交点即为切点	以O为圆心,用圆弧连接两切点

1.4.2　平面图形的画法

平面图形都是由若干直线段和曲线段连接而成的，有些线段可根据给定的尺寸关系直接画出，而有些线段则要根据两线段的几何条件作图。

画平面图形时，要通过对这些直线和曲线的尺寸和连接关系进行分析，确定画图顺序。

下面以如图 1-22 所示支座平面图形为例说明其作图步骤。

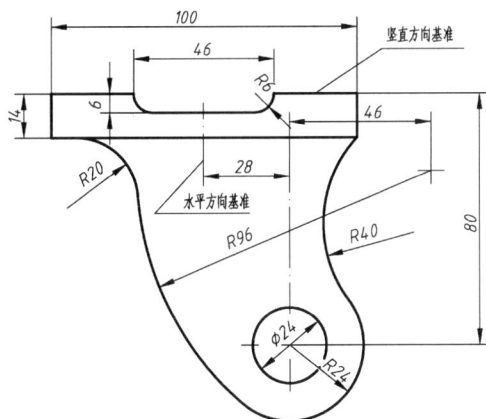

图 1-22　支座平面图形的尺寸分析与线段分析

1. 尺寸分析

尺寸按其在平面图形中所起的作用，可分为定形尺寸和定位尺寸两类。

（1）定形尺寸

确定平面图形上各线段形状和大小的尺寸，称为定形尺寸，如直线的长短，圆的大小等。

（2）定位尺寸

确定平面图形上线段的相对位置的尺寸称为定位尺寸，如圆心的位置、直线的位置等。如图 1-22 中的 28 和 80，这两个尺寸决定了 ϕ24 圆及 R24 圆弧圆心的位置，46 决定了 R96 圆弧圆心的水平方向位置，均为定位尺寸。

（3）尺寸基准（简称基准）

尺寸基准就是标注尺寸的起点。在平面图形中，有水平和竖直两个方向上的基准。基准一般采用图形的对称线、圆的中心线、重要的轮廓线等。在图 1-22 中，平面图形上端的水平轮廓线和垂直中心线为水平方向和竖直方向的基准。

2. 线段分析

平面图形中的线段（直线或圆弧），根据其定形、定位尺寸齐全与否，可分为三种。

（1）已知线段

定形、定位尺寸齐全，可以直接画出的线段称为已知线段。例如图 1-22 中长 100 的水平线段、长 14 的竖直线段、R24 的圆弧和 ϕ24 的圆为已知线段。

（2）中间线段

具有定形尺寸，但定位尺寸不全，需根据与其他线段的连接关系才能画出的线段称为中间线段。例如图 1-22 中圆弧 R96，仅知其圆心位于距 ϕ24 圆的中心线 46 的平行线上，故为中间线段。

（3）连接线段

只有定形尺寸，没有定位尺寸，完全根据与其他线段的连接关系画出的线段称为连接线段。图 1-22 中，与两垂直直线相切的 R6；过一定点且与 R24 外切的 R40；相切于一直线且与 R96 外切的 R20。

　　根据以上分析可以知道，平面图形的绘图顺序应该是：已知线段——中间线段——连接线段。

3. 作图步骤（图 1-23）

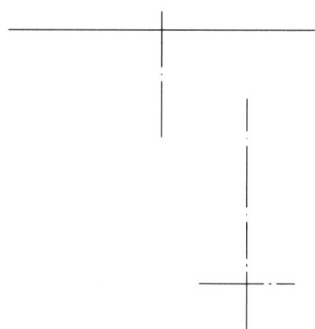

（a）画基准线

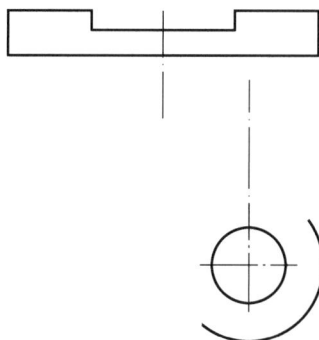

（b）画已知线段

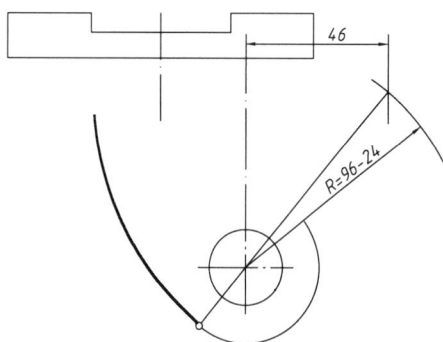

（c）画中间线段（求圆心，找切点，再画弧）

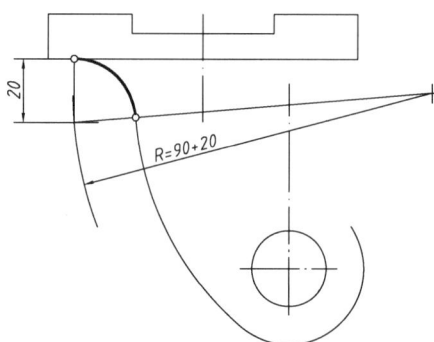

（d）画连接线段 *R*20（求圆心，找切点，再画弧）

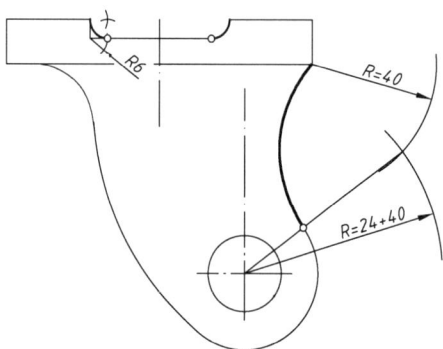

（e）画连接线段 *R*6、*R*40（求圆心，找切点，再画弧）

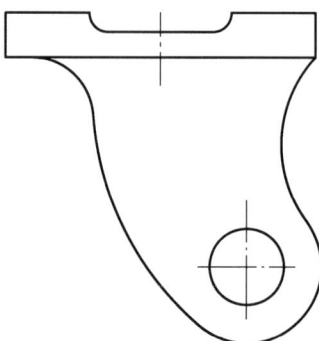

（f）整理，描深

图 1-23　平面图形的作图步骤

思考与练习

按 1:1 的比例抄画图 1-24。

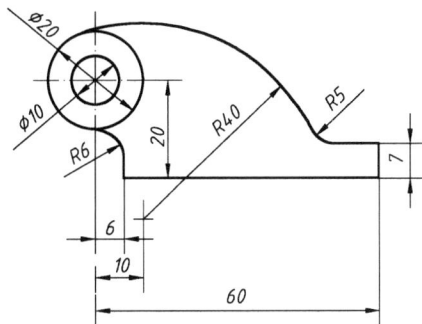

图 1-24　平面图形画法练习

1.5 绘图的方法和步骤

正确使用绘图工具、合理安排绘图步骤，直接关系到绘图的速度和质量。

1. 绘图前的准备工作

① 准备好绘图工具。
② 分析图形的尺寸和线段。
③ 选图幅、定比例。
④ 固定图纸。

2. 按正确步骤进行画图

① 画图框线、标题栏。
② 布置图面。尽量使图形位于图纸的中间稍偏上位置，要求图面疏密均匀。
③ 用细实线绘制底稿图。先画轴线、对称中心线，然后画主要轮廓线，再画细部，底稿线要求细而轻。
④ 画出尺寸线、尺寸界线等。

3. 加深图线

① 检查图形的正确性，擦去多余的线条。
② 按以下顺序加深图线：先粗后细、先圆后直、先直后斜。
③ 画箭头，填写尺寸数字。
④ 填写标题栏及文字说明。
⑤ 检查整理，完成图纸。

1.6 徒手绘图的方法

所谓徒手绘图，就是不用或只用简单的绘图工具，以较快的速度，徒手目测画出图形。徒手绘图是一项重要的基本功，在实际工作中，经常会碰到徒手绘图的情况。

绘制草图时使用软一些的铅笔（如 HB、B 或者 2B），铅笔削长一些，铅芯呈圆形，粗细各一支，分别用于绘制粗、细线。

1. 直线的画法

画直线时，小手指靠着纸面，画短线以手腕运笔；画长线时，以手臂动作，眼睛注视线段终点，以眼睛的余光控制运笔方向，轻移手腕使笔尖沿要画线的方向做直线运动；画倾斜线时，通常将图纸斜放，或侧转身体，使欲画的直线成顺手方向，其运笔方向如图 1-25 所示。

图 1-25　徒手画直线的运笔方向

2. 等分线段

（1）八等分线段

先目测取得中点 4，再取等分点 2、6，最后取等分点 1、3、5、7，如图 1-26（a）所示。

（2）五等分线段

先目测 2∶3 的比例将线段分成为不相等的两段，然后将较短段平分，较长段三等分，如图 1-26（b）所示。

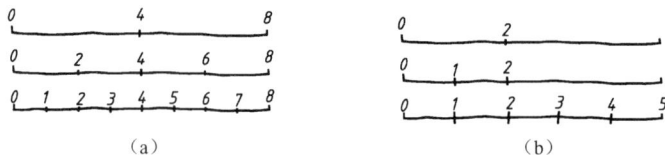

（a）　　　　　　　　　　　（b）

图 1-26　徒手等分线段

3. 常用角度的画法

画 30°、45°、60° 等常用角度时，可按两直角边的近似比例关系，定出两端点后，连成直线，如图 1-27 所示。

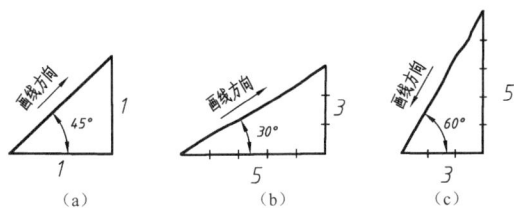

图 1-27　30°、45°、60° 斜线的徒手画法

4. 圆的画法

画较小圆时，先在中心线上按半径目测定出四点，然后徒手将各点连接成圆，如图 1-28（a）所示。

画较大圆时，通过圆心加画两条约 45° 的斜线，按半径目测定出八点，连接成圆，如图 1-28（b）所示。

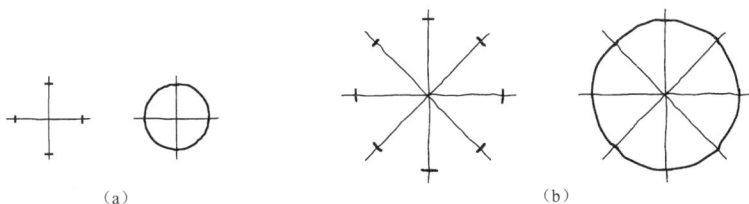

(a)　　　　　　　　　　　　　　　　(b)

图 1-28　徒手画圆

5. 圆角和圆弧连接的画法

画圆角和圆弧连接时，根据圆角半径大小，在分角线上定出圆心位置，从圆心向分角两边引垂线，定出圆弧的两连接点，并在分角线上定出圆弧上的点，然后过这三点作圆弧（图 1-29 (a)）；也可以利用其与正方形相切的特点画出圆角或圆弧，如图 1-29（b）所示。

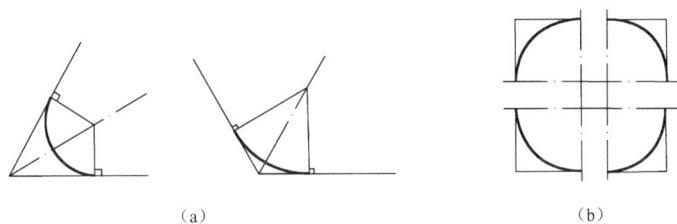

(a)　　　　　　　　　　　　　　　　(b)

图 1-29　徒手画圆弧和圆角

6. 椭圆的画法

画椭圆时，先画椭圆长、短轴，定出长、短轴顶点，过四个顶点画矩形，然后作椭圆与矩形相切（如图 1-30（a）所示）；或者利用其与菱形相切的特点画椭圆，如图 1-30（b）所示。

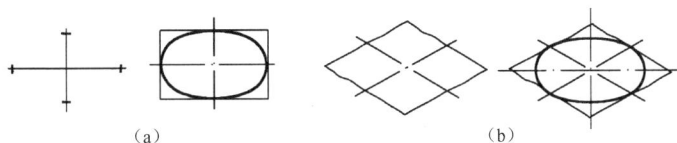

(a)　　　　　　　　　　　　　　　　(b)

图 1-30　徒手画椭圆

第 **2** 章

正投影基础

教学目标

1. 理解投影法的概念，熟悉正投影的特性。
2. 掌握简单三视图的作图方法，并能识读简单零件的三视图。
3. 熟悉点、线、面的三面投影，掌握点的投影规律及特殊位置直线、平面的投影特性。

怎样用平面图形来表达如图2-1所示直角规的形状呢?

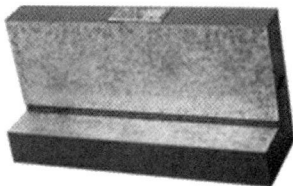

图 2-1 直角规实物图

在工程技术中，人们常用到各种图样，如机械图样、建筑图样等。这些图样都是按照不同的投影方法绘制出来的，其中机械图样主要是用正投影法绘制的。

2.1 投影法概述

在生活中，投影现象随处可见，如灯光下的物影、阳光下的人影等。人们根据生产活动需要，对这种自然现象加以抽象研究，总结了影子和物体之间的几何关系，逐步形成了投影法。

所谓投影法，就是投射线通过物体，向选定的面投射，并在该面上得到图形的方法，如图 2-2 所示。

例如，我们把光线称为投射线，地面或墙壁称为投影面，影子称为物体在投影面上的投影。

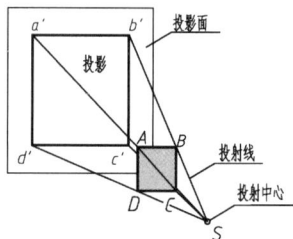

图 2-2 投影法的概念（中心投影法）

2.1.1　投影法分类

1. 中心投影法

投射中心距离投影面在有限远的地方，投影时投射线汇交于投射中心的投影法称为中心投影法。

如图 2-2 所示，将薄板 $ABCD$ 平行地放在投影面 P 和投射中心 S 之间，自点 S 过点 A、B、C、D 分别作直线 SA、SB、SC、SD 与投影面 P 相交于点 a'、b'、c'、d'，则□$a'b'c'd'$ 即为空间的□$ABCD$ 在投影面 P 上的投影。

日常生活中的照相、放映电影都是中心投影法的实例。工程上应用中心投影法绘制能体现近大远小、形象逼真的透视图，具有较强的立体感，常用于建筑工程和机械工程的效果图。

分析图 2-2 可知，如果改变物体和投射中心的距离，物体投影的大小将发生变化。由于它不能真实地反映物体的大小，因此在机械图样中较少使用。

2. 平行投影法

若将投射中心移至距投影面无限远的地方，所有投射线将依一定的投射方向互相平行地投射下来。用平行投射线作出投影称为平行投影法，如图 2-3 所示。

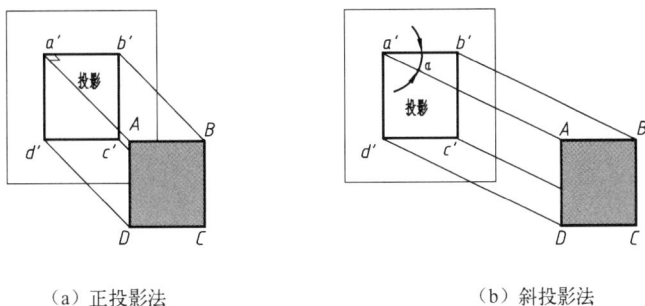

（a）正投影法　　　　　　　　　　　　（b）斜投影法

图 2-3　平行投影法

根据投影线与投影面是否垂直，平行投影法又可以分为两种。

（1）正投影法　投射线与投影面相垂直的平行投影法，如图 2-3（a）所示。

根据正投影法所得到的图形称为正投影图。正投影图直观性不强，但能准确反映形体的真实形状和大小，图形度量性好，便于尺寸标注，而且投影方向垂直于投影面，作图方便，因此，绝大多数工程图都是用正投影法画出的。

（2）斜投影法　投射线与投影面相倾斜的平行投影法，如图 2-3（b）所示。

工程上应用斜投影法绘制直观性很强的轴测图，在工程图样中作为辅助图样而得到广泛的应用。

2.1.2　正投影的基本性质

（1）显实性

如图 2-4（a）所示，当直线段或平面图形平行于投影面时，直线段的正投影反映实长；

平面图形的正投影反映实形。

（2）积聚性

如图 2-4（b）所示，当直线段或平面图形垂直于投影面时，直线段的正投影积聚成为一点；平面图形的正投影积聚成一条直线。

（3）类似性

如图 2-4（c）所示，当直线段或平面图形倾斜于投影面时，直线段的投影仍为直线，但小于真长；平面图形的投影小于真实形状，但类似于原空间平面图形，图形的基本特征不变，如多边形的投影仍为多边形，其边数、平行关系、凹凸、曲直等保持不变。

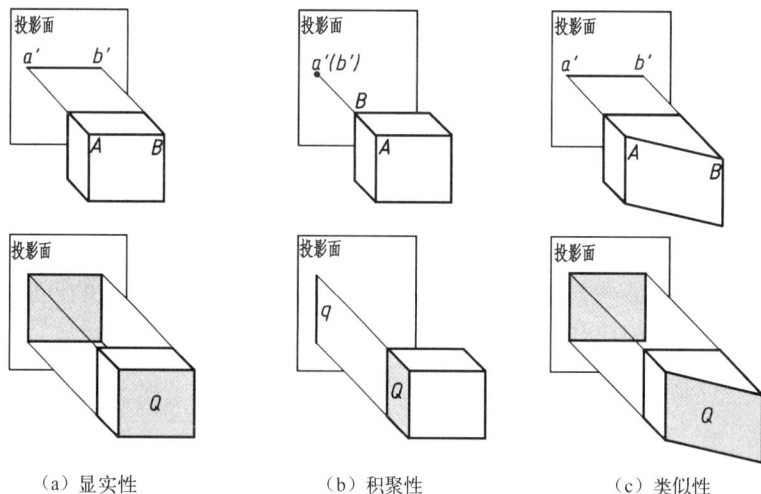

（a）显实性   （b）积聚性   （c）类似性

图 2-4　正投影的基本性质

2.2　三 面 视 图

2.2.1　视图的基本概念

把物体放在观察者和投影面之间，将观察者的视线视为一组相互平行且与投影面垂直的投射线，对物体进行投射，可获得正投影图，如图 2-5 所示。在工程图样中把正投影图称为视图。

一般情况下，一个视图不能确定物体的形状。如图 2-5 所示，两个形状不同的物体，它们在投影面上的投影都相同。因此，要反映物体的完整形状，必须增加由不同投影方向所得到的几个视图，互相补充，才能将物体表达清楚。工程上常用的是三视图。

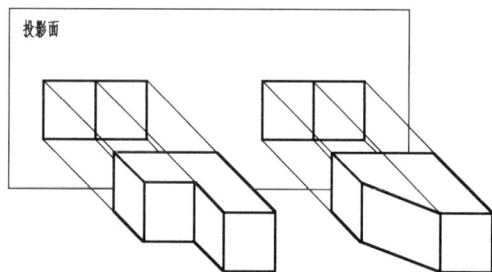

图 2-5　视图的形成

2.2.2　三视图的形成

1.　三投影面体系的建立

三投影面体系由三个互相垂直的投影面所组成，如图 2-6 所示。

三个投影面分别为：

- 正立投影面　简称为正面，用 V 表示；
- 水平投影面　简称为水平面，用 H 表示；
- 侧立投影面　简称为侧面，用 W 表示。

三个投影面的相互交线，称为投影轴。它们分别是：

- OX 轴　是 V 面和 H 面的交线，它代表长度方向；
- OY 轴　是 H 面和 W 面的交线，它代表宽度方向；
- OZ 轴　是 V 面和 W 面的交线，它代表高度方向。

三个投影轴垂直相交的交点 O，称为原点。

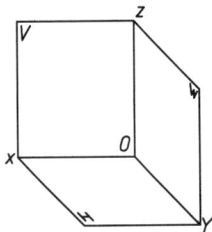

图 2-6　三投影面体系

2.　三视图的形成

将如图 2-1 所示的直角规体放在三投影面体系中，位置处在观察者与投影面之间，然后将直角规对各个投影面进行投影，得到三个视图，如图 2-7 所示。三个视图分别为：

- 主视图　从前往后进行投影，在正立投影面（V 面）上所得到的视图；
- 俯视图　从上往下进行投影，在水平投影面（H 面）上所得到的视图；
- 左视图　从左往右进行投影，在侧立投影面（W 面）上所得到的视图。

在实际作图中，为了将三个视图画在一张图纸上，需要将三个投影面展开到一个平面上。如图 2-8（a）所示，规定 V 面

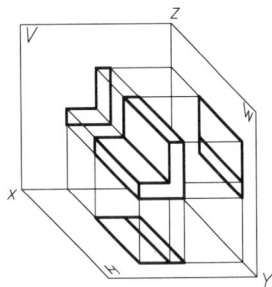

图 2-7　三视图的形成

不动，将 H 面和 W 面沿 OY 轴分开，H 面绕 OX 轴向下旋转 90°与 V 面重合，W 面绕 OZ 轴向右旋转 90°与 V 面重合，这样就得到了在同一平面上的三视图（图 2-8（b））。旋转后，俯视图在主视图的下方，左视图在主视图的右方。为了作图简便，投影图中不必画出投影面的边框，得到如图 2-8（c）所示的三视图。

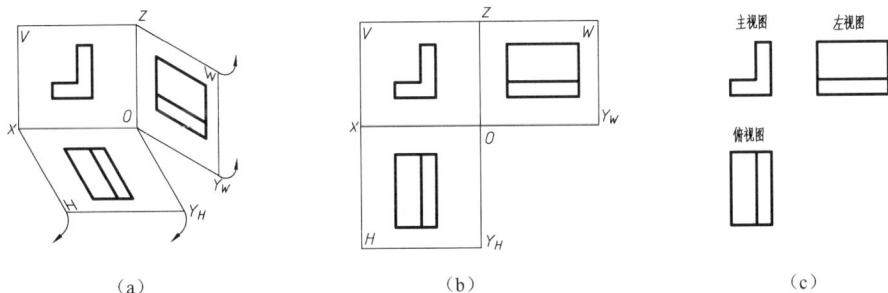

| （a） | （b） | （c） |

图 2-8　三视图的展开

3. 三视图的投影特性

物体有长、宽、高三个方向的尺寸。通常规定：物体左右之间的距离为长，前后之间的距离为宽，上下之间的距离为高。从图 2-9 可以看出，一个视图只能反映两个方向的尺寸：主视图反映了物体的长度和高度；俯视图反映了物体的长度和宽度；左视图反映了物体的宽度和高度。由此可以归纳出三视图的投影特性：

- 主、俯视图"长对正"（等长）；
- 主、左视图"高平齐"（等高）；
- 俯、左视图"宽相等"（等宽）。

"长对正、高平齐、宽相等"的投影对应关系是三视图的重要特性，也是画图和读图的依据。

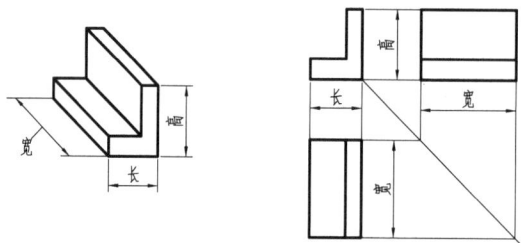

图 2-9　视图间的"三等"关系

4. 三视图与物体方位的对应关系

物体有上下、左右、前后六个方位关系，如图 2-10（a）所示。六个方位在三视图中的对应关系如图 2-10（b）所示。

- 主视图反映物体的上、下和左、右四个方位关系；
- 俯视图反映物体的前、后和左、右四个方位关系；
- 左视图反映物体的上、下和前、后四个方位关系。

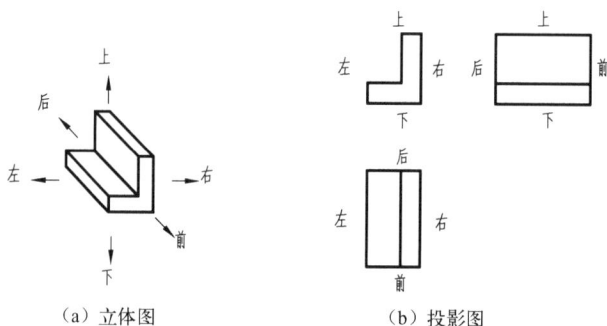

（a）立体图　　　　　（b）投影图

图 2-10　三视图的方位关系

注意： 在三个投影面展开的过程中，水平面向下旋转，俯视图的下方实际表示物体的前方。而侧面向右旋转时，左视图的右方实际上表示物体的前方。因此，三视图中，以主视图为中心，俯视图、左视图远离主视图的一侧为物体的前面，靠近主视图的一侧为物体的后面。

如果在上述形体的右、下、前方叠加一个三棱柱时，注意三棱柱三视图在原来视图中的位置，如图 2-11 所示。

2.2.3　形体分析法与简单三视图

任何物体都可以看成是由若干基本形体通过叠加和切割两种形式组合而成的。在绘图时，假想将物体分解成若干组成部分，并确定各部分的形状、组合形式、相对位置，这种方法称为形体分析法。它是一种以基本体为单元，先分解后综合的分析方法。

分析步骤：

① 假想将物体分解成一个个我们所熟悉的基本形体。

② 按先大后小、先下后上的顺序在第一个基本体的三视图上加上第二个基本体三视图，依次类推，直到最后一个基本体。绘制过程中要注意基本体之间的相对位置。

③ 叠加类的物体其三视图在形成的过程中，至少有一个是由基本体三视图外接而成的（框接框）。而切割类物体的三视图全部是由基本体三视图内接而成的（框包框）。

常见基本形体的叠加与切割见表 2-1。

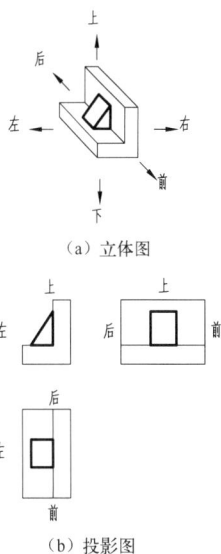

（a）立体图

（b）投影图

图 2-11　两形体的相对位置关系

表 2-1　常见基本形体的叠加与切割

形　体	组　合　形　式				
	叠　加			切　割	
I / II	I + II			I - II	
I / II	I + II			I - II	
I / II	I + II			I - II	
I / II	I + II			I - II	

例 2-1 根据图 2-12（a）所示的立体图画出形体的三视图。

分析

该形体是在 L 棱柱的前方叠加了一个三棱柱，然后于后方中间切去了一个长方体而成，如图 2-12（b）所示。只须在 L 棱柱三视图的基础上依次加上三棱柱的三视图和长方体的三视图即可。作图过程中要注意形体和形体间的方位关系和可见性。

步骤

① 画出 L 棱柱三视图（图 2-12（c））。

② 三棱柱位于 L 棱柱前上方居中位置，在 L 棱柱三视图的相应位置上分别加上三棱柱三视图（图 2-12（d））。

③ 长方体是在 L 棱柱的后上方居中位置切去的，在 L 棱柱三视图的相应位置上分别加上长方体的三视图。由于从左往右投影时，该槽不可见，故用虚线表示（图 2-12（e））。

④ 整理，描深（图 2-12（f））。

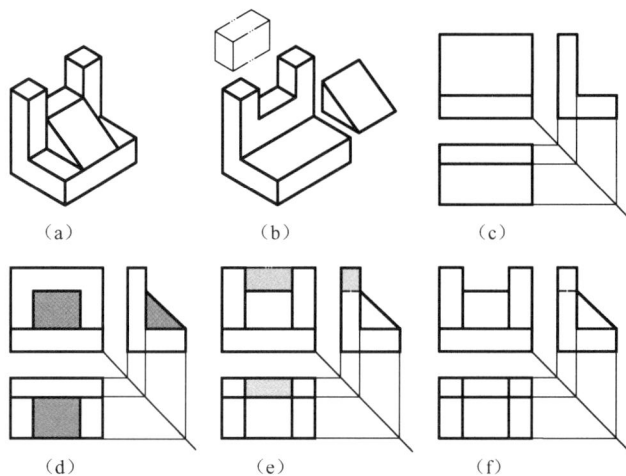

（a）　　　　　　　（b）　　　　　　　（c）

（d）　　　　　　　（e）　　　　　　　（f）

图 2-12　简单叠加型形体的三视图

思考与练习

根据形体分析法绘制如图 2-13 所示的两形体的三视图。

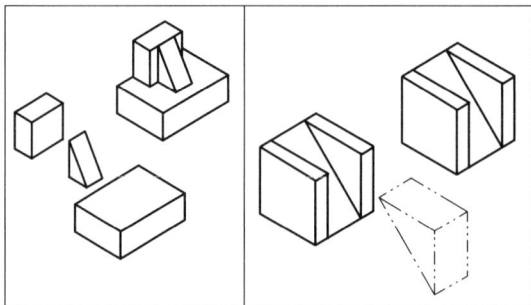

图 2-13　根据立体图画三视图

2.3　点　的　投　影

点是形体最基本的几何要素。为了迅速而正确地画出形体的三视图，首先必须掌握点的投影特性。

如图 2-14 所示，三棱锥由△SAB、△SBC、△SAC、△ABC 四个棱面所组成，各棱面分别交于棱线 SA、SB、SC、AB、AC、BC，各棱线交于顶点 A、B、C、S。显然，绘制三棱锥的三视图，实质上就是绘出这些点的三面投影，然后依次连线而成。

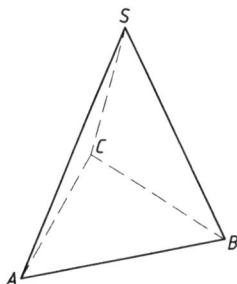

图 2-14　三棱锥上的点

2.3.1　点的三面投影

如图 2-15（a）所示，将点 A 置于三投影面体系中，过点 A 分别向 H、V、W 三个投影面作垂线，则其垂足 a、a′、a″分别称为点 A 的水平（H 面）投影、正面（V 面）投影和侧面（W 面）投影。

图 2-15（b）为投影体系展开后的点的三面投影图。

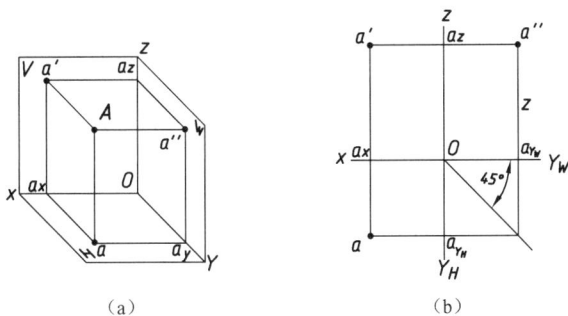

<table>
<tr><td>（a）</td><td>（b）</td></tr>
</table>

图 2-15　点的投影

通过点的三面投影图的形成过程，可以总结出点的投影特性：

① 点的正面投影和水平投影的连线垂直于 OX 轴，即 $aa′\perp OX$（与三视图主、俯视图长对正同理）；

② 点的正面投影和侧面投影的连线垂直于 OZ 轴，即 $a′a″\perp OZ$（与三视图主、左视图高平齐同理）；

③ 点的水平投影到 OX 轴的距离等于其侧面投影至 OZ 轴的距离，即 $aa_x = a″a_z$（与三视图俯、左视图宽相等同理）。

例 2-2　已知点 A 的两个投影 a 和 a′，求 a″（图 2-16（a））。

依据点的投影特性作图，其作图方法和步骤如下。

方法一：过 a′向右作水平线，交 OZ 于 a_z，量取 $a″a_z = aa_x = y_A$，确定出 a″的位置，如图 2-16（b）所示。

方法二：从原点 O 向右下方作 45°斜线，过 a 作水平线与该斜线相交，由交点向上引垂线，与过 a' 的水平线相交，交点即为 a''，如图 2-16（c）所示。

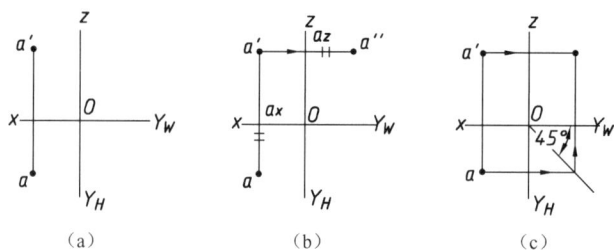

（a）　　　　　　　（b）　　　　　　　（c）

图 2-16　已知点的两个投影求第三投影

思 考 与 练 习

如图 2-17 所示三棱锥，根据给出的两个视图，补画第三视图。

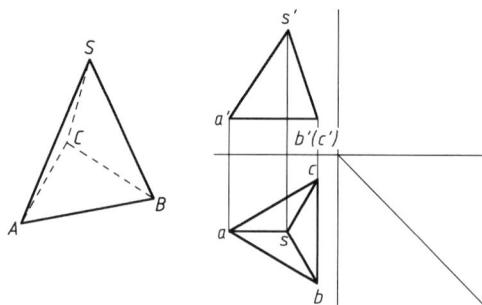

图 2-17　根据点的投影特性补画三棱锥左视图

2.3.2　点的坐标

在三投影面体系中，点的空间位置可以用直角坐标来表示。如图 2-18 所示，把投影面 H、V、W 作为坐标面，三条投影轴 OX、OY、OZ 作为坐标轴，三轴的交点 O 作为坐标原点。我们把 Oa_x 叫做 A 点的 X 坐标，以 x 表示；把 Oa_y 叫做 A 点的 Y 坐标，以 y 表示；把 Oa_z 叫做 A 点的 Z 坐标，以 z 表示。点 A 坐标的规定书写格式为：A（x，y，z）。

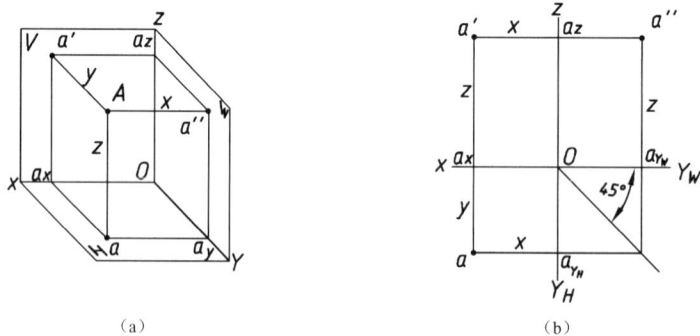

（a）　　　　　　　　　　　　　　（b）

图 2-18　点的三面投影与直角坐标

点的投影和点的坐标关系如图 2-18 所示：

- 点 A 到 W 面的距离 $=Oa_x=a'a_z=aa_y=X$ 坐标；
- 点 A 到 V 面的距离 $=Oa_y=aa_x=a''a_z=Y$ 坐标；
- 点 A 到 H 面的距离 $=Oa_z=a'a_x=a''a_y=Z$ 坐标。

例 2-3 已知空间点 A 距 H 面 18、距 V 面 10、距 W 面 20，试写点 A 的坐标格式，并求出该点的三面投影图。

点 A 到 H 面距离 $= 18 = Z$ 坐标；

点 A 到 V 面距离 $= 10 = Y$ 坐标；

点 A 到 W 面距离 $= 20 = X$ 坐标；

所以点 A 的坐标为（20，10，18）

点的三面投影图如图 2-19 所示。

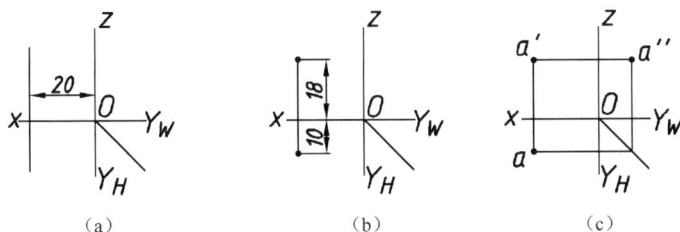

（a）　　　　　　　　（b）　　　　　　　　（c）

图 2-19　由点的坐标作点的三面投影

2.3.3　两点的相对位置

两点的相对位置是指空间两点之间左右、前后、上下的位置关系。两点在空间的相对位置，可以由两点的三向坐标差来确定，如图 2-20 所示。

- 两点左、右位置由 X 坐标差确定，X 坐标大者居左，反之居右；
- 两点前、后位置由 Y 坐标差确定，Y 坐标大者居前，反之居后；
- 两点上、下位置由 W 坐标差确定，W 坐标大者居上，反之居下。

如图 2-20 所示，比较 A、B 两点的坐标，$X_A>X_B, Y_A<Y_B, Z_A>Z_B$，故点 A 在点 B 的左、后、上方。

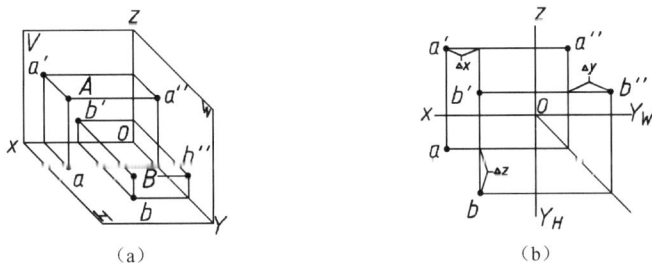

（a）　　　　　　　　　　　　　　（b）

图 2-20　两点的相对位置

重影点：若空间两点在某一投影面上的投影重合，则这两点是对该投影面的重影点。这时，空间两点的某两坐标相同，并在同一投射线上。

当两点的投影重合时，需要判别其可见性：对 H 面的重影点，从上向下观察，居上者可见；对 W 面的重影点，从左向右观察，居左者可见；对 V 面的重影点，从前向后观察，居前者可见。在投影图上不可见的投影加括号表示，如 (a')。

如图 2-21 所示，C、D 位于垂直 H 面的投射线上，它们的水平投影 c、d 重影为一点，则 C、D 为对 H 面的重影点，C 在 D 正上方，故 c 为可见，d 为不可见，用 c (d) 表示。

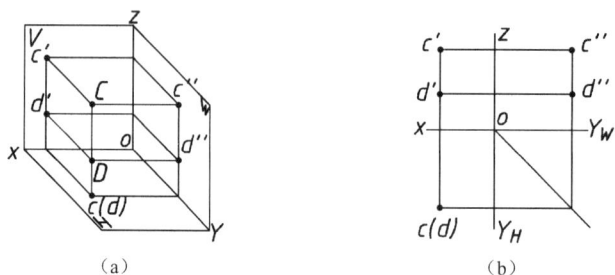

（a）　　　　　　　　　（b）

图 2-21　重影点的投影

思考与练习

根据如图 2-22 所示立体图，在三视图中找出 A、B、C 三个点的投影，并完成三视图。

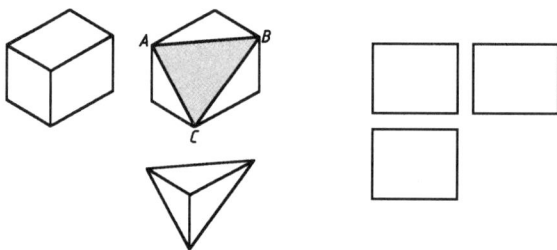

图 2-22　根据点的投影特性补全三视图

2.4　直线的投影

在三面投影体系中，由于对投影面的相对位置不同，直线可分为三类：

- 投影面平行线——平行于某一个投影面，与另外两个投影面倾斜的直线；
- 投影面垂直线——垂直于某一个投影面，同时与另外两个投影面平行的直线；
- 一般位置直线——倾斜于三个投影面的直线。

2.4.1　投影面平行线（见表 2-2）

投影面平行线有三种：

- 平行于水平面（H）的直线称为水平线；
- 平行于正面（V）的直线称为正平线；

● 平行于侧面（W）的直线称为侧平线。

三种投影面平行线的投影共性是：**一斜两直**。斜线投影为实长，斜线在哪个投影面，即为该面的平行线。

（此处"斜"特指与轴线倾斜的投影线段，"直"特指与轴线平行或垂直的投影线段）。

表 2-2　投影面平行线

名　称	水平线（$AB // H$）	正平线（$AC // V$）	侧平线（$AD // W$）
立体图	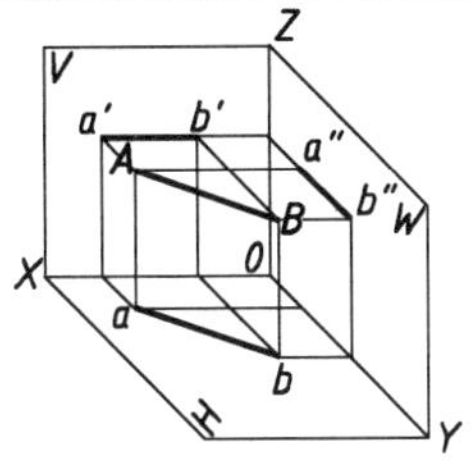	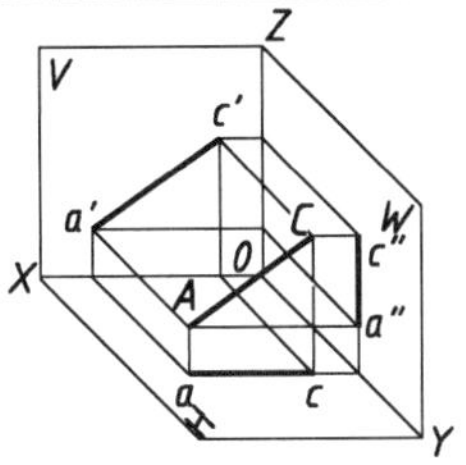	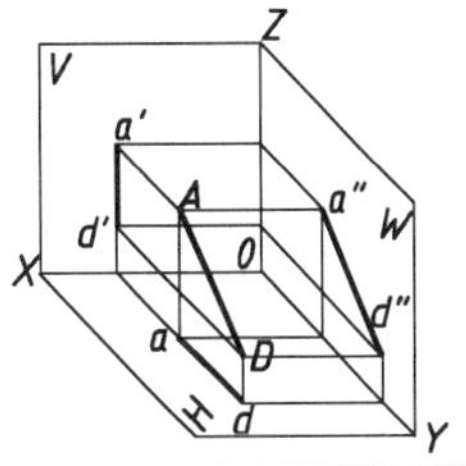
投影图	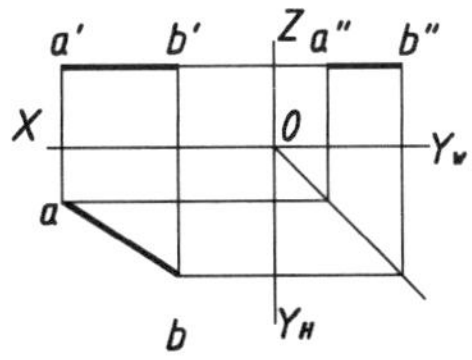	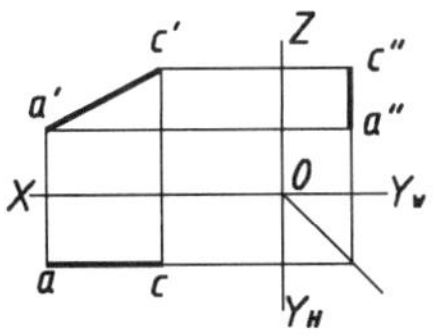	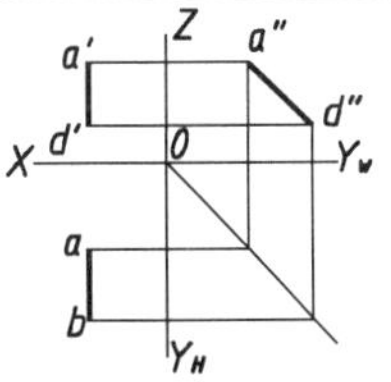
在形体投影图中的位置	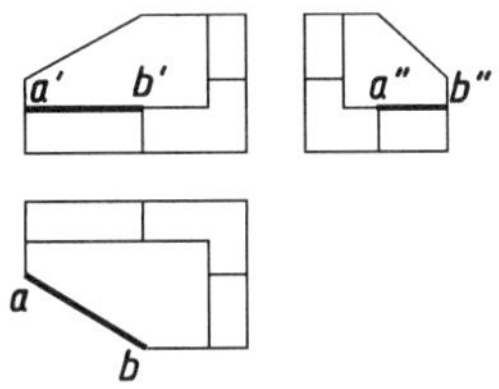	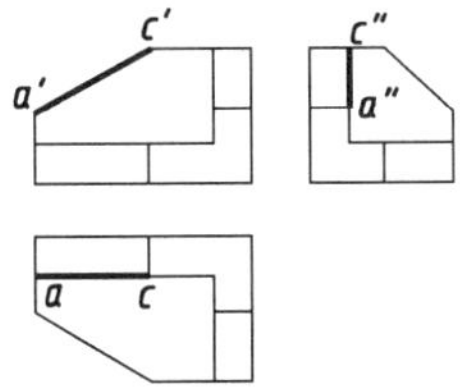	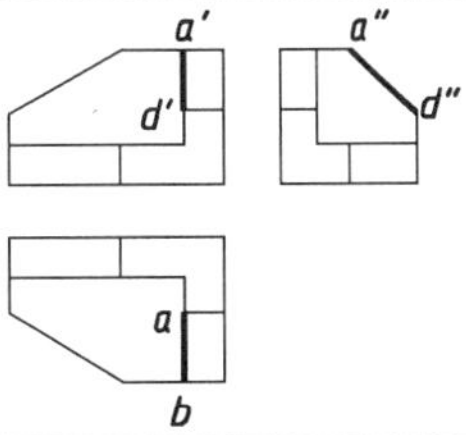
在形体立体图中的位置	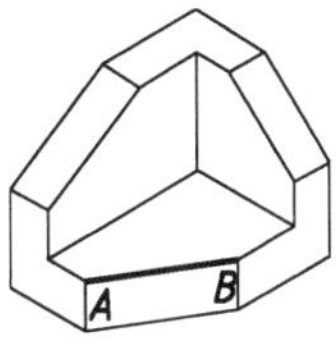	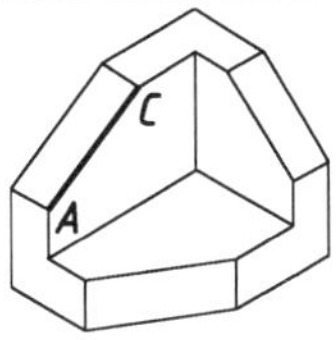	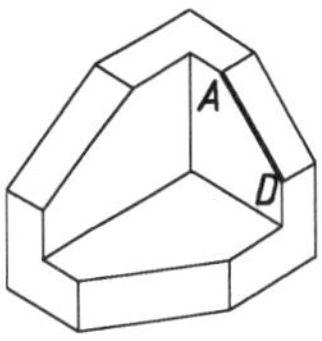
投影规律	一斜两直 斜线在水平面为水平线	一斜两直 斜线在正面为正平线	一斜两直 斜线在侧面为侧平线

2.4.2　投影面垂直线（见表 2-3）

投影面垂直线有三种：

● 垂直于水平面（H）的直线称为铅垂线；
● 垂直于正面（V）的直线称为正垂线；
● 垂直于侧面（W）的直线称为侧垂线。

三种投影面垂直线的投影共性是：**一点两直**。点在哪个投影面，即为该面的垂直线，两直线投影为实长。

表 2-3　投影面垂直线

名　称	铅垂线（$AB \perp H$）	正垂线（$AC \perp V$）	侧垂线（$AD \perp W$）
立体图			
投影图			
在形体投影图中的位置			
在形体立体图中的位置			
投影规律	一点两直 点在水平面为铅垂线	一点两直 点在正面为正垂线	一点两直 点在侧面为侧垂线

2.4.3　一般位置直线

如图 2-23（a）所示，四棱台的棱线 AB，对三个投影面都倾斜，是一般位置直线，在图 2-23（b）、（c）中单独画出棱线 AB 的立体图和投影图。

一般位置直线的投影共性是：三条斜线，三条斜线均小于实长。

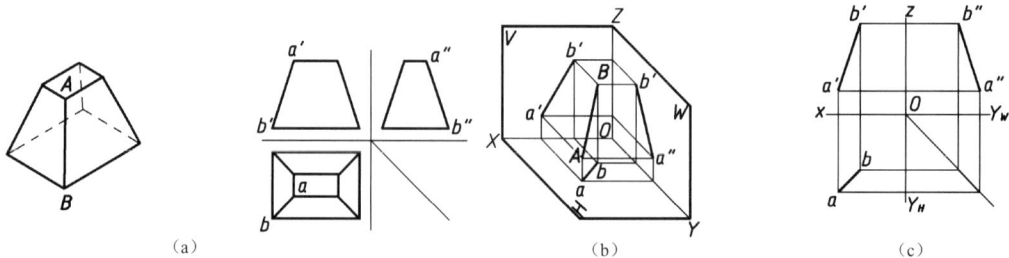

（a）　　　　　　　（b）　　　　　　　（c）

图 2-23　一般位置直线的投影

思考与练习

根据如图 2-24 所示的立体图完成俯视图，并填空。

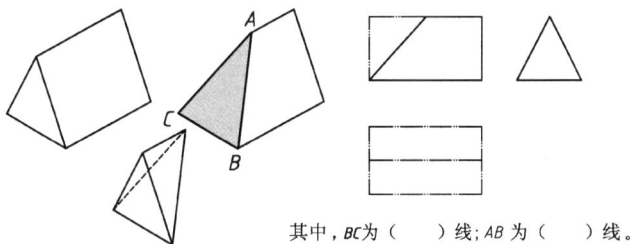

其中，*BC* 为（　　）线；*AB* 为（　　）线。

图 2-24　根据线的投影特性补全三视图

2.5　平面的投影

根据平面相对于三个投影面的位置不同，平面可分为三类：

- 投影面平行面——平行于某一个投影面，同时垂直于另外两个投影面的平面；
- 投影面垂直面——垂直于某一个投影面，与另外两个投影面倾斜的平面；
- 一般位置平面——与三个投影面都倾斜的平面。

2.5.1　投影面平行面（见表 2-4）

投影面平行面分为三种：

- 平行于水平面（*H*）的平面称为水平面；
- 平行于正面（*V*）的平面称为正平面；
- 平行于侧面（*W*）的平面称为侧平面。

三种投影面平行面的投影特性是：一框两直。框在哪个投影面，即为该面的平行面。

表 2-4　投影面平行面

名　称	水平面（A// H）	正平面（B// V）	侧平面（C// W）
立体图			
投影图			

续表

名　称	水平面（A//H）	正平面（B//V）	侧平面（C//W）
在形体投影图中的位置	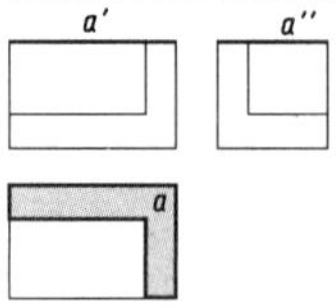	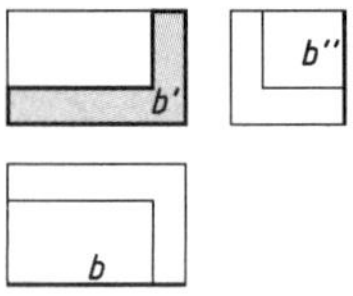	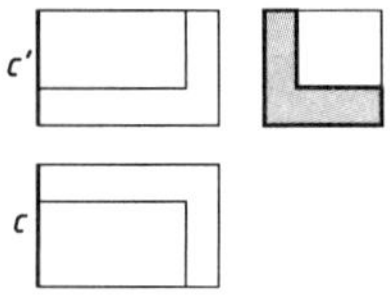
在形体立体图中的位置	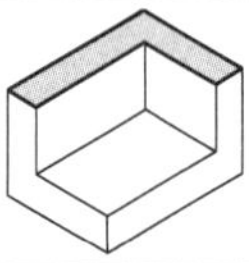	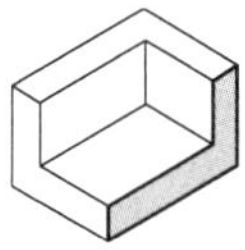	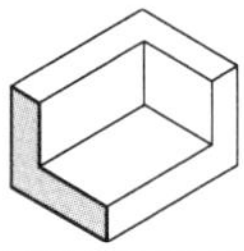
投影规律	一框两直 框在水平面为水平面	一框两直 框在正面为正平面	一框两直 框在侧面为侧平面

2.5.2 投影面垂直面（见表2-5）

投影面垂直面分为三种：

- 垂直于水平面（H）的平面称为铅垂面；
- 垂直于正面（V）的平面称为正垂面；
- 垂直于侧面（W）的平面称为侧垂面。

三种投影面垂直面的投影特性是：一斜两框。斜线在哪个投影面，即为该投影面的垂直面。

表 2-5　投影面垂直面

名　称	铅垂面（A⊥H）	正垂面（B⊥V）	侧垂面（C⊥W）
立体图	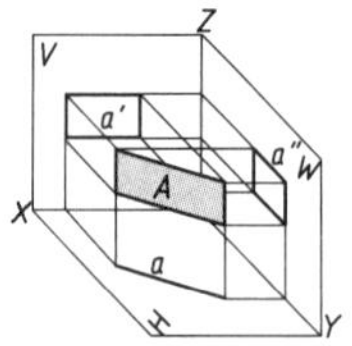	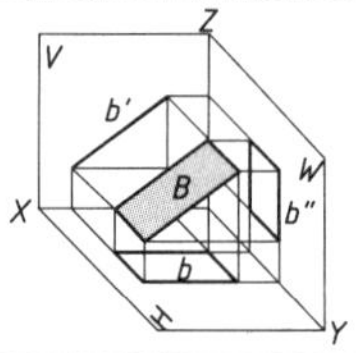	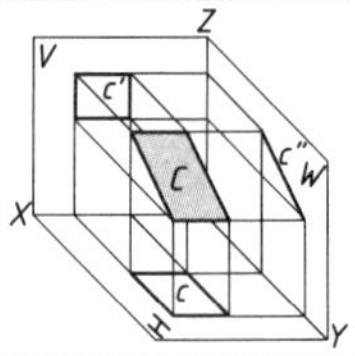
投影图	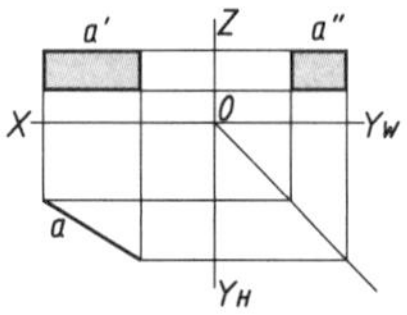	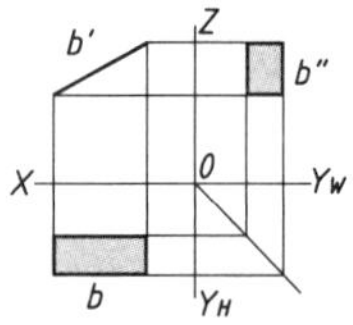	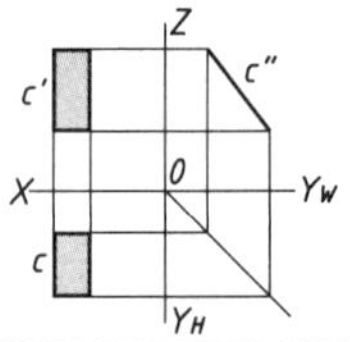
在形体投影图中的位置	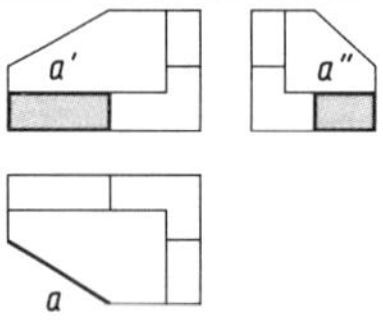	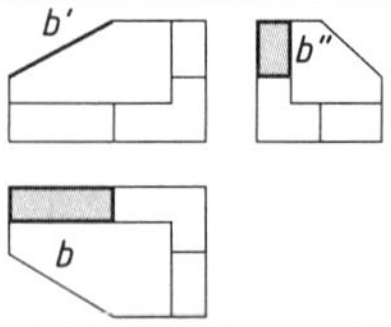	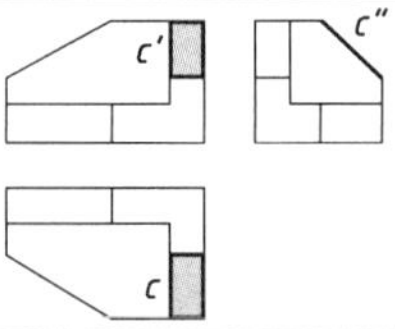
在形体立体图中的位置	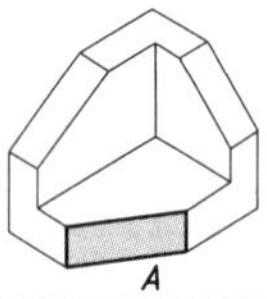	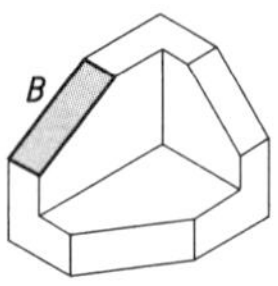	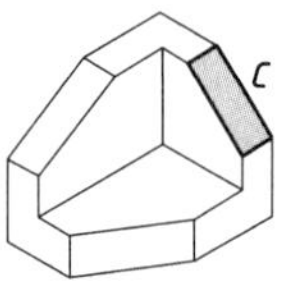
投影规律	一斜两框 斜线在水平面为铅垂面	一斜两框 斜线在正面为正垂面	一斜两框 斜线在侧面为侧垂面

例 2-4　如图 2-25（a）所示为 L 形棱柱的立体图及三视图，试在原三视图的基础上画出该 L 形棱柱被正垂面切割后的投影。

分析

L 形棱柱被切割后，生成一个 L 形正垂面。因为其投影特性为：一斜两框，斜线出现在正面（图 2-25（b）），所以只要把斜线和两个相似 L 形多边形分别在原三视图中画出即可。

作图步骤

① 在原主视图中画一条斜线，斜线交于原主视图三个点，这三个点分别是三条正垂线 I、II、III 的正面投影（图 2-25（c））。

② 根据主、俯长对正，主、左高平齐，俯、左宽相等的投影特性找出正垂线 I、II、III 的侧面投影和水平投影（图 2-25（d））。

③ 擦去被切除的棱柱的投影（图 2-25（e））。

④ 在左视图和俯视图中连出两相似的 L 形线框（图 2-25（f））。

⑤ 将原 L 形棱柱未被切除的部分描深（图 2-25（g））。

图 2-25　正垂面截切 L 形棱柱

思考与练习

补全图 2-26 所示凹形棱柱切割体的三视图。

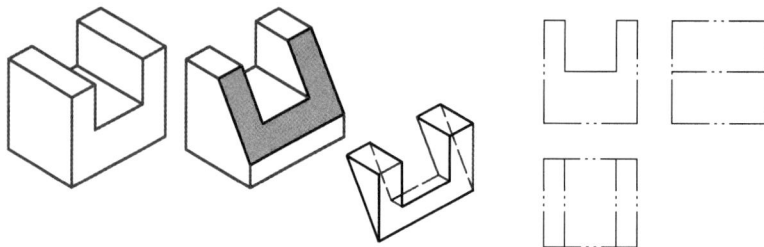

图 2-26　补全三视图

例 2-5 补全如图 2-27 所示形体的三视图。

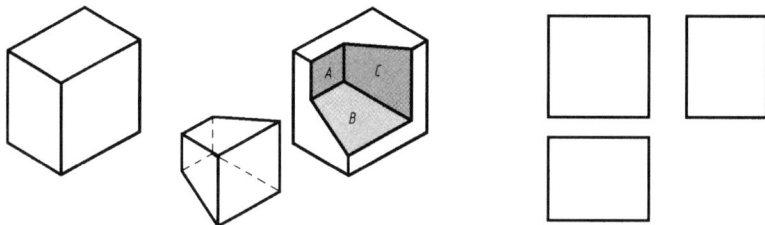

图 2-27　补全三视图

分析

该形体由三个面：正平面 A、侧垂面 B、铅垂面 C 切割长方体而成。三个面的投影特性见表 2-6。画出三个面在三个视图中的投影，即可完成切割体的三视图。

表 2-6　形体上面的投影特性

平　　面	A	B	C
名称	正平面	侧垂面	铅垂面
在主视图中的投影	矩形框	梯形框	梯形框
在俯视图中的投影	一条直线	梯形框	一条斜线
在左视图中的投影	一条直线	一条斜线	梯形框

作图步骤

① 画正平面 A 反映实形的正面投影（矩形），然后按照投影特性画其他两面投影（图 2-28（a））。

② 画侧垂面 B 的积聚性投影——侧面投影（斜线），然后按照投影特性画其他两面投影（图 2-28（b））。

③ 画铅垂面 C 的积聚性投影——水平投影（斜线），然后按照投影特性画其他两面投影（图 2-28（c））。

④ 整理，描深（图 2-28（d））。

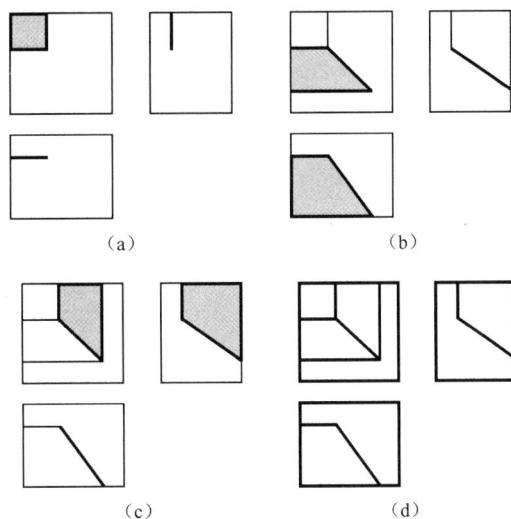

图 2-28　利用面的投影特性完成三视图

思考与练习

根据图 2-29 所示立体图补全三视图。

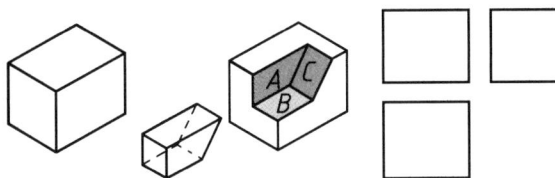

图 2-29　补全三视图

2.5.3　一般位置平面的投影特性

如图 2-30 所示为一般位置平面△ABC 的投影。由于它对三个投影面都是倾斜的，因此，**其投影共性是：三线框**。（本章节的"线框"特指封闭的多边形投影面）

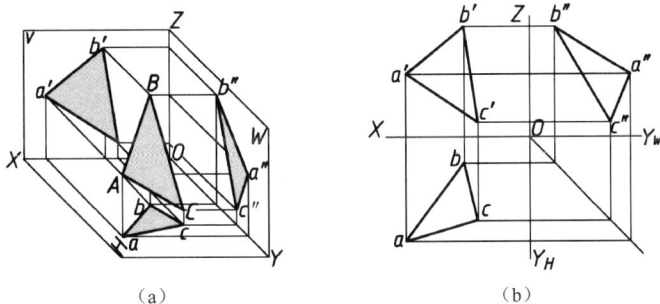

图 2-30　一般位置平面的投影

思考与练习

回答问题，并补全如图 2-31 所示形体的三视图。

A 是（　　　）面；B 是（　　　）面。

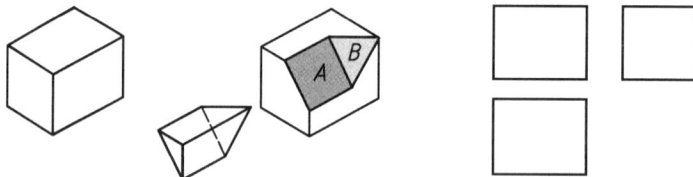

图 2-31　补全三视图

第 **3** 章

基本体及其切割与相贯

1. 掌握平面立体和曲面立体视图的画法。
2. 掌握立体截交线和相贯线的画法。

教学目标

怎样绘制如图3-1所示的阀杆、阀芯、三通管的三视图呢?

(a) 阀杆

(b) 阀芯

(c) 三通管

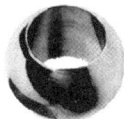

(d) 实物图

图 3-1 由基本组成的简单零件

　　实际生产中种类繁多、形状各异的零件（图 3-1），从几何形体的角度看，都是由一些柱、锥、球等几何体经过切割、相交等方式组合而成的，我们将这些简单的形体称为基本几何体，简称基本体。如图 3-2 所示的是由基本体组成的简单零件。

　　基本体分为平面立体和曲面立体两类。

　　● 表面由平面所围成的形体称为平面立体，可看成是由棱面和底面所围成的，各棱面的交线称为棱线，棱面与底面的交线称为底边。平面立体分为棱柱和棱锥两种。

　　● 曲面立体的最基本形体为回转体，由一条母线（直线或曲线）绕一轴线（直线）回转而成的表面，称为回转面；由回转面或回转面和平面所围成的立体，称为回转体。常见的回转体有圆柱、圆锥、圆球。

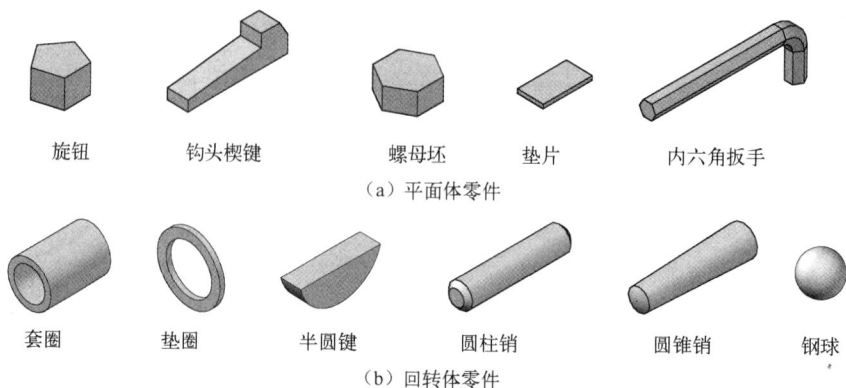

旋钮　　钩头楔键　　螺母坯　　垫片　　内六角扳手

（a）平面体零件

套圈　　垫圈　　半圆键　　圆柱销　　圆锥销　　钢球

（b）回转体零件

图 3-2　基本体与简单零件

3.1　棱柱及其切割体的投影

3.1.1　棱柱的三视图

1. 形体分析

常见的棱柱为直棱柱，它的上底面和下底面是两个全等且互相平行的多边形（称为特征面），各棱面为矩形，棱线垂直于底面，如图 3-3（a）所示。

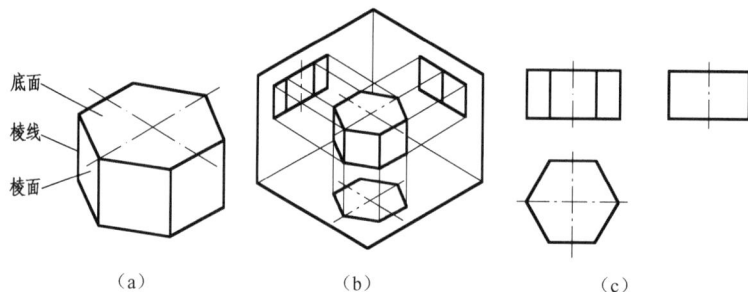

底面

棱线

棱面

（a）　　　　　　（b）　　　　　　（c）

图 3-3　正六棱柱及其三视图

上底面和下底面为正多边形的直棱柱，称为正棱柱。

下面以**正六棱柱**为例分析棱柱的投影特征及三视图画法。

2. 投影分析

正六棱柱共由上、下两个底面和六个棱面组成，六个棱面由六条棱线和底边所围成，画棱面投影的实质就是画棱线和底边的投影。

如图 3-3（b）所示，将正六棱柱放在三投影面体系中，使其底面平行于 H 面，向三个投影面投影，得到三视图如图 3-3（c）所示。

由于正六棱柱的上、下两底面与水平面平行，而六个棱面均垂直于水平面，故其俯视图是一个正六边形线框，反映底面的真实形状，六个棱面的投影积聚在六条边上，六条棱线的投影积聚在六个顶点上。

上、下两底面在 V、W 面投影均积聚成直线。在 V 面上六条棱线的投影有两对重合，投影成四条线，与上、下底面的投影线围成各棱面的正面投影。在 W 面上，六条棱线投影两两重合，投影成三条线，与上、下底面的投影线围成各棱面的侧面投影。

3. 绘制视图

一般先画出反映底面真实形状的特征视图，然后再画出棱线的投影，并判断其可见性，可见的棱线画粗实线，不可见的则画虚线，如图 3-4 所示。

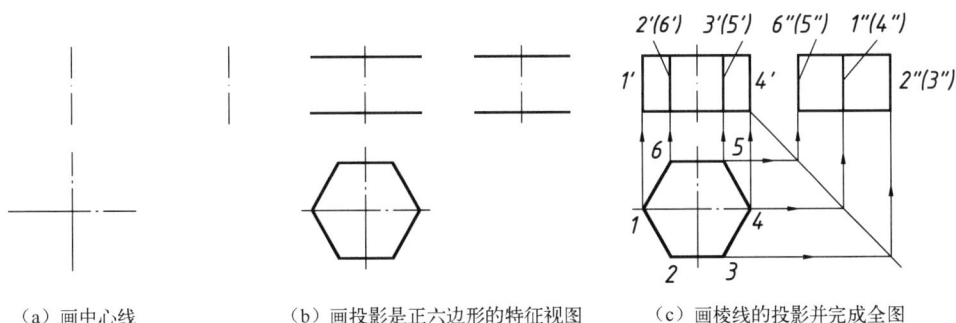

（a）画中心线　　　　　（b）画投影是正六边形的特征视图　　　　　（c）画棱线的投影并完成全图

图 3-4　正六棱柱三视图的作图步骤

4. 投影特征

通过上述正六棱柱视图的分析，可得出棱柱投影特征：

① 在一个投影面上的投影是多边形，则这个视图是棱柱体的特征视图；

② 另两个投影都是由粗实线或粗实线与虚线组成的矩形线框。

思考与练习

根据如图 3-5 所示的轴测图，分别画出其三视图。

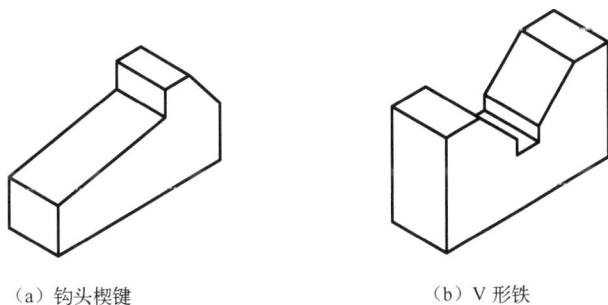

（a）钩头楔键　　　　　　　　　（b）V 形铁

图 3-5　根据轴测图画三视图

3.1.2 棱柱的切割

如图 3-6 所示，当用平面（称为截平面）在不同的位置切割六棱柱时，在六棱柱上会产生不同的封闭多边形，我们称其为截交线。掌握截交线的画法有助于正确地表达切割体的结构形状。

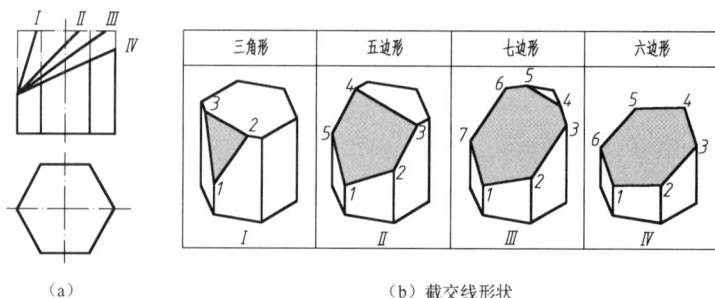

三角形	五边形	七边形	六边形

（a） （b）截交线形状

图 3-6 截交线形状的判断

画截交线的关键在于判断该截交线由几个点构成，判断出点数之后，求出各点的位置，然后依次连线即可。由图 3-6 可以看出，截交线上的点均为平面与棱柱的棱和底边的交点，所以判断截交线点数的方法就是看截平面截切了几条棱和底边。

例如图 3-6 中截平面 I 与正六棱柱的一条棱和两条底边相交，故截交线为一个三角形；而截平面 III 与正六棱柱的五条棱和两条底边相交，故截交线为一个七边形。

例 3-1 画出如图 3-7 所示六棱柱切割体的三视图。

（a）画出切割前六棱柱的左视图

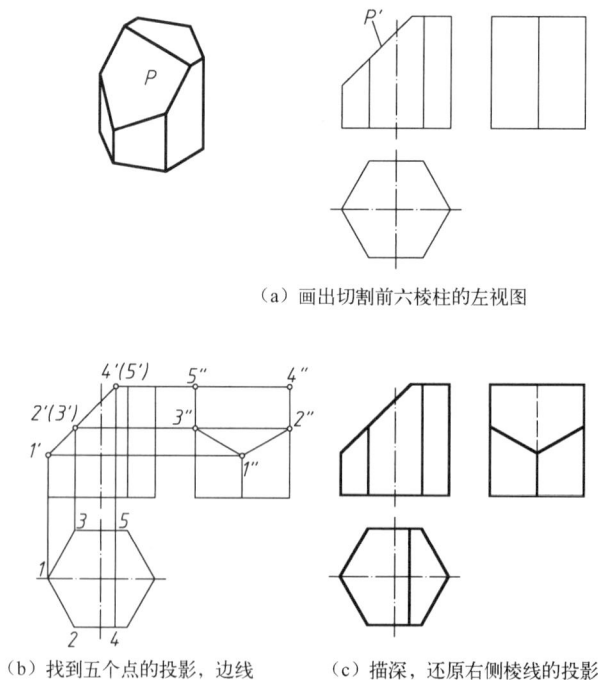

（b）找到五个点的投影，边线 （c）描深，还原右侧棱线的投影

图 3-7 六棱柱切割体三视图的作图步骤

分析

该截平面截切了六棱柱的三条棱和两条底边，所以截交线为一个五边形。由于点在线上，点的投影必然在线的投影上，我们只需根据棱线和底边的投影位置找到相应的点的投影，连成五边形即可。

作图步骤

① 画出切割前六棱柱的三视图，并在主视图画出截交线的积聚性投影 P'（图 3-7（a））。

② 斜线 P' 与六棱柱主视图产生三个交点，它们正是截交线上五个点的投影，当两两棱线、底边重影时，点也发生重影。跟随棱线和底边的投影位置找到五个点的水平投影，最后找侧面投影，并连成相似的五边形（图 3-7（b））。

③ 整理，描深。注意棱柱在投影的过程中，某两条棱线会发生重影的现象，当其中一条棱线被切割一部分后，需还原另一条棱线的投影（图 3-7（c））。

思考与练习

补全如图 3-8 所示六棱柱切割体的三视图。

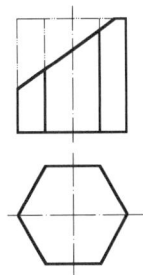

图 3-8　补全三视图

例 3-2　如图 3-9（a）所示切槽正四棱柱，完成其三视图。

分析

该正四棱柱被三个面所截，三个面的投影特性见表 3-1。

表 3-1　截平面的投影特性

截 平 面	截交线形状	正 面 投 影	水 平 投 影	侧 面 投 影
侧平面（左）	矩形	一条直线	一条直线	一个矩形（实形）
侧平面（右）	矩形	一条直线	一条直线	一个矩形（实形）
水平面	六边形	一条直线	一个六边形（实形）	一条直线

由表 3-1 可知，这三个截平面的正面投影具有积聚性，故应该从主视图入手画图。

作图步骤

① 画出切割前正四棱柱的三视图（图 3-9（b））。

② 画出水平面的水平投影（反映实形）和侧面投影（图 3-9（c）、（d））。

③ 画出两侧平面的侧面投影（反映实形）（图 3-9（d））。

④ 整理，描深（图 3-9（e））。

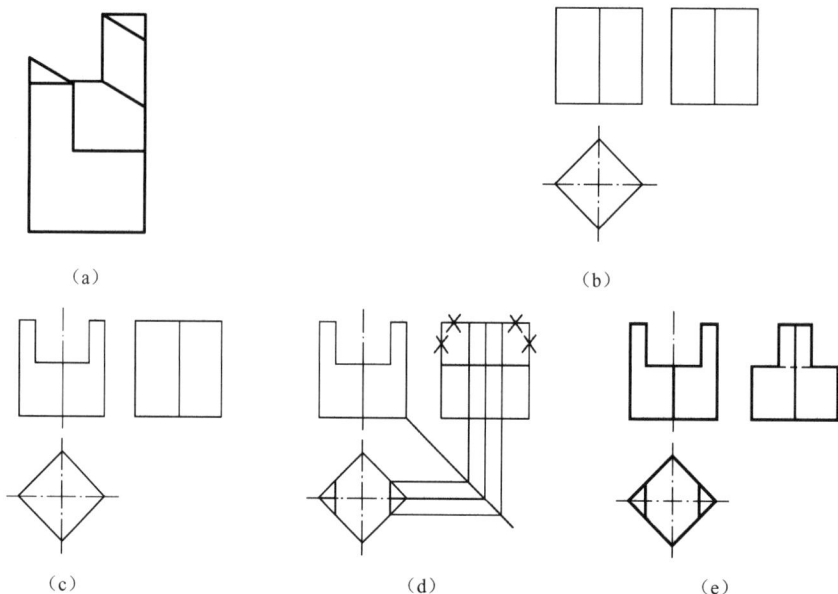

（a）

（b）

（c）

（d）

（e）

图 3-9　切槽正四棱柱三视图的作图步骤

思考与练习

根据如图 3-10 所示的形体的轴测图和主、俯视图补画左视图。

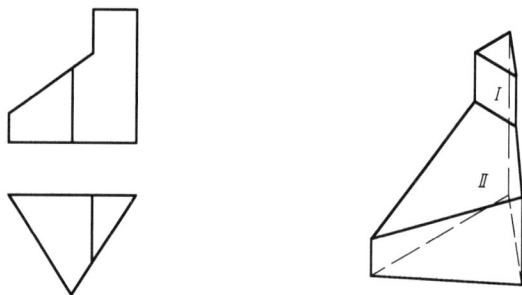

图 3-10　补画左视图

3.2　棱锥及其切割体的投影

3.2.1　棱锥的三视图

1. 形体分析

棱锥的底面为多边形，各棱面均为三角形，且相交于一点，该点称为锥顶。当棱锥底面为正多边形，各侧面是全等的等腰三角形时，称为正棱锥。

下面以**正三棱锥**为例分析棱锥的投影特征及三视图画法。

2. 投影分析

正三棱锥共由一个底面和三个棱面组成，如图 3-11（a）所示。棱面由棱线和底边组成。所以棱面投影是锥顶和底面各顶点投影的连线。

如图 3-11（b）所示，将正三棱锥放在三投影面体系中，底面平行于 H 面放置，得到三视图如图 3-11（c）所示。

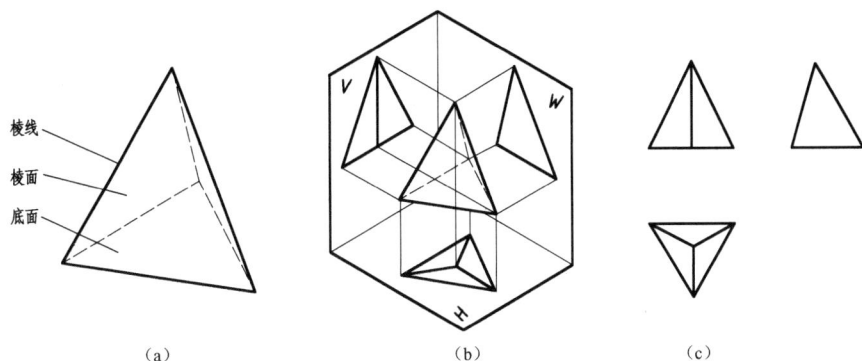

（a）	（b）	（c）

图 3-11　正三棱锥及其三视图

俯视图是内含三个小三角形的等边三角形线框。大三角形线框是底面的投影，反映其真实形状。锥顶的水平投影在三角形中心，它与底面三个顶点的水平投影连线是三条棱线的投影。三个小三角形是三个棱面的水平投影。

在 V 面上底面的投影积聚为直线，在该线上找到底面三顶点的正面投影，分别与锥顶的正面投影相连可得各棱面的正面投影。

同理可得正三棱锥的侧面投影。

3. 绘制视图

一般先画底面的投影（即反映底面真实形状的特征视图），然后画顶点的投影，最后画各棱线的投影并判断可见性。正三棱锥三视图的作图步骤如图 3-12 所示。

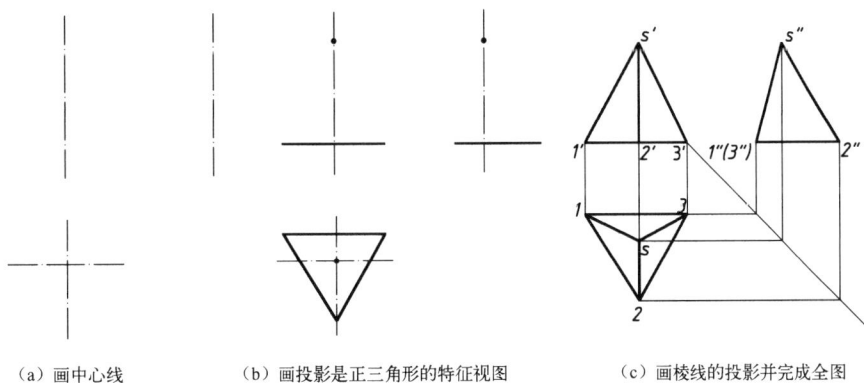

（a）画中心线	（b）画投影是正三角形的特征视图	（c）画棱线的投影并完成全图

图 3-12　正三棱锥三视图的作图步骤

4. 投影特征

通过上述正三棱锥视图的分析，可得出棱锥投影特征：

（1）在与底面平行的投影面上的投影是多边形，并用棱线分成多个三角形，三角形由锥顶和底面多边形顶点的投影的连线构成，这是棱锥的特征视图。

（2）另两面的投影都是由粗实线或粗实线和虚线组成的三角形线框。

思考与练习

补画出如图 3-13 所示正五棱锥的主、左视图。

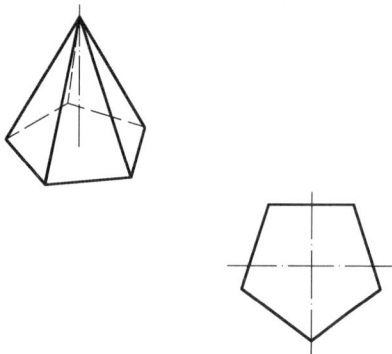

图 3-13　补全正五棱锥的三视图

3.2.2　棱锥的切割

例 3-3　如图 3-14（a）所示，一个正四棱锥被一个水平面所截，求其三视图。

分析

截平面为水平面，所以截交线是一个与底面对应边平行的四边形，其水平投影反映实形，其余两面投影均积聚为直线。

作图步骤

① 先画出切割前正四棱锥的三视图，然后画截交线积聚为直线的正面和侧面投影。

② 在主视图上找到截平面与棱 *SA* 的交点 *I* 的投影 *1′*，然后利用"长对正"在棱线 *SA* 的水平投影上找点 *I* 的水平投影 *1*。

③ 过 *1* 作与底面四边形对应边平行的四边形，并作棱线的水平投影。

④ 整理，描深（图 3-14（b））。

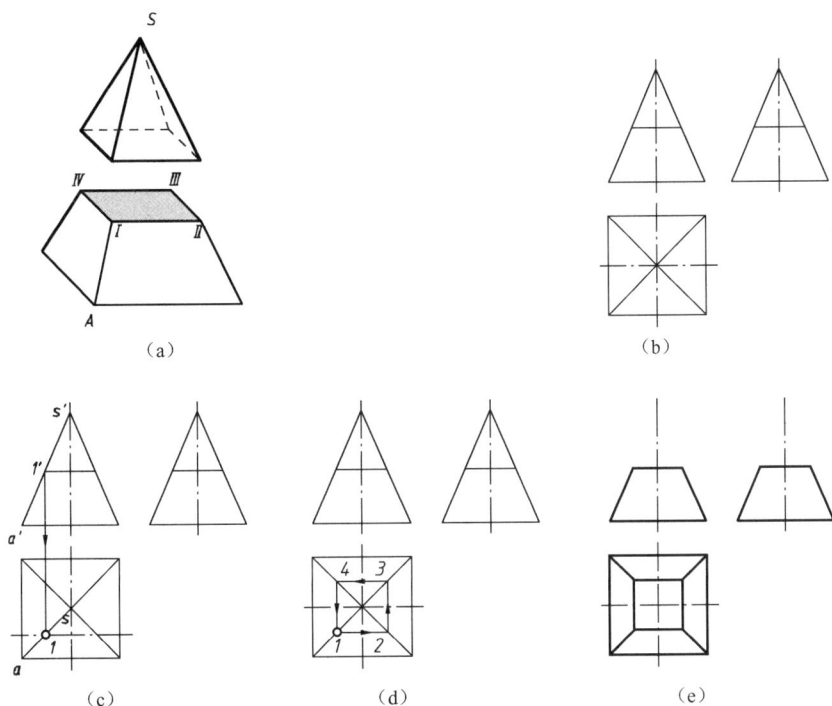

图 3-14 正四棱锥切割体三视图的作图步骤

小结

由平行于棱锥底面的平面截去锥顶，所剩的部分称为棱锥台，简称棱台。由正棱锥截得的棱台叫正棱台。

由上图可总结出它们的投影特征：

① 在与底面平行的投影面上的投影是两个相似多边形，反映上下底面的实形，并用棱线连接。

② 另两面的投影都是梯形线框。

例 3-4 如图 3-15（a）所示，求作正垂面 P 斜切正四棱锥的三视图。

分析

截平面截切棱锥的四条棱线，可判定截交线是四边形，其四个顶点分别是四条棱线与截平面的交点。因此，只要求出截交线的四个顶点在各投影面上的投影，然后依次连接顶点的投影，即得截交线的投影。

作图步骤

①　画出切割前正四棱锥的三视图，并在主视图中画出截交线的积聚性投影 P′（图 3-15（b））。

②　P′ 与三棱锥主视图产生三个交点，它们正是截交线上四个点的投影，其中两个点因为两条棱线投影重合也发生了重影。跟随四条棱线的投影位置找到四个点的水平投影和侧面投影，并连成相似的四边形（图 3-15（c）、（d））。

③ 还原右侧棱线在左视图中的投影，整理，描深（图 3-15（e））。

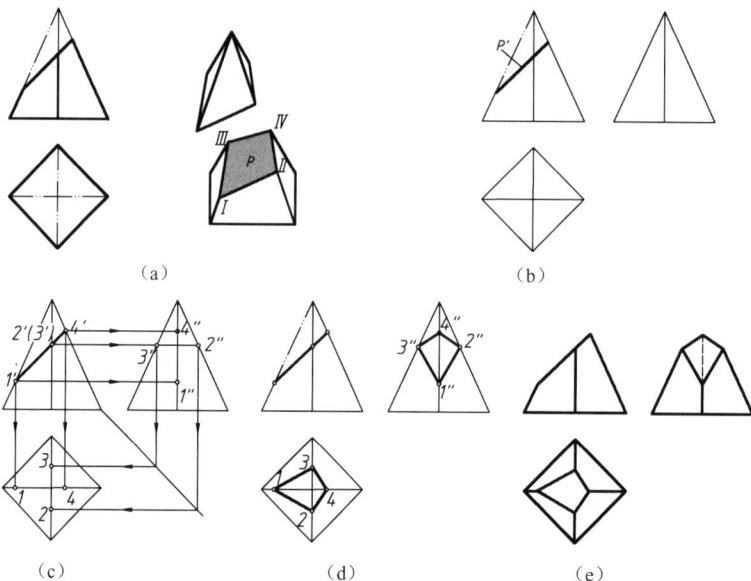

图 3-15　正四棱锥切割体三视图的作图步骤

例 3-5　如图 3-16（a）所示为一个带切口的正三棱锥，补全其三视图。

分析

该正三棱锥的切口是由两个相交的截平面切割而形成的，一个是水平面，一个是正垂面，切过了正三棱锥的一条棱和两个侧面，故截交线都是三角形，且共一条边。其中水平截面与三棱锥的底面平行，因此它所产生的截交线必然是一个与底面对应边平行的三角形的一部分。具体投影特性见表 3-2。

表 3-2　截平面的投影特性

截 平 面	截交线形状	正 面 投 影	侧 面 投 影	水 平 投 影
水平面	三角形	一条直线	一条直线	三角形
正垂面	三角形	一条斜线	三角形	三角形

作图步骤

① 画出正三棱锥的左视图（图 3-16（b））。

② 找到 I 点的水平投影 1，过 1 点作与底面对应边的平行的小三角形，利用主、俯图"长对正"在俯视图上截取该小三角形的一部分△123，然后利用"宽相等"得出侧面投影 1″、2″、3″。（图 3-16（c））

③ 找到点IV的水平投影 4 和侧面投影 4″，在两视图上连接 II、III、VI的投影（图 3-16（d））。

④ 整理，描深（图 3-16（e））。

（a）　　　　　　　　　　　　（b）

（c）　　　　　（d）　　　　　（e）

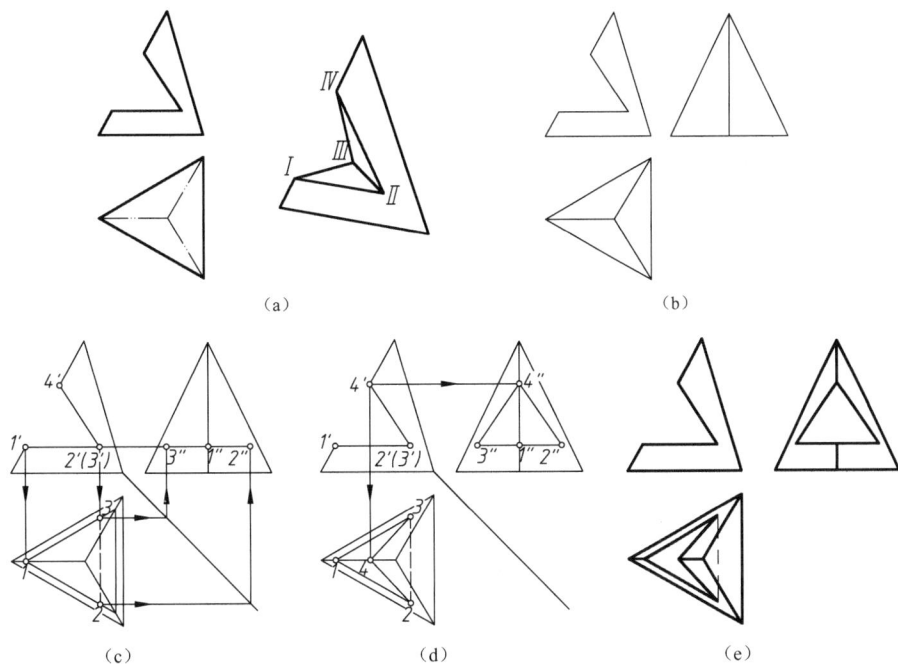

图 3-16　带切口正三棱锥的三视图

思考与练习

　　如图 3-17 所示，正三棱锥被水平面和正垂面所切，完成其投影，补全三视图。

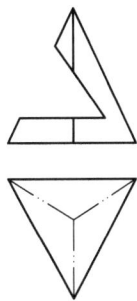

图 3-17　补全三视图

3.3　圆柱及其切割体的投影

3.3.1　圆柱的三视图

1. 圆柱面的形成

　　圆柱面可看成是由一条直母线 AA_1 围绕与它平行的轴线 OO_1 回转而成的。圆柱面上任意一条平行于轴线的直线，称为圆柱面的素线。

2. 形体特征

圆柱面和上、下底面（圆）围成的立体称为圆柱体，简称圆柱，如图 3-18（a）所示。

3. 投影分析

如图 3-18（b）所示，将圆柱放在三投影面体系中，使其底面平行于 H 面，即轴线垂直于 H 面，向三个投影面投影，得到三个视图，如图 3-18（c）所示。

俯视图为一个圆形线框，反映圆柱上、下底面的实际形状，是圆柱的特征视图；由于圆柱面上的素线垂直于底面，所以圆柱面的水平投影积聚成圆周，即圆柱面上任何点水平投影都必定积聚在该圆周上。

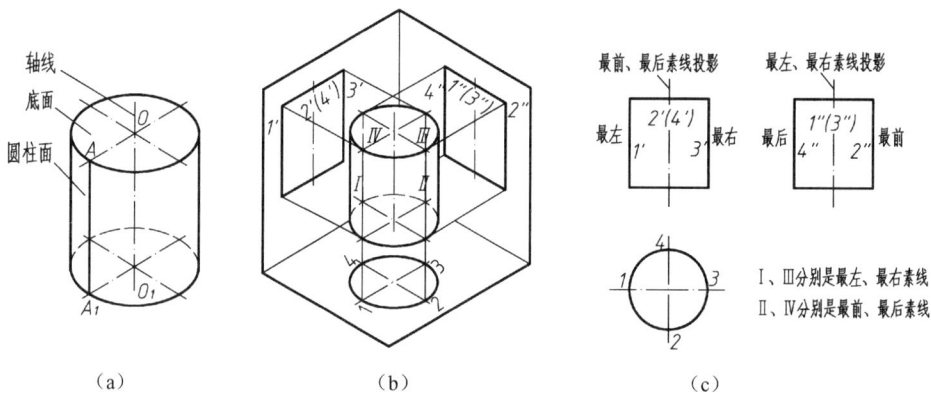

图 3-18　圆柱及其三视图

主、左视图都是矩形线框。矩形线框的上、下两边分别为圆柱上、下底面的积聚性投影；矩形线框的左右两边恰好是圆柱面上最左、最右、最前和最后素线的投影，我们通常把这四条确定圆柱轮廓的素线叫做轮廓素线。

4. 绘制视图（图 3-19）

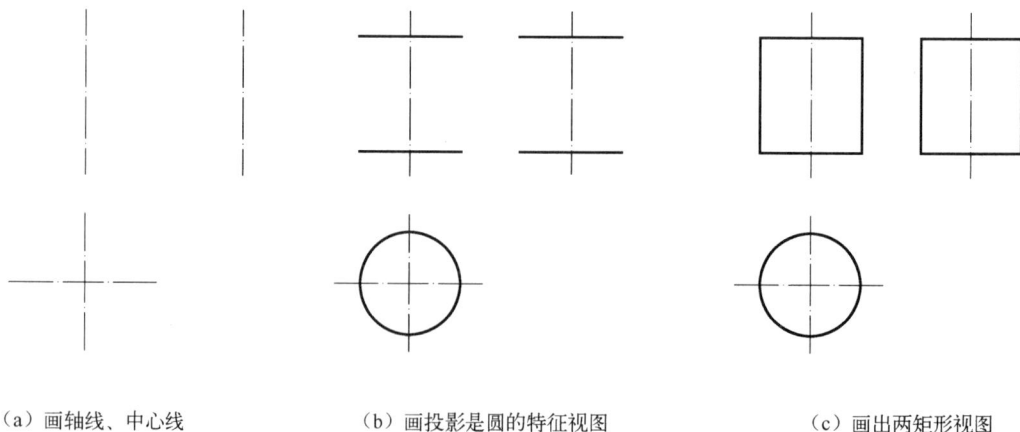

（a）画轴线、中心线　　　　　（b）画投影是圆的特征视图　　　　　（c）画出两矩形视图

图 3-19　圆柱三视图的作图步骤

5. 投影特征

通过上述圆柱体视图的分析，可总结出它的投影特征：

① 在与底面平行（或与轴线垂直）的投影面上的投影是圆形，这个视图是圆柱的特征视图。

② 另两面的投影是全等的矩形线框。

3.3.2　圆柱的截交线

截平面与圆柱轴线的相对位置不同，其截交线有三种不同的形状，如图 3-20 所示。

① 当截平面垂直于圆柱的轴线时，截交线形状为圆，截交线的投影为一圆两直线（图 3-20（b））。

② 当截平面平行于圆柱轴线时，截交线为矩形，截交线的投影为一矩形两直线（图 3-20（a））。

③ 当截平面倾斜于圆柱轴线时，截交线为椭圆，截交线的投影为一斜线两形，其中一形为圆，另一形为椭圆（图 3-20（c））。

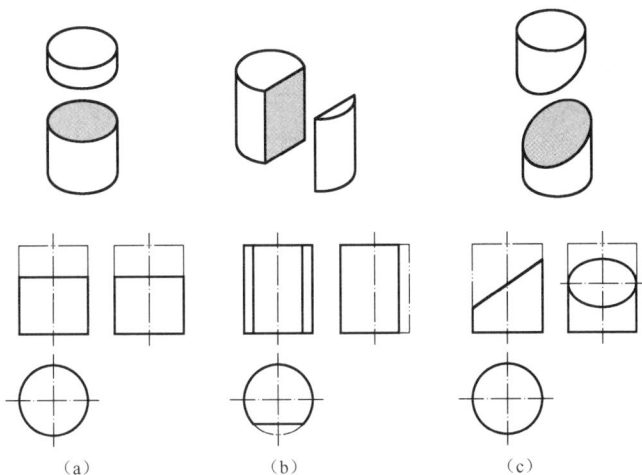

图 3-20　圆柱的三种截交线形状

3.3.3　圆柱的切割

例 3-6　如图 3-21（a）所示两种圆柱切割，均被一水平面和侧平面所切，完成它们的左视图。

分析

被水平面 A 所切，截交线是圆的一部分，水平投影反映实形，被侧平面 B 所切，截交线是矩形，侧面投影反映实形，两图均同。所不同的是：第一种切割，主视图的切口超过了中心线，这个位置是圆柱最前、最后素线的投影位置，这就意味着这两条素线被切割掉了，所以左视图中要擦去这两条素线的投影；而第二种切割，左视图中保留着最前、最后素线的投影。

作图步骤

① 画切割前圆柱三视图，作出两截平面均具积聚性的正面投影（图3-21（b））。

② 在有圆视图（俯视图）中画出截平面产生的截交线，再根据"宽相等"在左视图中画矩形截交线，判断最前、最后素线是否切去（图3-21（c））。

③ 整理，描深（图3-21（d））。

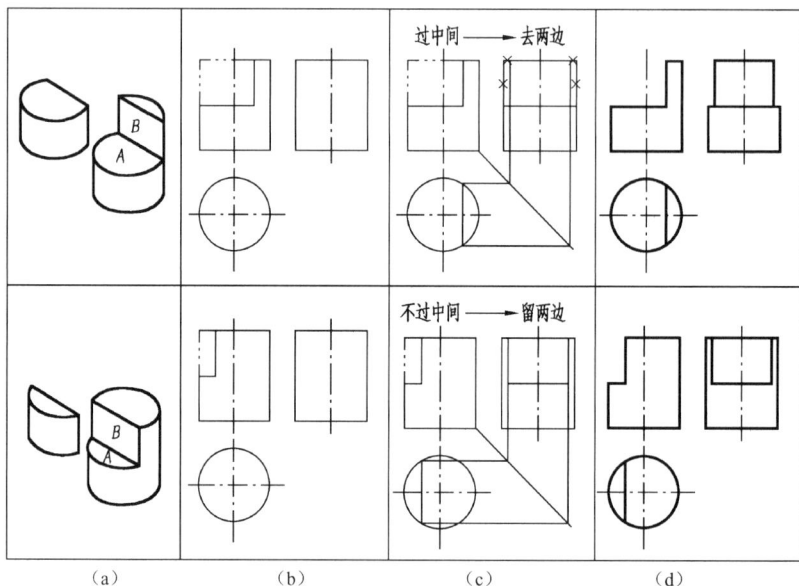

图3-21　水平面＋侧平面截切圆柱

例 3-7 补全如图3-22（a）所示阀杆头部的主、俯视图。

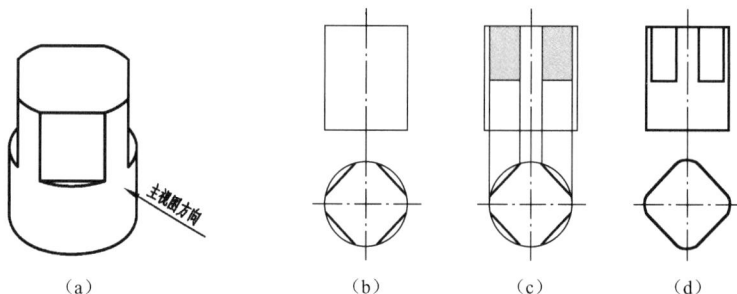

图3-22　阀杆头部主、俯视图

分析

阀杆头部由一个圆柱体一端被四个铅垂面和四个水平面所切割，形成方头，以便与扳手的方孔相配合，起到调节阀芯的作用。所产生的截交线是矩形和部分圆。

作图步骤

① 四个矩形在水平投影中积聚成四条斜线，故先画其水平投影，该投影同时反映了水平截平面的实形（图3-22（b））。

② 根据投影规律画出四个矩形的正面投影（矩形），其中四个投影两两重合（图3-22（c））。

③ 整理，描深（图 3-22（d））。

补全如图 3-23 所示接头的三视图。

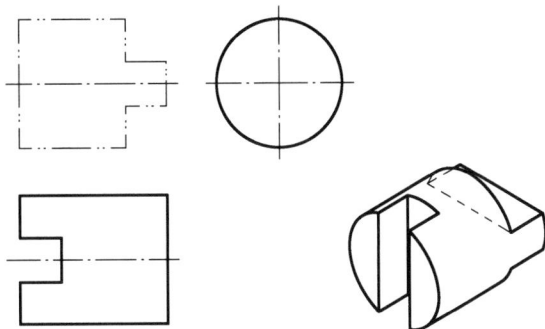

图 3-23　补全三视图

例 3-8　如图 3-24（a）所示，求圆柱被正垂面截切后的截交线。

分析

截平面与圆柱的轴线倾斜，故截交线为椭圆。此椭圆的正面投影积聚为一条直线。椭圆的水平投影与圆柱面的水平投影重合，为圆。椭圆的侧面投影是它的类似形，仍为椭圆。可根据投影规律由正面投影和水平投影求出侧面投影。

作图步骤

① 画切割前圆柱的三视图，画出截交线的正面投影：一条斜线（图 3-24（a））。

② 找特殊点。截交线的正面投影与圆柱主视图产生 3 个交点 1′、2′（3′）、4′，分别是截交线最低点、最前点、最后点及最高点的正面投影，它们的水平投影 1、2、3、4 落在圆与中心线的四个交点上（图 3-24（b））。

③ 找一般点。为便于准确地连接椭圆，还必须在特殊点之间作出适当数量的一般点的投影，先找出它们的正面投影和水平投影，再作出侧面投影，如 5″、6″、7″、8″（图 3-24（c））。

④ 在左视图中依次光滑连接各点，即为截交线的侧面投影，注意圆柱的轮廓线与椭圆相切。整理，描深（图 3-24（d））。

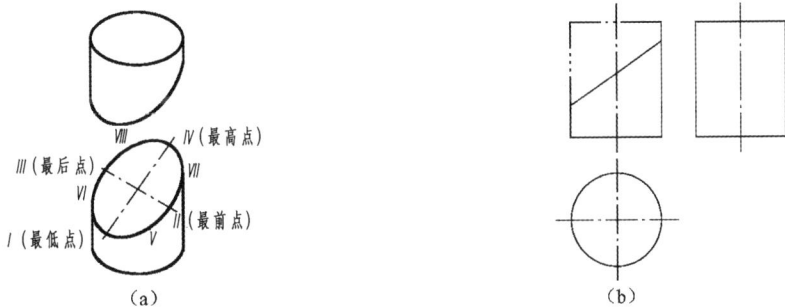

图 3-24　正垂面斜切圆柱的三视图

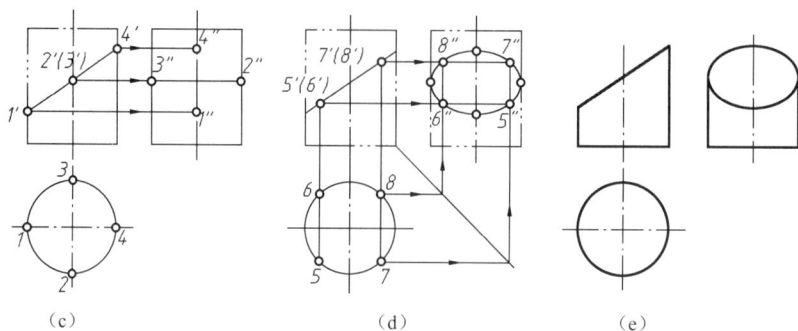

（c）　　　　　　　　（d）　　　　　　　　（e）

图 3-24　正垂面斜切圆柱的三视图（续）

思考与练习

如图 3-25 所示，圆柱被侧平面和正垂面所切，求作三视图。

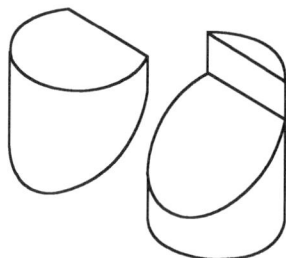

图 3-25　根据轴测图画三视图

3.4　圆锥及其切割体的投影

3.4.1　圆锥的三视图

1. 圆锥面的形成

如图 3-26（a）所示，圆锥面可看成是由一条直母线 SA 绕与它相交的轴线回转而成的，交点为 S 点。圆锥面上任意一条过 S 点并与轴线相交的直线，称为圆锥面的素线。

2. 形体特征

圆锥面和底面（圆平面）围成的立体称为圆锥体，简称圆锥，S 点为锥顶（图 3-26（a））。

3. 投影分析

如图 3-26（b）所示，将圆锥放在三投影面体系中，使其放置成底面平行于 H 面，即轴线垂直于 H 面，向三个投影面投影，得到三个视图（图 3-26（c））。现将圆锥的三个视图分析如下：

● 俯视图为一个圆，其中圆面反映圆锥底面的实际形状，圆周及圆心间区域内圆锥面的投影。

● 主、左视图都是等腰三角形线框，它的底边是圆锥底面的积聚性投影；两腰恰好是圆锥面上最左、最右、最前和最后素线的投影，即圆锥轮廓素线的投影。

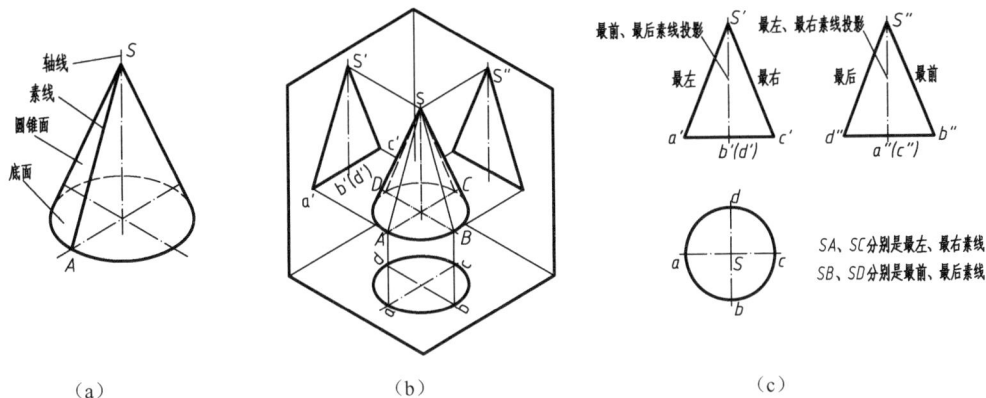

图 3-26　圆锥及其三视图

4. 绘制视图（图 3-27）

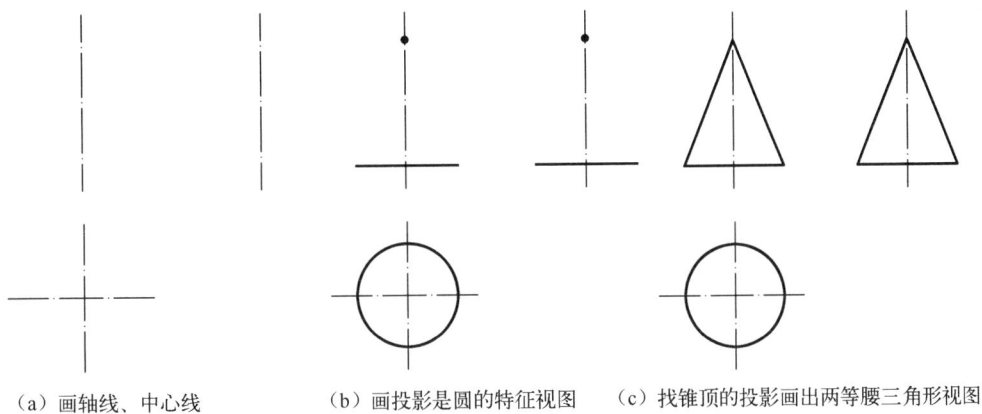

（a）画轴线、中心线　　　（b）画投影是圆的特征视图　　（c）找锥顶的投影画出两等腰三角形视图

图 3-27　圆锥三视图的作图步骤

5. 投影特征

通过上述圆锥视图的分析，可总结出它的投影特征：

① 在与底面平行（或与轴线垂直）的投影面上的投影是圆，是圆锥的特征视图；

② 另两面的投影是全等的等腰三角形线框。

3.4.2　圆锥的截交线

圆锥体的截交线有五种不同的形状，如图 3-28 所示。

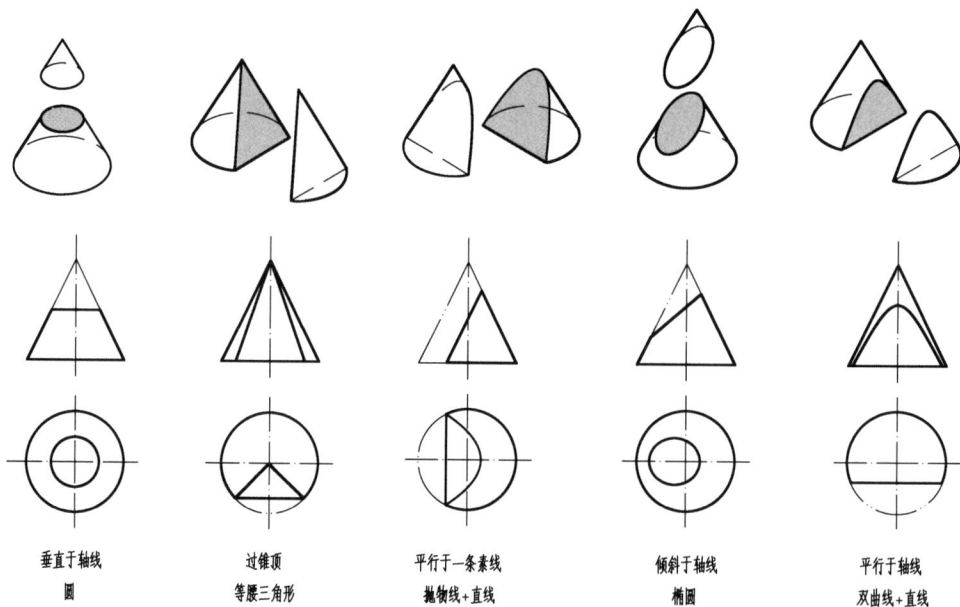

| 垂直于轴线 | 过锥顶 | 平行于一条素线 | 倾斜于轴线 | 平行于轴线 |
| 圆 | 等腰三角形 | 抛物线＋直线 | 椭圆 | 双曲线＋直线 |

图 3-28　圆锥的五种截交线形状

3.4.3　圆锥的切割

例 3-9　如图 3-29（a）所示，补全正平面切割圆锥后的投影。

分析

由图知，截平面为正平面，与轴线平行，故截交线为双曲线。截交线的水平投影和侧面投影都积聚为直线，只需求出正面投影。

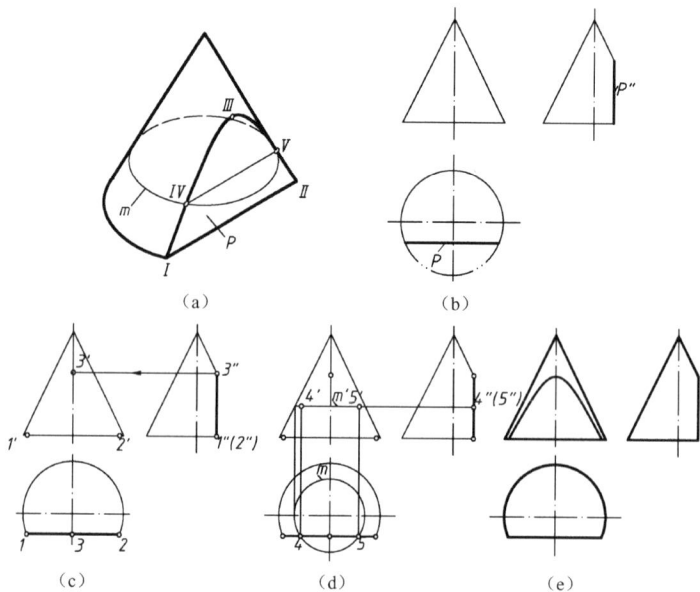

（a）　　　　　　（b）

（c）　　　　　（d）　　　　　（e）

图 3-29　正平面截切圆锥

作图步骤

① 画切割前圆锥三视图并作出截交线的水平投影 P 和侧面投影 P''（图 3-29（b））。

② 找特殊点。点 III 为最高点，它在最前素线上，故根据 $3''$ 可直接找到 3 和 $3'$。I 和 II 为最低点，在圆锥底面上，故其水平投影 1、2 也在底圆的水平投影上，最后找其正面投影 $1'$、$2'$（图 3-29（c））。

③ 找一般点。如图 3-29（c）所示，在 III 和 I、II 之间的合适位置假想用水平面切割圆锥，截交线 m 为圆。截平面与圆锥产生的交点 IV、V 必是双曲线上的点，也是圆 m 上的点。这样，IV、V 的投影必然在圆 m 的投影上。圆 m 的正面投影和侧面投影均为直线，量取直线上中心线上的点到轮廓线上点的距离，在俯视图中作同心圆，与双曲线的水平投影有两交点，这两点即为 4、5，然后根据"长对正"在主视图的 m 上找到 $4'$、$5'$（图 3-29（d））。

④ 依次将各点连成光滑的曲线，整理，完成投影（图 3-29（e））。

思考与练习

如图 3-30 所示，圆锥体被平行于线的正垂面所切，补全其三视图。

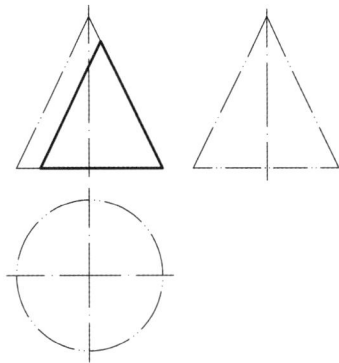

图 3-30　补全圆锥切割体的三视图

例 3-10　补全如图 3-31（a）所示圆锥被切割后的投影。

分析

如图所示，圆锥被水平面 P 和正垂面 Q 所切。因为 P 面平行于底面，所以其截交线为圆的一部分；Q 面过锥顶，故其截交线为三角形。两截交线共一条边。两截交线投影特性见表 3-3。

表 3-3　截平面的投影特性

截　平　面	截交线形状	正　面　投　影	侧　面　投　影	水　平　投　影
水平面	部分圆	一条直线	一条直线	部分圆（实形）
正垂面	三角形	一条斜线	三角形	三角形

由上表可知，两截交线在正面的投影都具有积聚性，所以画图时，先从主视图入手。

作图步骤

① 画出切割前圆锥的左视图（图 3-31（b））。

② 作 P 面的截交线。在主视图中，截交线的投影与中心线和最左轮廓线相交，量取两点间距离，在俯视图中作同心圆，再利用 $2'$（$3'$）根据"长对正"确定 2、3，截取圆的左

大半部分，最后确定 2″、3″，注意判断 23 的可见性（图 3-31（c））。

③ 作 Q 面的截交线。找到锥顶的三面投影 s、s′、s″，连接 s23 和 s″2″3″，注意判断左视图中最左、最右素线的去留（图 3-31（d））。

④ 整理，描深（图 3-31（e））。

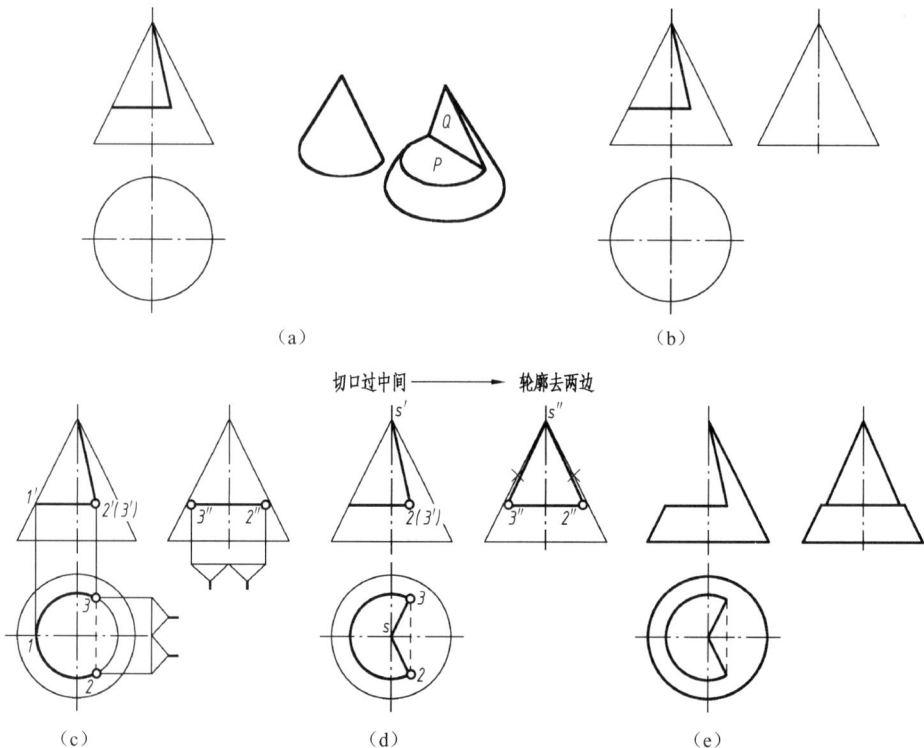

（a） （b）

切口过中间 ——→ 轮廓去两边

（c） （d） （e）

图 3-31 水平面＋过锥顶正垂面截切圆锥

思 考 与 练 习

如图 3-32 所示，圆锥体被两个水平面和两个正垂面（其正面投影的延长线过锥顶）穿孔，试补全其水平投影和侧面投影。

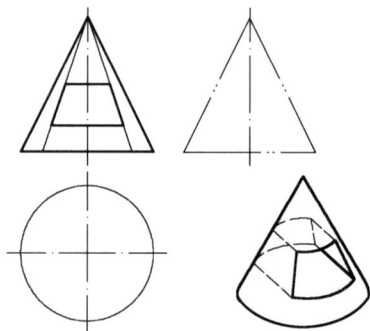

图 3-32 补全圆锥切割体的三视图

3.5　球及其切割体的投影

3.5.1　球的三视图

1.　圆球面的形成

圆球面是由一个半圆作母线，以其直径为轴线旋转而成的。

2.　形体特征

圆球面围成的立体称为圆球，简称球（图 3-33（a））。

3.　投影分析

如图 3-33（b）所示，将圆球放在三投影面体系中，并向三个投影面投影。由于圆球任何方向的投影都是等径的圆，这三个圆分别表示三个不同方向的圆球面轮廓素线的投影，如图 3-33（c）所示。

现将圆球的三个视图分析如下：

● 主视图中的圆 1'表示可见的前半球面和后半球面的分界线，是平行于 V 面的前后转向轮廓素线圆的投影，它的 H 面和 W 面投影 1、1"与对称中心线重合，不用画出。

● 俯视图上圆 2 表示上半球面和下半球面的分界线，是平行于 H 面的上下转向轮廓素线圆的投影，它的 V 面投影和 W 面投影 2'、2"与对称中心线重合，同样不用画出。

● 左视图上圆 3"表示左半球面和右半球面的分界线，是平行于 W 面的左右转向轮廓素线圆的投影，它的 H 面投影和 V 面投影 3、3'也与对称中心线重合，不用画出。

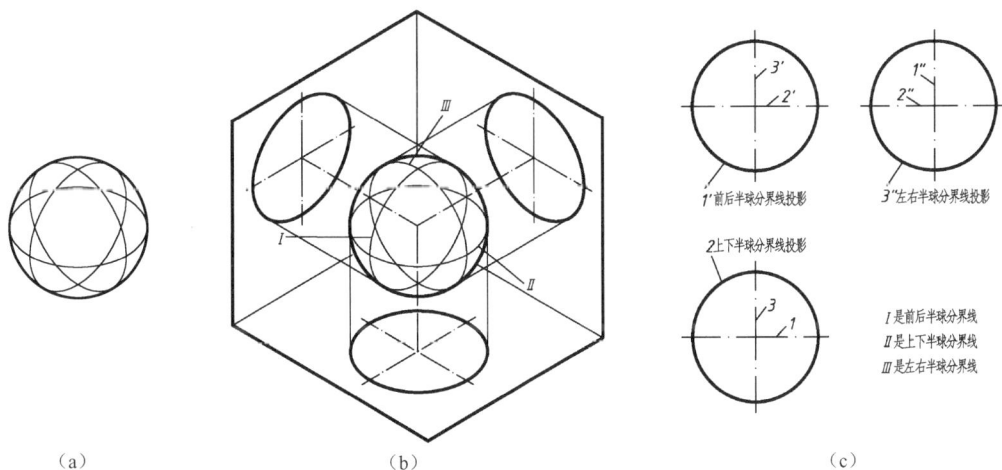

（a）　　　　　（b）　　　　　（c）

图 3-33　球及其三视图

4．绘制视图（图 3-34）

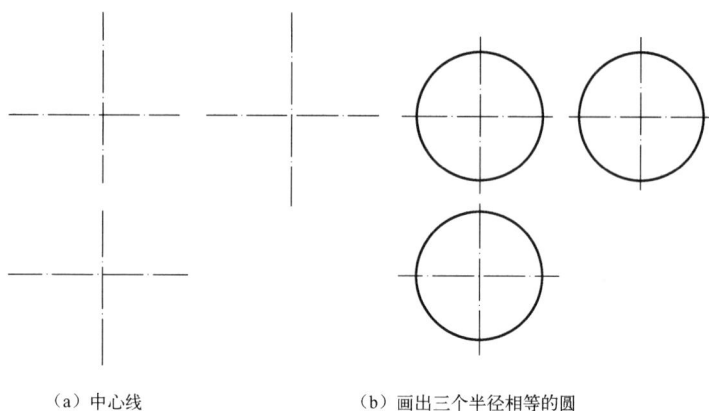

（a）中心线　　　　　　　　　（b）画出三个半径相等的圆

图 3-34　球三视图的作图步骤

5．投影特征

通过上述圆球视图的分析，可总结出它的投影特征：三个投影均为半径相等的圆。

3.5.2　球的切割

平面在任何位置截切圆球的截交线都是圆。当截平面平行于某一投影面时，截交线在该投影面上的投影为圆的实形，且与原轮廓圆同心，在其他两面上的投影都积聚为直线。如图 3-35 所示。所以，画球的切割体三视图的关键在于找到正确的圆的半径，在正确的视图中画圆。分析图可知，截面圆的半径为中心线上的点到截面圆轮廓上的点之间的距离。

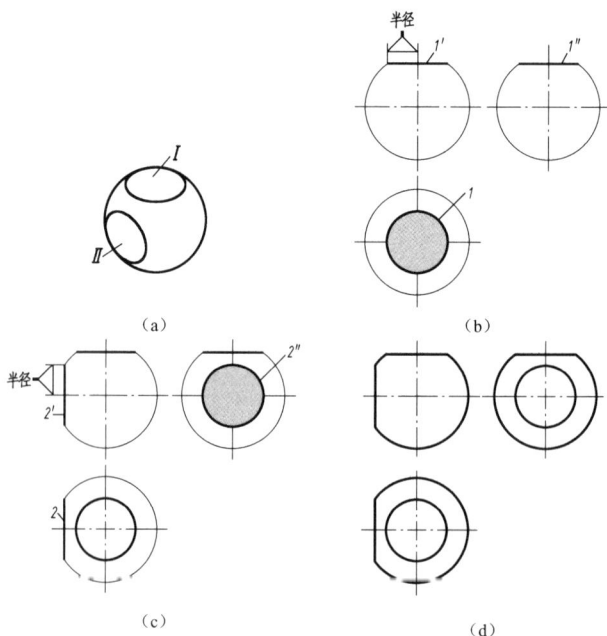

图 3-35　球的截交线

例 3-11　画出如图 3-36（a）所示球的切割体的三视图。

分析

图 3-36（a）所示的形体由零件阀芯演变而来。该形体其实是一个头部开槽、两端切平并穿通孔的球体。其中用两个侧平面和一个水平面开槽，用两侧平面切平左右两端。截交线均为圆的一部分，不同的是圆的半径不同及反映实形的视图不同。其中开槽部分的三段截交线投影特性见表 3-4。

表 3-4　开槽部分三个截平面的投影特性

截　平　面	截交线形状	正　面　投　影	侧　面　投　影	水　平　投　影
水平面	部分圆（P）	一条直线	一条直线	部分圆（实形）
侧平面（2 个）	部分圆（Q）	一条直线	部分圆（实形）	一条直线

截交线在正面的投影都具有积聚性，所以画图时，先从主视图入手。

作图步骤

① 画出球体的三视图，按槽深和槽宽画出三条截交线的正面投影（图 3-36（b））。

② 在主视图中延长 P' 至轮廓圆，在其上量取中心线的点到轮廓圆上点的距离为半径，在俯视图中作同心圆，然后利用 P' 的长度截取该圆的中间部分，即为所求的截交线 P 的水平投影，P 的侧面投影积聚为一条直线（图 3-36（c））。

③ 同理，在主视图中延长 q' 至中心线，在其上量取中心线的点到轮廓圆上点的距离为半径，在左视图中作同心圆，然后利用 q' 的高度截取该圆的上半部分，即为所求的截交线 Q 的水平投影，Q 的水平投影积聚为一条直线（图 3-36（d））。

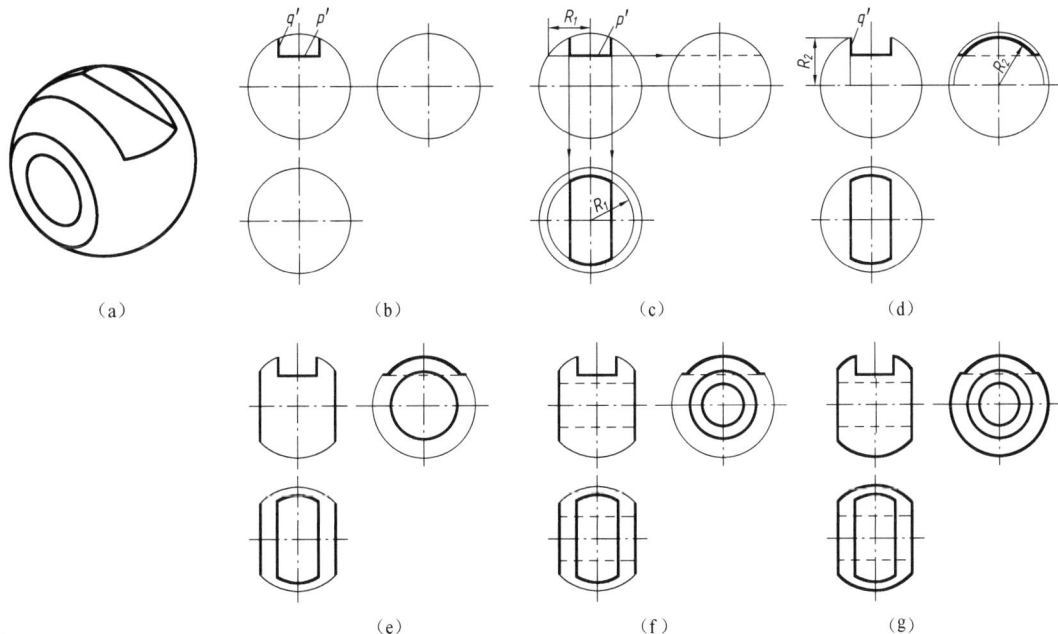

（a）　　　　　（b）　　　　　（c）　　　　　（d）

（e）　　　　　（f）　　　　　（g）

图 3-36　开槽圆球的截交线

④ 完成左右两端侧平面的三视图（图 3-36（e））。

⑤ 画通孔的三视图（图 3-36（f））。

⑥ 整理，描深（图 3-36（g））。

思考与练习

完成如图 3-37 所示开槽球体的水平投影和侧面投影。

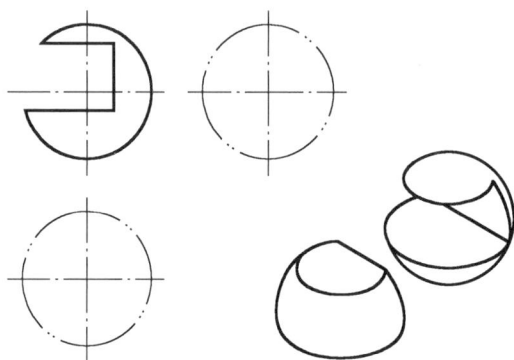

图 3-37　补画开槽圆球的三视图

3.5.3　组合回转体的切割

实际机件常由几个回转体组合而成。求组合回转体的截交线时，首先要分析组成机件的各基本体及截平面与它们的相对位置，弄清截交线的形状和投影特性，然后逐个画出各基本体的截交线，并将它们连接起来，即可完成。

例 3-12　求作如图 3-38（a）所示铣床顶尖头的三视图。

分析

顶尖头部是由同轴的圆锥与圆柱组合而成的，被正垂面 P 和水平面 Q 切去左上部分。正垂面 P 倾斜于轴线截切了圆柱，故产生一段截交线（截交线是椭圆的一部分），水平面 Q 同时截切圆柱和圆锥，产生 2 段截交线（截交线分别为矩形和双曲线），所以顶尖头部的截交线由三部分组成。三组截交线正面投影积聚为两条直线，侧面投影分别积聚在圆和直线上，因此只需求作三组截交线的水平投影。

作图步骤

① 画出组合回转体的三视图，在主视图上作出正垂面 P 和水平面 Q 均有积聚性的正面投影（图 3-38（b））。

② 画正垂面 P 斜切圆柱所产生的截交线（椭圆的一部分）的投影，该截交线的侧面投影积聚为圆，水平投影为椭圆的一部分，按照先特殊后一般的顺序找出若干个点的投影，连成光滑的曲线（图 3-38（c））。

③ 画水平面 Q 平行圆柱轴线截切所产生的截交线（矩形）的投影，该截交线的侧面投影积聚为直线，水平投影按俯、左视图宽相等画出一个矩形（图 3-38（d））。

④ 画水平面 Q 平行圆锥轴线截切所产生的截交线（双曲线）的投影，该截交线的侧面投影积聚为直线，水平投影为反映实形的双曲线。此段截交线与上一段截交线为同一截平面所截，共面本没有分界线，但由于下方还有圆柱与圆锥的交线，所以两段间的交线 67 为虚线（图 3-38（e））。

⑤ 整理，描深（图 3-38（f））。

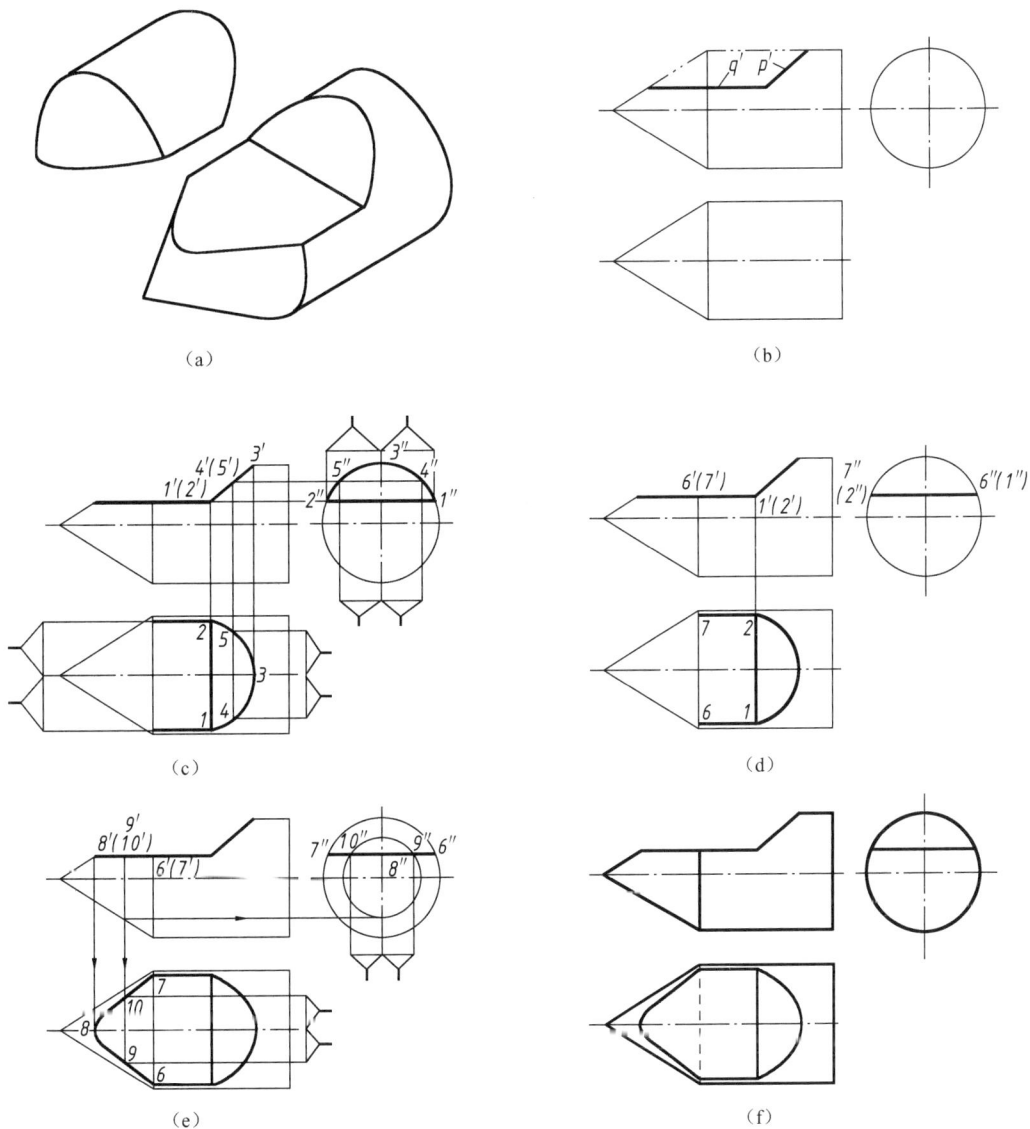

図 3-38　铣床顶尖头三视图的作图步骤

思考与练习

根据图 3-39 给出的两视图补画组合回转体的俯视图。

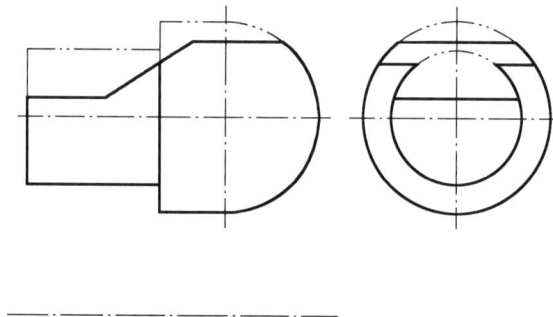

图 3-39　根据给出的两视图补画俯视图

3.6　相　贯　线

机件上常有立体表面彼此相交的情况，称为立体相贯，相交立体表面的交线称为相贯线。相贯不同于两个立体的简单叠加，而是一个立体的侧表面全部或部分"贯入"另一个立体的侧表面，因此相贯线多数情况下是封闭的空间线。

3.6.1　圆柱和圆柱相交

当两个圆柱的轴线垂直相交时，我们称其为正交。两个圆柱正交是工程上最常见的。例如图 3-1（c）所示的三通管就是两个圆柱正交形成相贯线的实例。

例 3-13　求如图 3-40（a）所示两个不等径圆柱正交（两轴线垂直相交）的相贯线的投影。

分析

由图 3-40（a）可知：两圆柱正交时，相贯线是一条封闭的空间曲线，且前后、左右分别对称。由于相贯线是两个曲面立体表面的共有线，而两个圆柱中，大圆柱轴线垂直于侧面，小圆柱轴线垂直于水平面，故相贯线在侧面上的投影积聚在大圆柱侧面投影的圆周上，且在小圆柱的轮廓范围内；在水平面上的投影积聚在小圆柱水平投影的圆周上，故只需求作相贯线的正面投影。

作图步骤

① 画出两个圆柱的三视图，并找出相贯线的水平投影和侧面投影（图 3-40（b））。

② 找特殊点。Ⅰ、Ⅱ两点为最高点，也是最左和最右点，Ⅲ、Ⅳ两点是最前和最后点，也是最低点。在相贯线的水平投影和侧面投影中找出这些特殊点的位置，根据"长对正、高平齐"的投影规律找出它们的正面投影（图 3-40（c））。

③ 找一般点。在相贯线的侧面投影上任取一个积聚点 5″（6″），用宽相等投影规律找出其水平投影 5、6，由 5、6 及 5″6″作出其正面投影 5′、6′（图 3-40（d））。

④ 依次光滑地连接各点，即得相贯线的正面投影（图 3-40（e））。

（a）

（b）　　　　　　　　　　　　　（c）

（d）　　　　　　　　　　　　　（e）

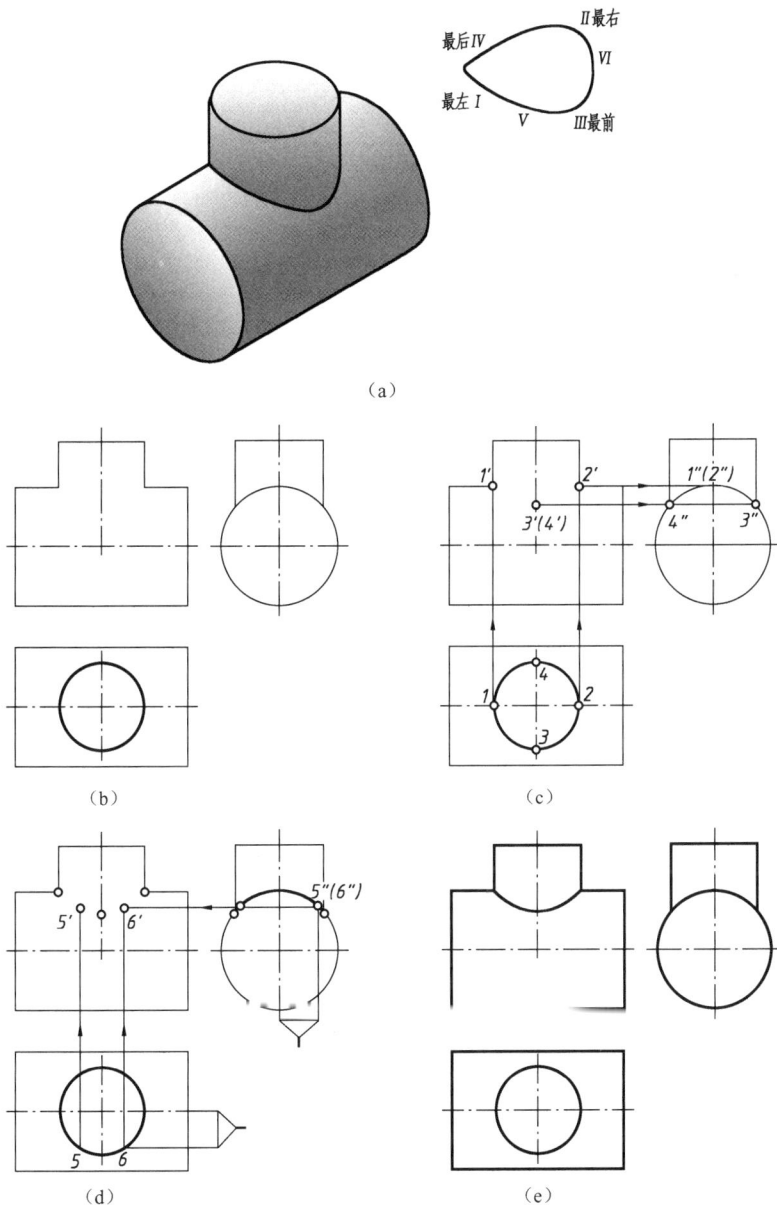

图 3-40　正交两圆柱的相贯线

1. 相贯线的近似画法

工程上两圆柱正交的实例很多，为了简化作图，通常采用简化画法作出相贯线投影，即以圆弧代替非圆曲线。

如图 3-41 所示，垂直正交两圆柱的相贯线可用大圆柱的 $D/2$ 为半径作圆弧来代替。

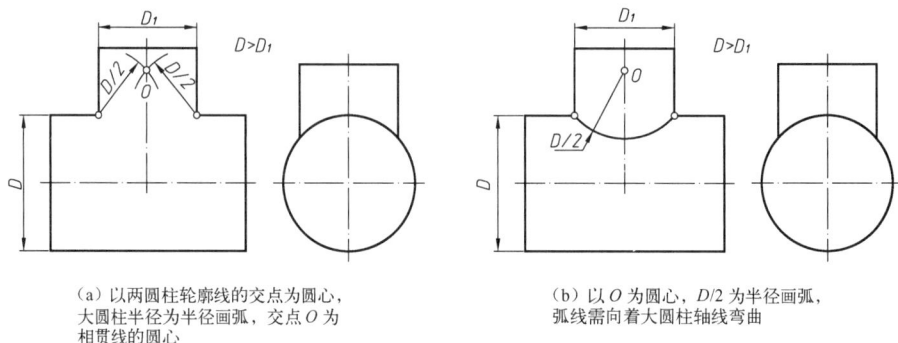

（a）以两圆柱轮廓线的交点为圆心，大圆柱半径为半径画弧，交点 O 为相贯线的圆心

（b）以 O 为圆心，$D/2$ 为半径画弧，弧线需向着大圆柱轴线弯曲

图 3-41　相贯线的近似画法

2. 两圆柱正交相贯的基本形式及其投影特点

由图 3-42（a）可看出正交两圆柱的相贯线投影的变化规律。

① 直径不相等的两圆柱正交相贯时，被贯穿的总是大圆柱，即大圆柱的素线被相贯线所代替。在相贯线的非积聚性投影（非圆视图）上，相贯线的弯曲方向总朝向大圆柱的轴线（图 3-42（a）、（b）、（d））。

② 直径相等的两圆柱正交相贯时，相贯线在非圆视图的投影为两条过轴线交点的相交直线（图 3-42（c））。

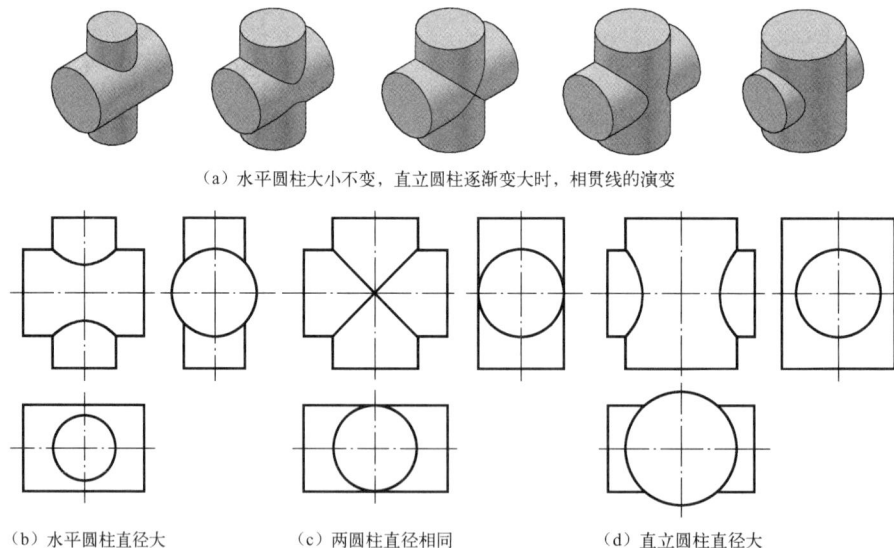

（a）水平圆柱大小不变，直立圆柱逐渐变大时，相贯线的演变

（b）水平圆柱直径大　　　（c）两圆柱直径相同　　　（d）直立圆柱直径大

图 3-42　两圆柱正交相贯的基本形式

3. 圆柱穿孔

如图 3-43 所示，在大圆柱上穿孔，就出现了外圆柱面与内圆柱面相交的相贯线。这种

相贯线可以看成是小圆柱把大圆柱贯穿后，再把小圆柱抽去而形成的。

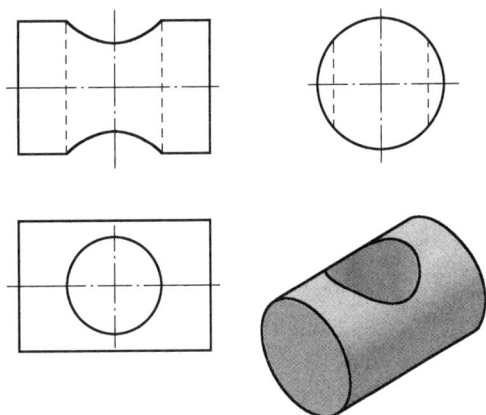

图 3-43 外圆柱面与内圆柱面相交

例 3-14 画出大圆筒与小圆筒相贯的相贯线。

分析

当大圆柱与小圆柱正交时，大圆柱被贯穿，其最左素线被相贯线所替代。同时，当大圆孔与小圆孔正交时，大圆孔的最左素线被相贯线所替代，故该形体共产生两段相贯线。

作图 （图 3-44）

注意 大圆柱被贯穿后，大圆柱与小圆柱已成为一个整体，当小圆孔垂直穿过大圆柱时，不会再产生相贯线。

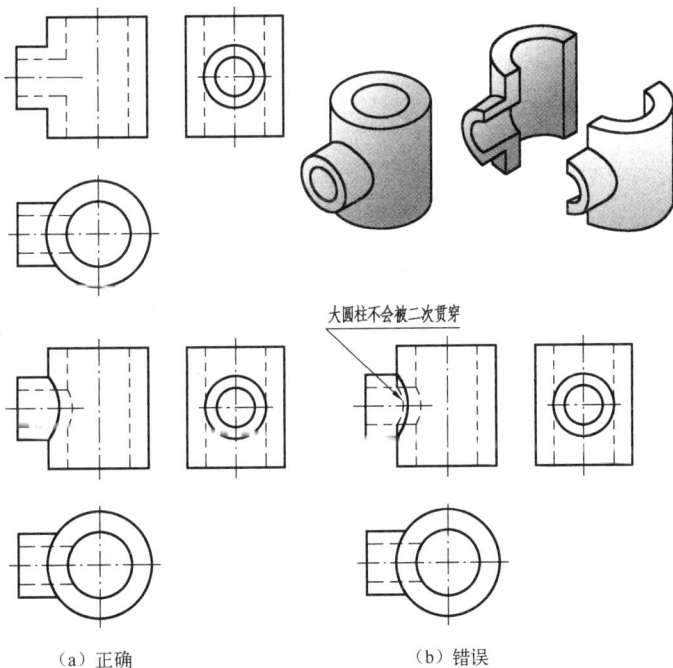

大圆柱不会被二次贯穿

（a）正确　　　　　（b）错误

图 3-44 大、小圆筒相贯

例 3-15 根据图 3-45（a）给出的轴测图和两视图补画左视图。

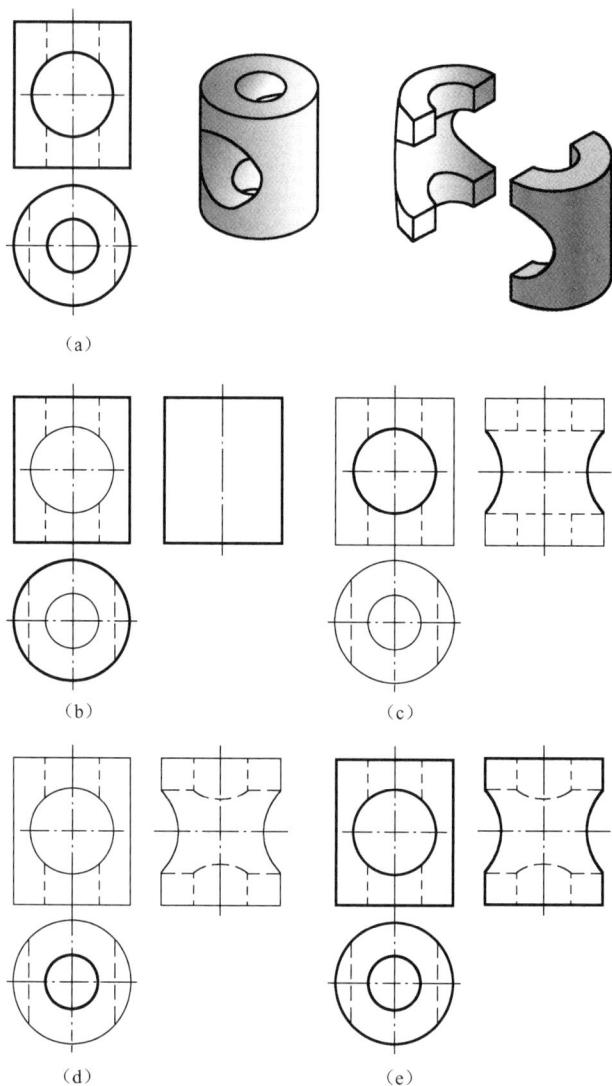

（a）

（b）　　　　　　　　　（c）

（d）　　　　　　　　　（e）

图 3-45　补画左视图

分析

　　该形体是在大圆柱上沿正垂线方向从前往后穿中孔，两者轴线正交，大圆柱被贯穿，产生相贯线。然后沿铅垂线方向从上往下穿小孔，因为小孔与大圆柱同轴，故无相贯线，但小孔和中孔的轴线正交，故中孔和小孔间产生相贯线，中孔轮廓素线被相贯线替代。由于相贯时，总是大圆柱（或孔）被小圆柱（或孔）贯穿，所以我们画图时，可按先大圆柱后小圆柱的顺序画图。

作图步骤

① 画出大圆柱的左视图（图 3-45（b））。

② 画中圆孔的左视图，大圆孔被中圆孔所贯穿，其最前、最后素线被相贯线所替代，

相贯线向着大圆柱轴线弯曲（图 3-45（c））。

③ 画小圆孔的左视图，中圆孔被小圆孔所贯穿，其最上、最下素线被相贯线所替代，相贯线向着中圆孔轴线弯曲（图 3-45（d））。

④ 整理，描深（图 3-45（e））。

思考与练习

根据图 3-46 给出的轴测图和两视图补全三视图。

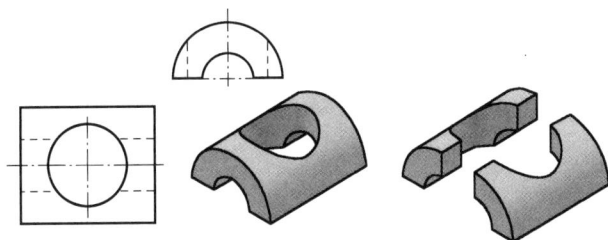

图 3-46　补全三视图

3.6.2　相贯线的特殊情况

一般情况下，两个曲面立体相交，其相贯线一般为空间曲线，但在特殊情况下也可能是平面曲线或直线。

（1）两个曲面立体具有公共轴线时，相贯线为与轴线垂直的圆，如图 3-47 所示。

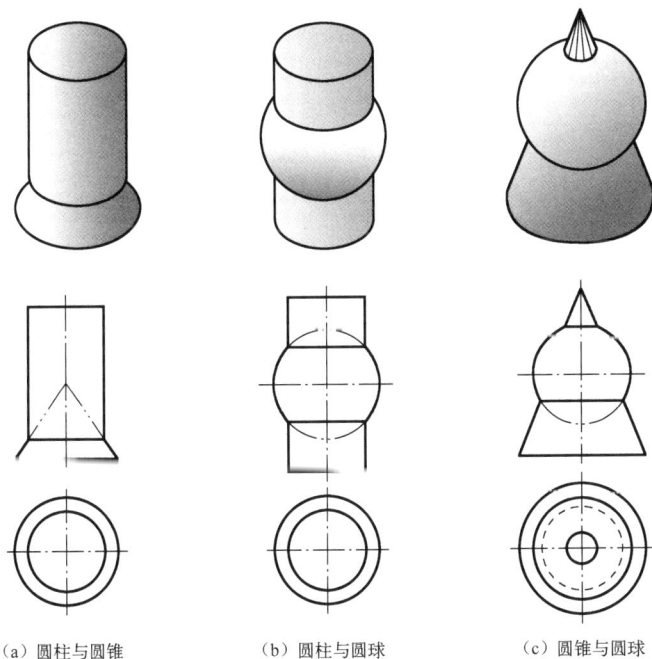

（a）圆柱与圆锥　　　　（b）圆柱与圆球　　　　（c）圆锥与圆球

图 3-47　两个同轴回转体的相贯线

（2）当相交的两个圆柱轴线平行时，相贯线为两条平行于轴线的直线，如图 3-48 所示。

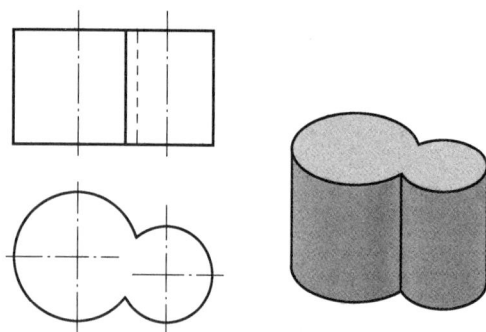

图 3-48　相交两圆柱轴线平行时的相贯线

第4章

组 合 体

怎样用三视图表达如图4-1所示的较复杂零件的形状呢？

（a）支座实物图

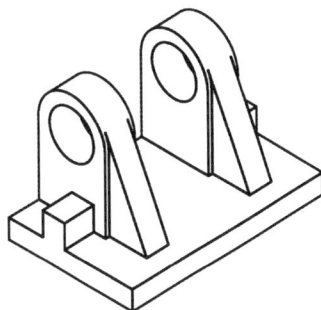

（b）简化后的组合体

图 4-1　零件与组合体的区别

当我们对机器零件进行简化，去除其上倒角、退刀槽、铸造圆角、起模斜度等工艺结构，从中抽象出一种几何模型，这就是组合体。

由基本体按一定的方式组合而成的较复杂的形体称为组合体。它主要分为叠加型和切割型。由各种基本体（或稍作变动、或穿孔、挖槽的基本体）叠加而形成的组合体我们称为叠加型组合体；由一个基本形体被平面或平面立体、曲面立体切割形成的组合体称为切割型组合体。

4.1　组合体的表面连接关系

组合体经叠加、切割后，形体的相邻表面间可能产生共面、相切或者相交三种特殊位置。不同的连接关系，分界处的表达方式也不同。

1. 共面或不共面

当两基本体表面共面时，结合处不画分界线，如图 4-2（a）所示；当两基本体表面不共面时，结合处应画出分界线，如图 4-2（b）所示；可见侧共面，不可见侧不共面时，结合处用虚线表示，如图 4-2（c）所示。

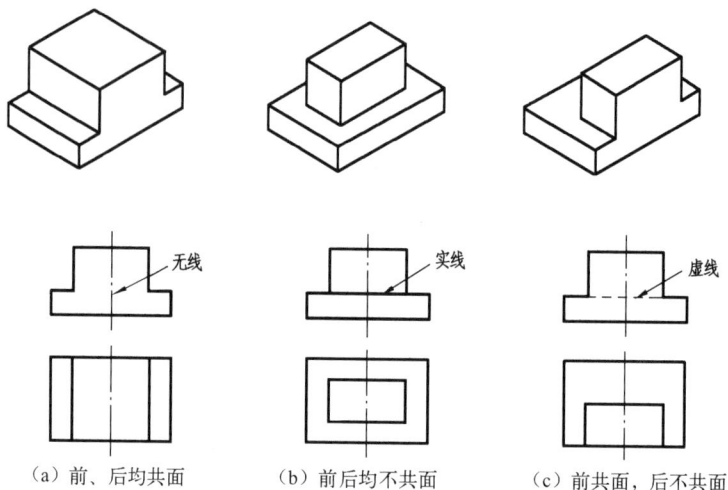

（a）前、后均共面　　　　（b）前后均不共面　　　　（c）前共面，后不共面

图 4-2　两表面共面与不共面的画法

2. 相切

当两基本体表面相切时，由于是光滑过渡，在相切处不画分界线。

如图 4-3 所示组合体，它是由底板和圆柱体组成的，底板的侧面与圆柱面相切，因此主视图和左视图中相切处不应画线，此时应注意两个切点 A、B 的正面投影 a'、(b') 和侧面投影 a''、(b'') 的位置。

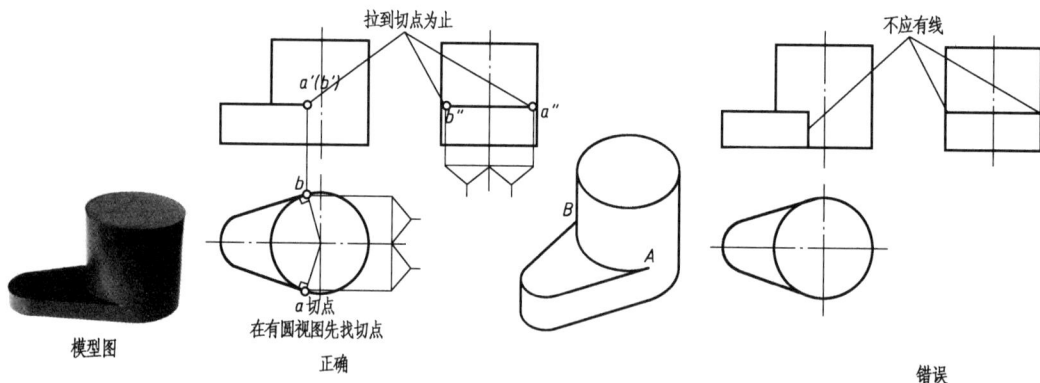

图 4-3　相切的画法

如图 4-4 所示圆柱面与 1/2 球面相切，两表面光滑过渡，故切线的投影不画。

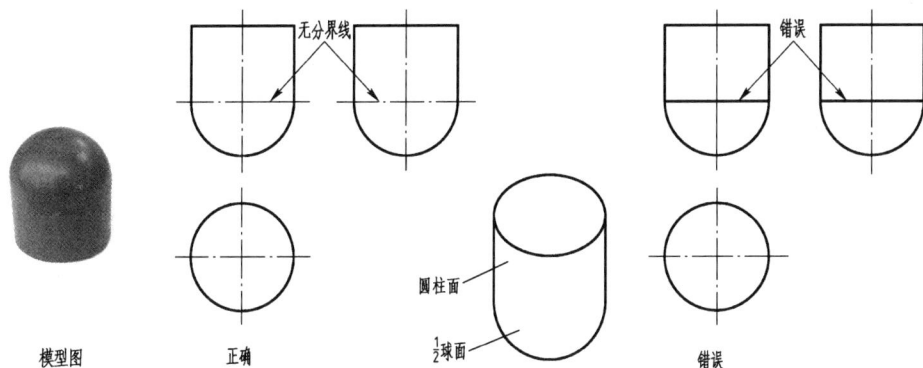

图 4-4 圆柱面与 1/2 球面相切的画法

特殊地，当两圆柱面相切时，若它们的公共切平面垂直于投影面，则就应画出相切的素线在该投影面上的投影，也就是两个圆柱面的分界线，如图 4-5（b）所示。图 4-5（a）中，由于公共切平面与水平投影面倾斜，故俯视图无须画分界线。

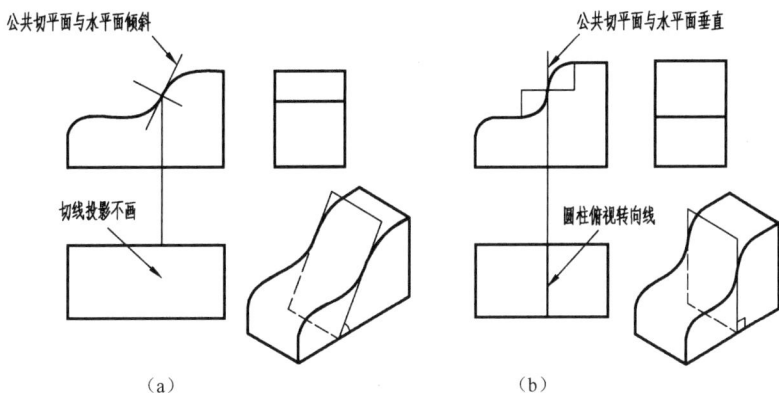

图 4-5 两圆柱面相切的画法

3. 相交

当两基本体表面相交时，在相交处应画出分界线。

如图 4-6 所示组合体，它也是由底板和圆柱体组成的，但本例中底板的侧面与圆柱面是相交关系，故在主、左视图中相交处应画出交线。

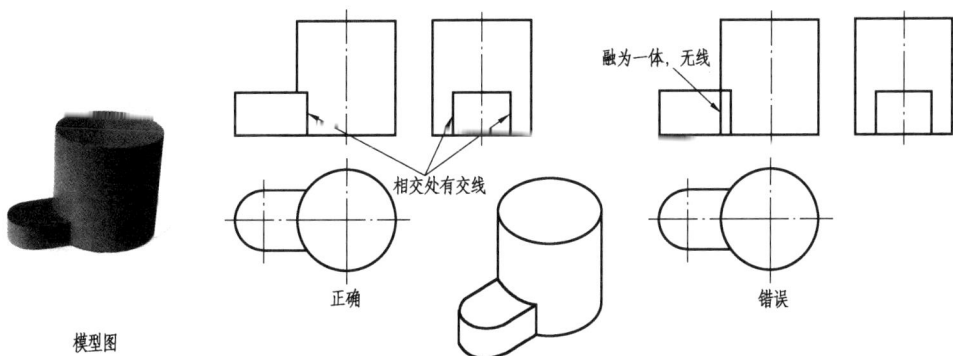

图 4-6 表面相交的画法

4.2 组合体视图的画法

4.2.1 叠加型组合体三视图的画法

画叠加型组合体视图时，首先要运用形体分析法将组合体分解为若干个基本形体，分析它们的组合形式和相对位置，判断形体间相临表面是否处于共面、相切或相交的关系，然后逐个画出各基本形体的三视图。

1. 形体分析

如图 4-7（a）所示的支座，可看成由圆筒、底板、肋板、耳板和凸台五部分组合而成，如图 4-7（b）所示。

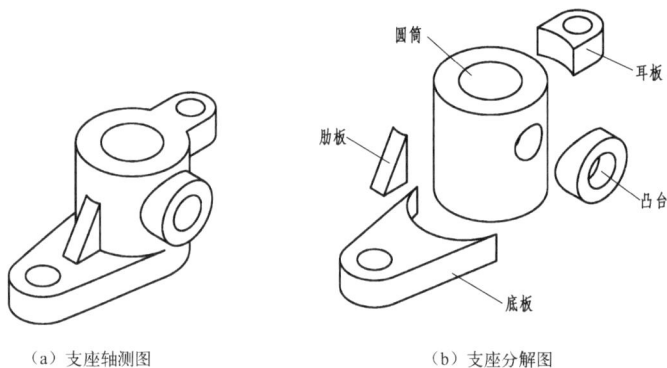

（a）支座轴测图　　　　　　　　　　（b）支座分解图

图 4-7　支座的形体分析

从图中可以看出：底板的底面与大圆筒底面平齐，底板的两侧面与大圆筒的外圆柱面相切；肋板叠加在底板的上表面上，右侧与大圆筒相交；耳板与大圆筒相交且上表面共面；大圆筒与小圆筒的轴线正交，两孔相通。

2. 选择主视图

主视图的选择，主要考虑组合体安放位置和投射方向两个问题。

● 组合体安放位置的选择：一般应将组合体放稳、放正，使组合体的表面对投影面尽可能多地处于平行或垂直的位置。

● 主视图投射方向的选择：一般根据形体特征原则来考虑，即以最能反映组合体的形体特征及其相互位置，并能减少其他两个视图上虚线的那个方向，作为投射方向。

如图 4-8 所示的支座，比较箭头所指的各个投影方向，选择 A 向投影为主视图较为合理。因为组成支座的各个基本体及它们之间的相对位置关系在 A 方向表达最清楚，更能反映支座的结构形状特征。

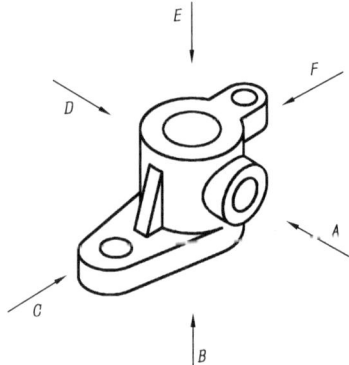

图 4-8　支座投射方向的选择

3. 作图步骤

选择适当的比例与图纸幅面，根据已确定的各视图每个方向的最大尺寸，匀称地布置各视图的主要中心线和基准，具体作图步骤如图4-9所示。

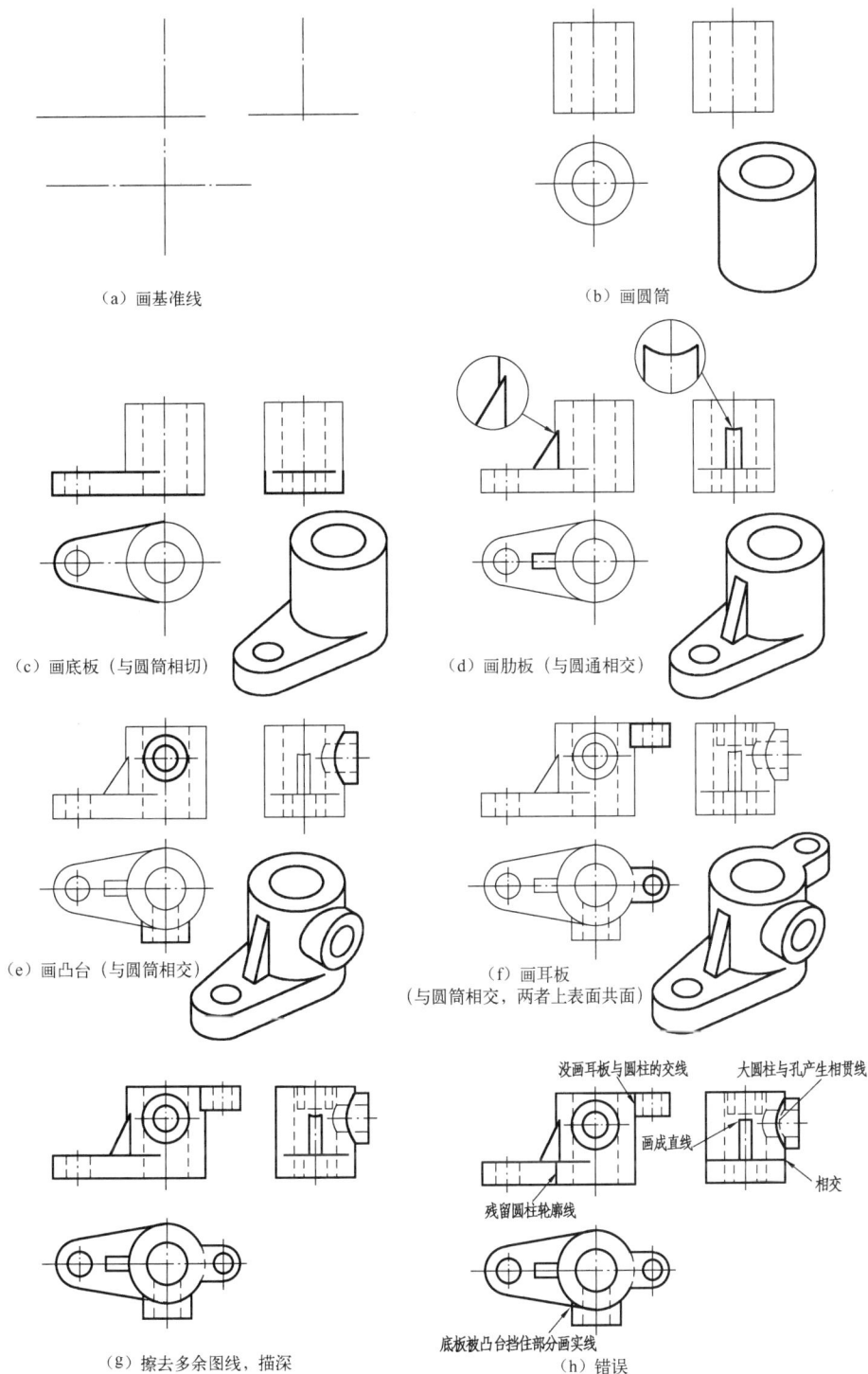

（a）画基准线

（b）画圆筒

（c）画底板（与圆筒相切）

（d）画肋板（与圆通相交）

（e）画凸台（与圆筒相交）

（f）画耳板
（与圆筒相交，两者上表面共面）

（g）擦去多余图线，描深

（h）错误

图 4-9　支座三视图的作图步骤

画图时应注意：

① 为提高画图速度，减少差错，各基本形体应依次画出，同一形体的三视图按投影关系同时进行。不要孤立地先完成整个组合体的一个视图，再画另一个视图。

② 先画主要形体，后画次要形体；先画可见部分，后画不可见部分。画每一部分的基本形体时，一般应从反映其形状特征的特征视图入手。

③ 作图时要注意正确处理各形体之间的表面连接关系。

④ 对称图形、半圆或大于半圆的圆弧要画对称中心线，回转体一定要画轴线。对称中心线和轴线用细点画线画出。

⑤ 几种图线重合，一般按"粗实线、虚线、细点画线"的顺序取舍。

思考与练习

根据如图 4-10 所示支架的轴测图画出它们的三视图（图中所画圆孔均为通孔）。

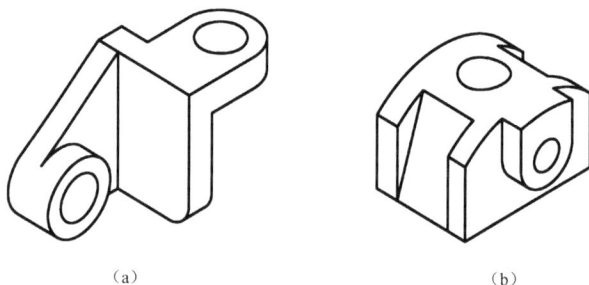

（a）　　　　　　　　　　　　　　（b）

图 4-10　根据支架轴测图画三视图

4.2.2　切割型组合体三视图的画法

例 4-1　画出如图 4-11 所示切割型组合体的三视图。

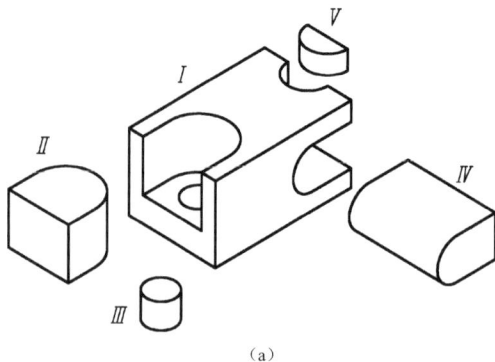

（a）

图 4-11　切割型组合体三视图的作图步骤

（b）画长方体Ⅰ的三视图　　　　　　　　（c）切去形体Ⅱ

（d）钻孔Ⅲ　　　　　　　　　　　　　（e）切Ⅳ

（f）挖Ⅴ　　　　　　　　　　　　　（g）整理，描深

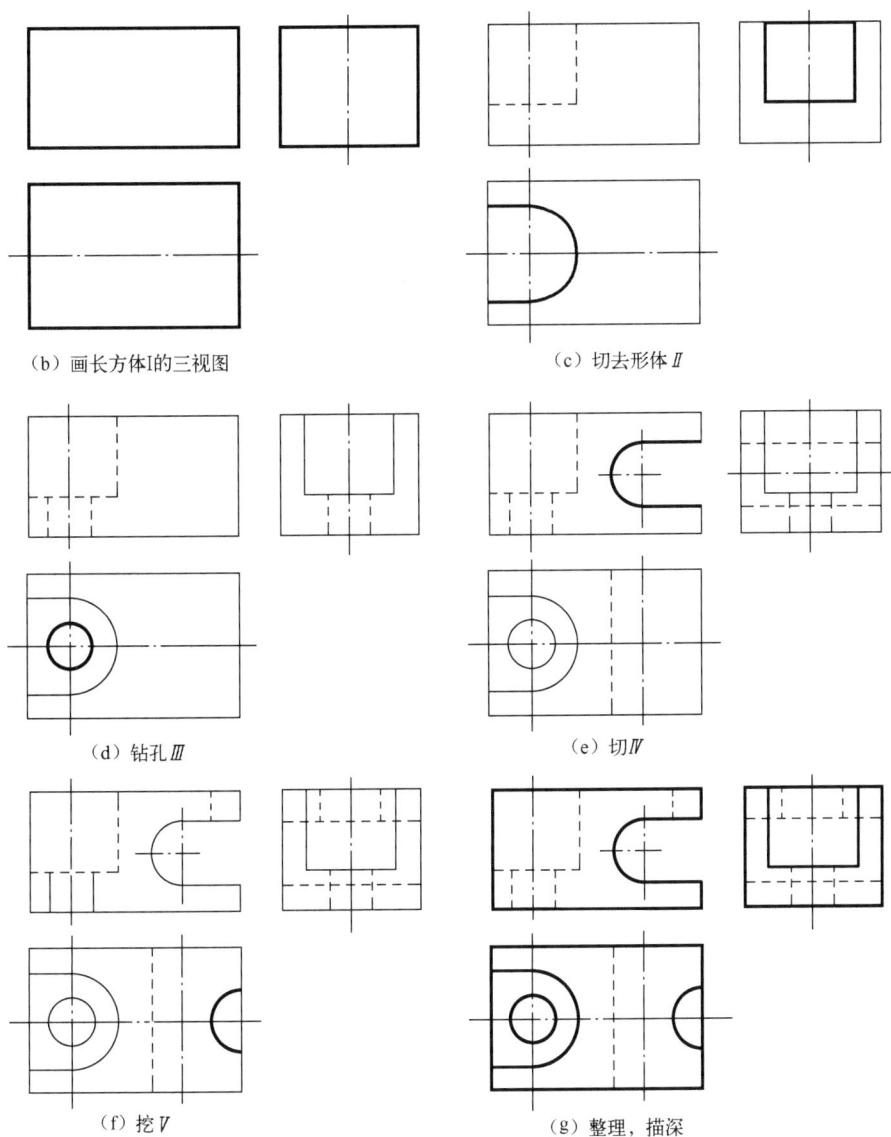

图 4-11　切割型组合体三视图的作图步骤（续）

形体分析

　　该组合体是在长方体的基础上切去四个部分所得。画其三视图时，只需在长方体三视图的基础上按先大后小的步骤依次画出所切部分的三视图即可。

作图步骤　　（图 4-11（b）～（g））

例 4-2　画出如图 4-12（a）所示切割型组合体的三视图。

形体分析

　　该组合体是在长方体的基础上先用两个铅垂面对称切去左侧前后两角，再用一正垂面切去左上角，最后在前后两边均用水平面和正平面切槽。注意画各截平面的三视图时，应从各截平面具有积聚性和反映其形状特征的视图开始画起。切割型组合体三视图可以在形

体分析的基础上结合线面分析法作图。

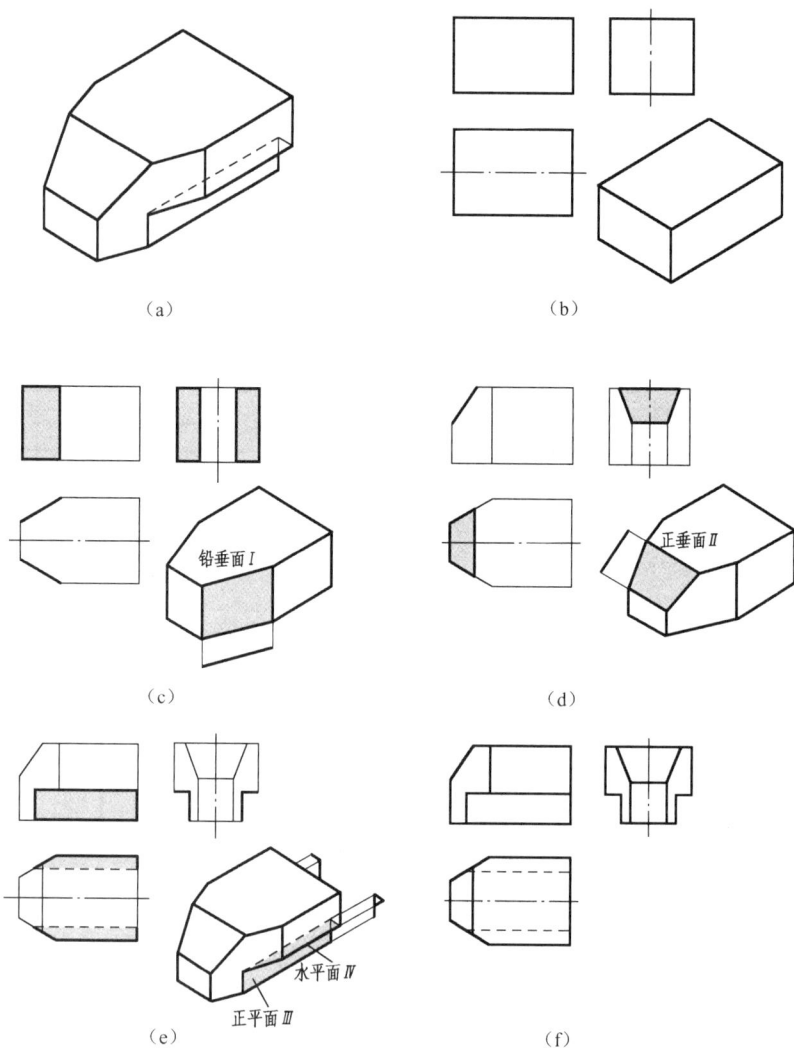

（a）

（b）

（c）

（d）

铅垂面I

正垂面II

（e）

（f）

水平面IV

正平面III

图4-12　切割型组合体三视图的作图步骤

作图步骤

① 画长方体三视图（图4-12（b））。

② 画铅垂面切割的投影。根据"一斜两框"的投影特性，先画俯视图的斜线，再画另两个视图的相似矩形框（图4-12（c））。

③ 画正垂面切割的投影。根据"一斜两框"的投影特性，先画主视图的斜线，再画另两个视图的相似梯形框（图4-12（d））。

④ 画水平面和正平面切槽的投影。因为两面在侧面投影具积聚性，故先画左视图，再画另两个视图（图4-12（e））。

⑤ 整理，描深（图4-12（f））。

4.3 轴测图的画法

轴测投影图（简称轴测图）通常称为立体图。用轴测图可表达物体的三维图像，比正投影图直观。在工程中，轴测图常用于产品说明书中表示产品的外形，或用于产品拆装、使用和维修的说明，以及绘制化工管道系统图。

4.3.1 轴测图的基本知识

1. 轴测图的形成（图 4-13）

按如图 4-13（a）所示位置放置长方体，当投射线与投影面垂直时，物体在投影面上的投影，就是前面所介绍的视图。

当如图 4-13（a）所示改变投射方向，或者如图 4-13（b）所示，改变物体和投影面的相对位置，则同一物体就会得到不同的投影。

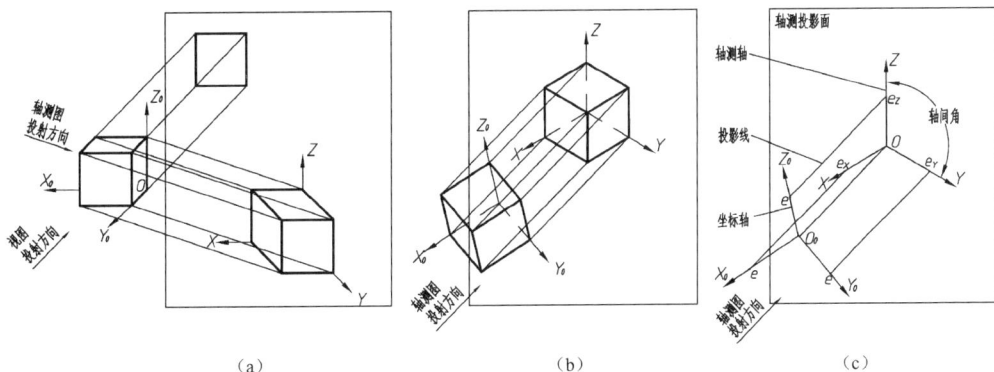

图 4-13　轴测图的形成

将物体连同其确定空间位置的直角坐标系，沿不平行于物体任一坐标平面的方向，用平行投影法将其投射在单一投影面上所得到的图形，称为轴测投影图，简称轴测图。这样的图形能同时反映物体长、宽、高三个方向的形状，所以具有立体感。

根据投射方向与轴测投影面的相对位置，轴测图分为两类：

● 投射方向与轴测投影面垂直（正投影法）所得的轴测图称为正轴测投影图（或正轴测图）；
● 投射方向与轴测投影面倾斜（斜投影法）所得的轴测图称为斜轴测投影图（或斜轴测图）。

常用的有正等轴测图（简称正等测）及斜二轴测图（简称斜二测）两种。

2. 轴测图的轴间角和轴向伸缩系数（图 4-13（c））

（1）轴测轴

空间直角坐标系中的三根轴 O_0X_0、O_0Y_0 和 O_0Z_0 在轴测投影面上的投影，称为轴测轴。

（2）轴间角

轴测投影中，任意两根轴测轴之间的夹角称为轴间角。

（3）轴向伸缩系数

在三根直角坐标轴上量取的单位长度 e 的轴测投影长 e_x、e_y、e_z 与其实长 e 之比，称为轴向伸缩系数。

- X 轴：$p=e_x/e$
- Y 轴：$q=e_y/e$
- Z 轴：$r=e_z/e$

3. 轴测图的基本性质

① 物体上与坐标轴平行的线段，在轴测图上分别平行于相应的轴测轴。
② 物体上互相平行的线段，在轴测图上仍互相平行。

4.3.2 正等测

1. 正等测的形成及投影特点

（1）形成

现以一个立方体为例，来说明正等测的形成过程。

在图 4-14 中，当立方体的正面平行于轴测投影面，投射方向垂直于轴测投影面时，得到的投影是一个正方形（图 4-14（a））。如将正方体连同其空间直角坐标系一起绕 Z 轴平转 45°，这时得到的投影是两个相连的长方形（图 4-14（b））。再将立方体向正前方旋转约 35° 时，立方体的三根坐标轴与轴测投影面都倾斜成相同的角度，得到的投影是由三个全等的菱形构成的图形，这就是立方体的正等测（图 4-14（c））。

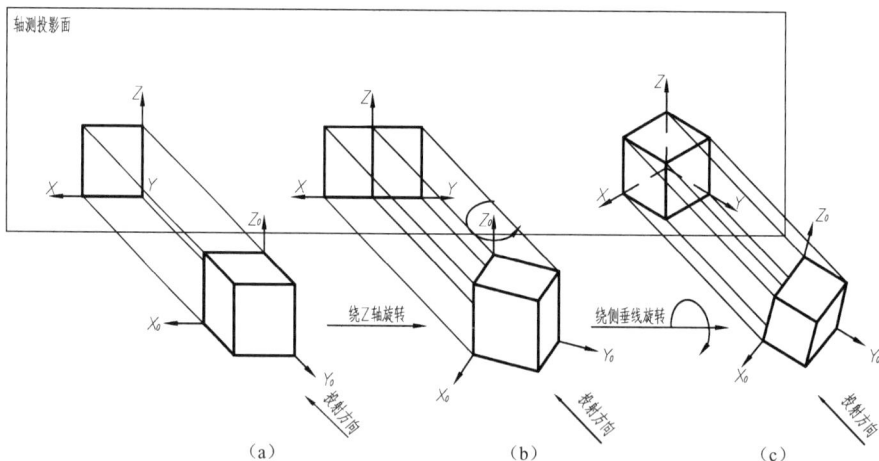

图 4-14　正等轴测图的形成

（2）轴间角和轴向伸缩系数（图 4-15）

- 正等测中的轴间角均为 120°；
- 三个轴向伸缩系数均为 $p=q=r=0.82$。绘图时，为方便起见，一般都把轴向伸缩系数简化为 1（1 称为简化伸缩系数），即所有原来与坐标轴平行的线段，作图时，其长度都取实长。

（a）轴间角和轴向
伸缩系数

（b）正等测轴测轴的画法

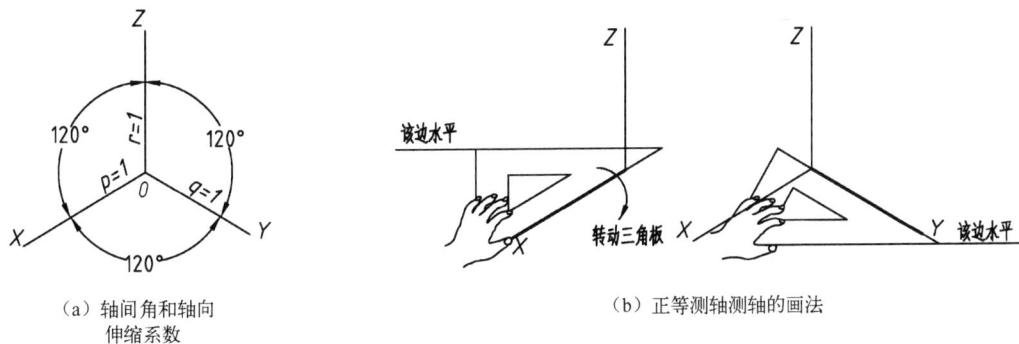

图 4-15　正等轴测图的轴间角和轴向伸缩系数

2. 正等测的画法

常用的轴测图的画法一般采用坐标法。作图时，先定出直角坐标轴和坐标原点，画出轴测轴，再按立体表面上各顶点的坐标，分别在轴测图中找出它们的位置，然后依次连接点投影，形成立体的轴测图。

（1）棱柱正等测

例 4-3　画出 L 形棱柱的正等测。

分析

L 形棱柱可看做是由长方体切角而成，故其底面是由两组平行线组成的封闭多边形，因此取左侧面后下方顶点为原点，Y、Z 轴分别与封闭多边形的两边重合，X 轴与棱线平行。

作图步骤

在视图上定坐标原点及坐标轴（图 4-16（a））。

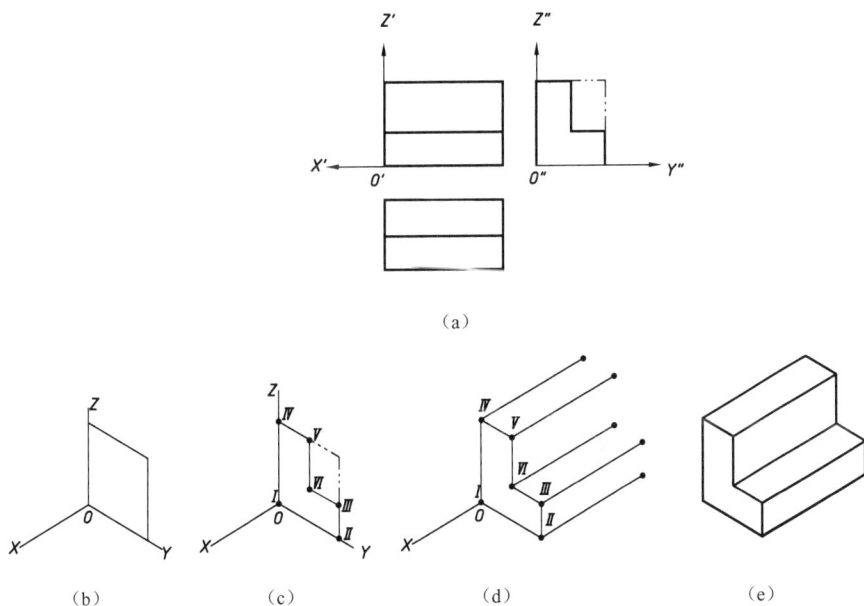

（a）

（b）　　　　　　（c）　　　　　　（d）　　　　　　（e）

图 4-16　L 形棱柱的正等测

② 画轴测轴（图 4-16（b））

③ 将左视图中宽度方向尺寸量到 Y 轴上，将高度方向尺寸量到 Z 轴上，在 YOZ 投影面上作出未切角前长方体左端面的轴测图，切角后得到 L 形棱柱底面的轴测图（图 4-16（c））。

④ 过各顶点向右作 X 轴的平行线，取长画棱，不可见棱线可不画（图 4-16（d））。

⑤ 画右侧面各边并描深，完成 L 形棱柱的正等测图（图 4-16（e））。

例 4-4 画出正六棱柱的正等测。

分析

正六棱柱的顶面和底面均为平行水平面的正六边形，且前后、左右对称，因此取顶面的对称中心 O 作为原点，Z 轴与棱线平行，X、Y 轴分别与顶面对称轴线重合。

作图步骤

① 在视图上定坐标轴，将直角坐标系原点 O 放在顶面正六边形对称中心的位置（图 4-17（a））。

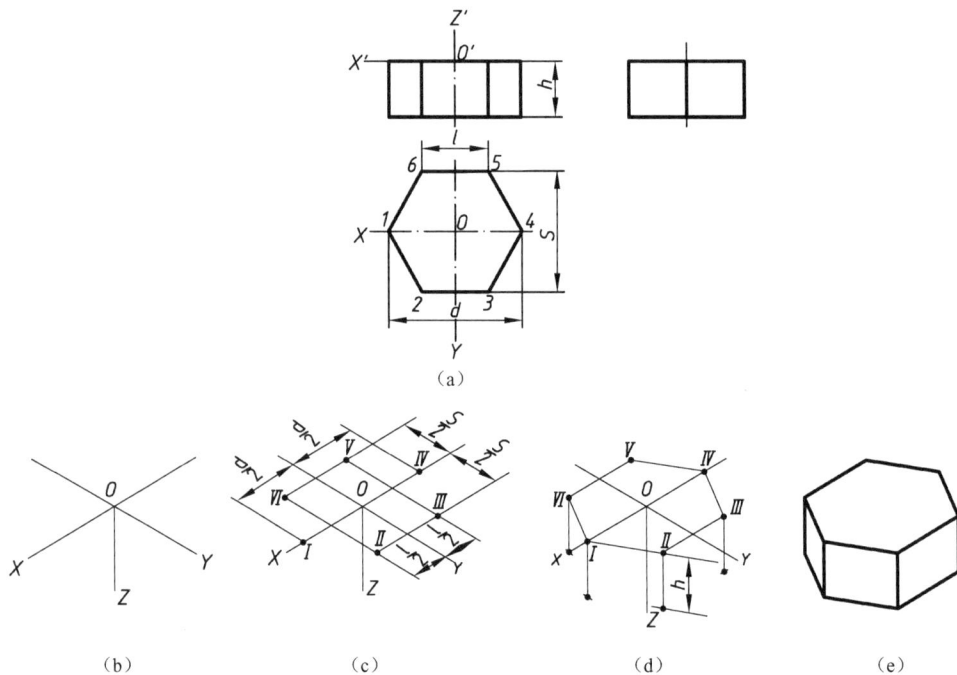

（a）

（b）　　　　（c）　　　　（d）　　　　（e）

图 4-17　正六棱柱的正等测

② 画轴测轴（图 4-17（b）），按坐标值将长度方向尺寸量到 X 轴上，将宽度方向尺寸量到 Y 轴上，作出顶面各顶点的轴测投影（图 4-17（c））。

③ 依次连接 I、II、III、IV、V、VI各点，再从各点向下作 Z 轴的平行线，在各线上截取高度 h 得底面六边形的各对应点（图 4-17（d））。

④ 依次连接各对应点，擦去多余作图线，检查加深，轴测图中的不可见轮廓一般不要求画出（图 4-17（e））。

棱柱正等测画法技巧

先画反映棱柱形状特征的那个面的轴测图。再根据棱的方向，或是先画顶面，再从上往下拉棱，完成底面；或是先画前面，再从前往后拉棱，完成后面；或是先画左面，再从左往右拉棱，完成右面。

为使图形清晰，在轴测图上一般不画虚线。但在有些情况下，为了增加图形的直观性，也可画出少量的虚线。

思考与练习

根据如图 4-18 所示形体的主、俯视图，画正等测。

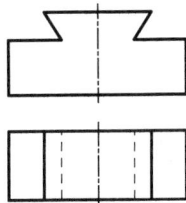

图 4-18　画正等测

（2）圆柱正等测图

例 4-5　画出圆柱的正等测。

分析

如图 4-19 所示为一个轴线垂直于水平面的圆柱体。其上、下两底为两个与水平面平行且大小相同的圆，平行于坐标面的圆的正等测都是椭圆（一般采用"四心椭圆法"近似作图），可按圆柱的直径 d 和高度 h，画出上、下两面的椭圆，再作其公切线。

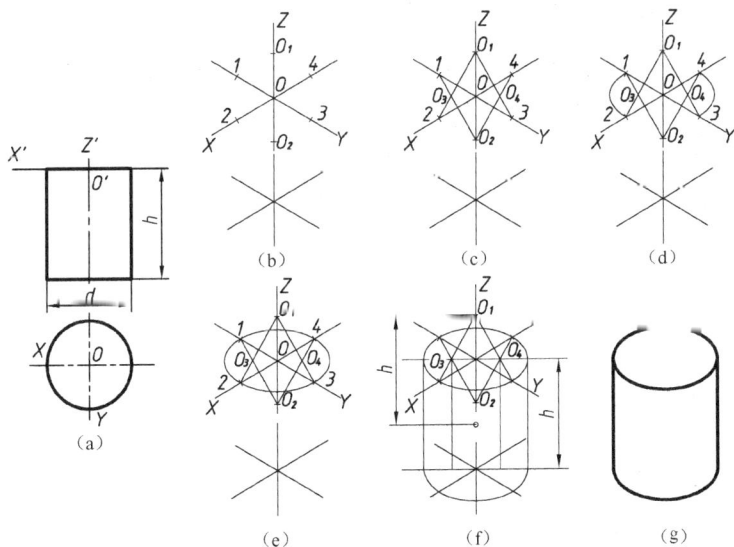

图 4-19　圆柱的正等测的作图步骤

作图步骤

① 画轴测轴，以 O 为圆心，$d/2$ 为半径在六段轴上取 6 个点 1、2、3、4、O_1、O_2（O_1、O_2 位于 Z 轴（图 4-19（b））。

② 用 Z 轴上的两点 O_1、O_2 分别与跟其相隔的点相连，四条连线交于两个点 O_3、O_4，此两点以及 O_1、O_2 即为椭圆的"四心"（图 4-19（c））。

③ 以 O_3 为圆心，连圆弧 $\frown$12；以 O_4 为圆心，连圆弧 $\frown$34；以 O_1 为圆心，连圆弧 $\frown$23；以 O_2 为圆心，连圆弧 $\frown$14，得到圆柱上底的轴测图（椭圆）（图 4-19（d）、（e））。

④ 采用移心法将 O_1、O_2、O_3、O_4、向下移动 h，作出下底椭圆，不可见圆弧不必画出（图 4-19（f））。

⑤ 作两椭圆的共切线，擦去多余图线，描深，完成圆柱正等测（图 4-19（g））。

圆柱正等测画法技巧

画圆柱正等测图的关键问题在于：椭圆起始"两心"O_1、O_2 落在何轴上，以及一端的椭圆完成后往哪个方向"移心"。

当圆柱轴线与空间直角坐标系中的 Z 轴平行，画轴测图时，O_1、O_2 落在轴测轴 Z 上，然后沿轴测轴 Z"移心"。

同理，当圆柱轴线与空间直角坐标系中的 X 轴平行时，O_1、O_2 落在轴测轴 X 上，然后沿轴测轴 X"移心"（图 4-20（a））。

当圆柱轴线与空间直角坐标系中的 Y 轴平行时，O_1、O_2 落在轴测轴 Y 上，然后沿轴测轴 Y"移心"（图 4-20（b））。

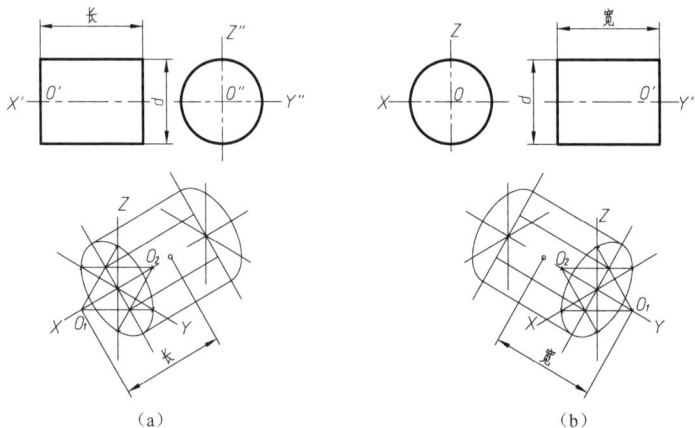

图 4-20　不同方向圆柱的正等测

（3）半圆头板正等测

例 4-6　画出半圆头板的正等测。

分析

半圆头板可看作是半圆柱与长方体相切，与半圆柱同轴处有一圆柱通孔。

作图步骤

① 选定坐标轴及坐标原点，并画轴测轴（图 4-21（b））。

② 画出长方体前端面的轴测图，然后沿 Y 方向往后拉棱，得到长方体的正等测，其中 1、2、3 为切点（图 4-21（c）、（d））。

③ 过切点作所在直线的垂线，三条垂线得两个交点 O_1、O_2。以 O_1 为圆心，$O_1 1$ 为半径作圆弧⌒12；以 O_2 为圆心，$O_2 2$ 为半径作圆弧⌒23（图 4-21（e）、（f））。

④ 将 O_1、O_2 和 1、2 各向后平移板厚，作相应的圆弧（图 4-21（g））。

⑤ 作小圆弧公切线（图 4-21（h））。

⑥ 用同样方法作圆孔椭圆，后壁的椭圆只画出可见部分的一段圆弧，擦去作图线，描深（图 4-21（i））。

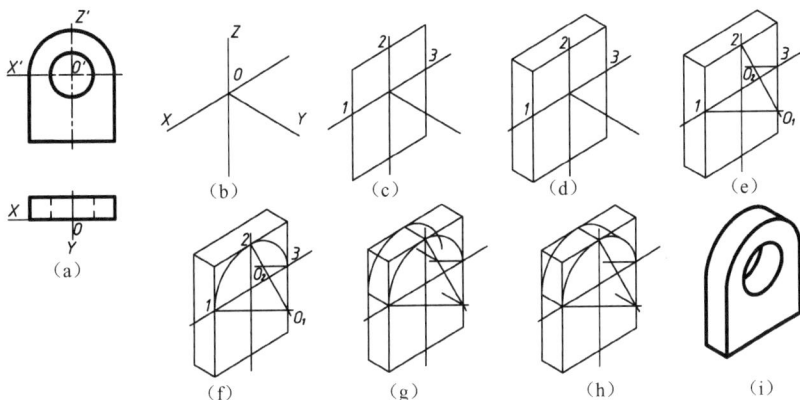

图 4-21　半圆头板正等测

（4）带圆角底板的正等测

例 4-7 画出带圆角底板的正等测。

分析

机件上经常会遇到由四分之一圆柱面形成的圆角轮廓，画图时就需要画出由四分之一圆周组成的圆弧，这些圆弧在轴测图上正好是近似椭圆的四段圆弧中的一段。

作图步骤

① 选定坐标轴及坐标原点，并建立轴测轴，作长方体的正等测（图 4-22（b））。

② 根据已知圆角半径 R，找出切点 1、2、3、4，过切点做所在直线的垂线，两垂线的交点即为圆心。以此圆心到切点的距离为半径画圆弧，即得圆角的正等测图（图 4-22（c））。

③ 顶面画好后，采用移心法将 O_1、O_2 向下移动 h 的距离，即得底面两圆弧的圆心，画弧、作公切线（图 4-22（d））。

④ 擦去作图线，描深即完成全图（图 4-22（e））。

（5）组合体的正等测

画组合体正等测时，应先用形体分析法，分析组合体的组成部分、连接形式和相对位置，然后逐个画出各组成部分的正等轴测图，最后按照它们的连接形式，完成全图。

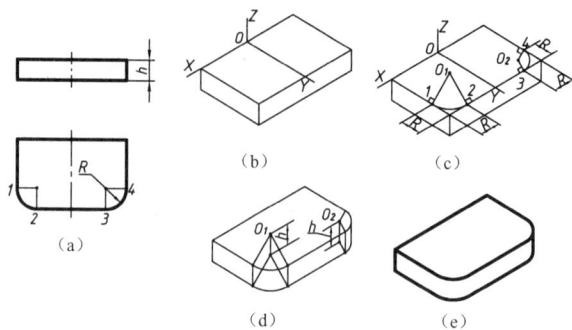

图 4-22 带圆角底板的正等测

例 4-8 画出如图 4-23（a）所示组合体的正等测。

分析

由组合体的三视图可知，该组合体是由三块长方体叠加而成的。形体 I 最大，居右侧，形体 II 位于 I 的左后方，其前方是形体 III，选坐标原点如图 4-23（b）所示。

作图步骤　（图 4-23（c）~（h））

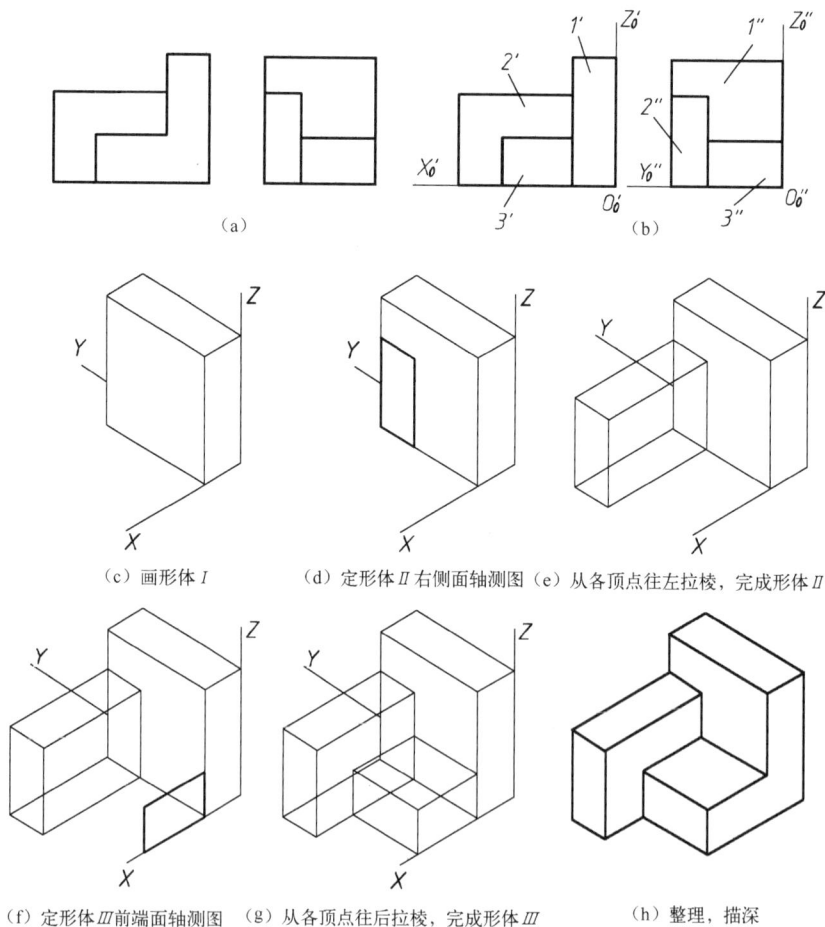

（c）画形体 I　（d）定形体 II 右侧面轴测图（e）从各顶点往左拉棱，完成形体 II

（f）定形体 III 前端面轴测图　（g）从各顶点往后拉棱，完成形体 III　（h）整理，描深

图 4-23 叠加型组合体正等测的作图步骤

思考与练习

根据如图 4-24 所示的三视图画出组合体的正等测。

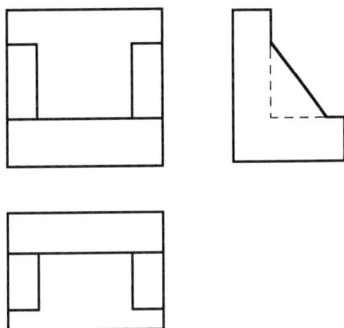

图 4-24　作组合体的正等测

例 4-9 画出如图 4-25（a）所示三视图的正等测。

分析

根据给出的两视图，如果假想着将其恢复，那么两视图的原形应为长方形，如此一来，与完整的长方形相比较，少去的部分即为切割的部分，如 *1*、*2*、*3*。我们可以先画出完整的长方体轮廓，然后按形体分析的方法逐块切去多余的部分。注意要正确确定截平面在轴测图中的位置。

作图步骤　（图 4-25（c）～（h））

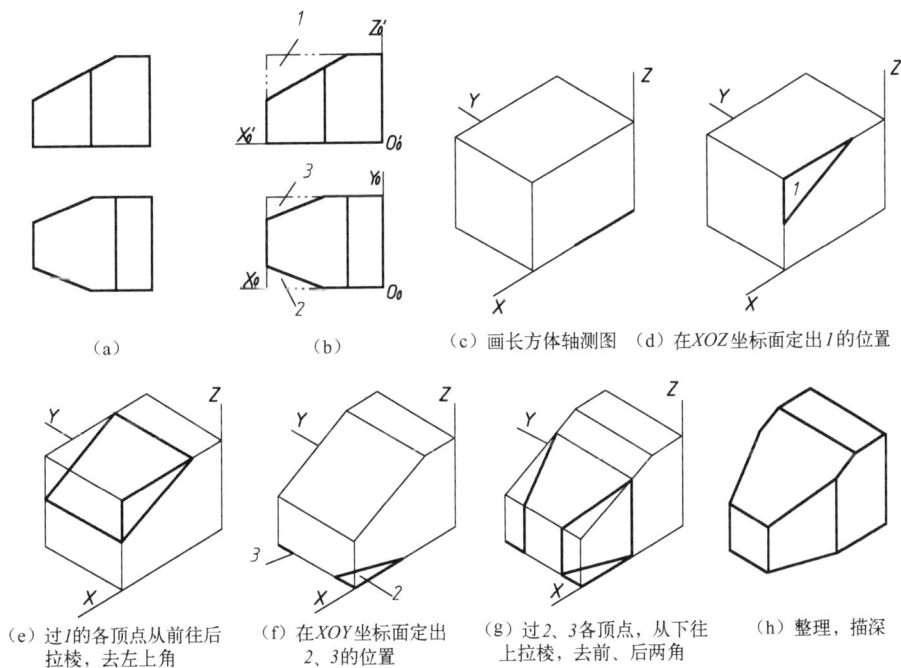

（a）　　　　　　　（b）　　　　　（c）画长方体轴测图　（d）在 *XOZ* 坐标面定出 *1* 的位置

（e）过 *1* 的各顶点从前往后
　　拉棱，去左上角

（f）在 *XOY* 坐标面定出
　　2、3 的位置

（g）过 2、3 各顶点，从下往
　　上拉棱，去前、后两角

（h）整理，描深

图 4-25　切割型组合体正等测的作图步骤

思考与练习

根据如图 4-26 所示组合体的三视图作正等测。

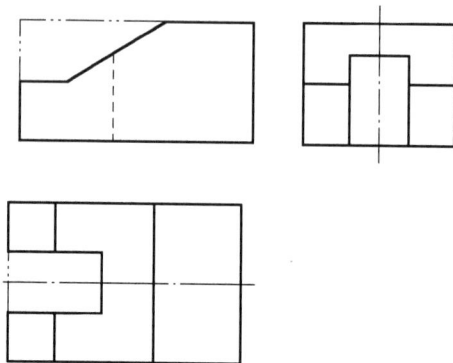

图 4-26　作组合体的正等测

4.3.3　斜二测

1. 斜二测的形成及投影特点

（1）形成

当物体上的两根坐标轴 OX 和 OZ 与轴测投影面平行，投射线与轴测投影面倾斜时，形成的轴测图称为斜二轴测图（简称斜二测）。

（2）轴间角和轴向伸缩系数

在斜二测图中，轴测轴 X 和 Z 仍为水平方向和铅垂方向，即轴间角 $\angle XOZ=90°$，$\angle XOY=\angle YOZ=135°$；轴向伸缩系数 $p=r=1$，$q=0.5$。图 4-27 给出了斜二测轴测轴的画法和各轴向伸缩系数。

2. 斜二测的画法

在斜二测图中，物体正面平行于轴测投影面 XOZ，因此正面图形不发生改变。所以当物体某一表面形状复杂或只有一个方向有圆时，采用斜二测最为简便。

（1）棱柱的斜二测的画法

例如，已知如图 4-28（a）所示的凹形棱柱的主、俯视图，其斜二测的画法如图 4-28（b）、（c）、（d）、（e）、（f）所示。

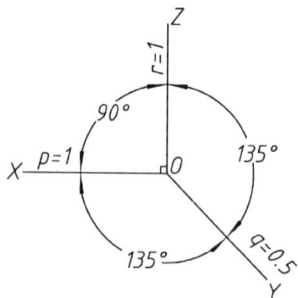

图 4-27　斜二测轴测轴的画法和各轴向伸缩系数

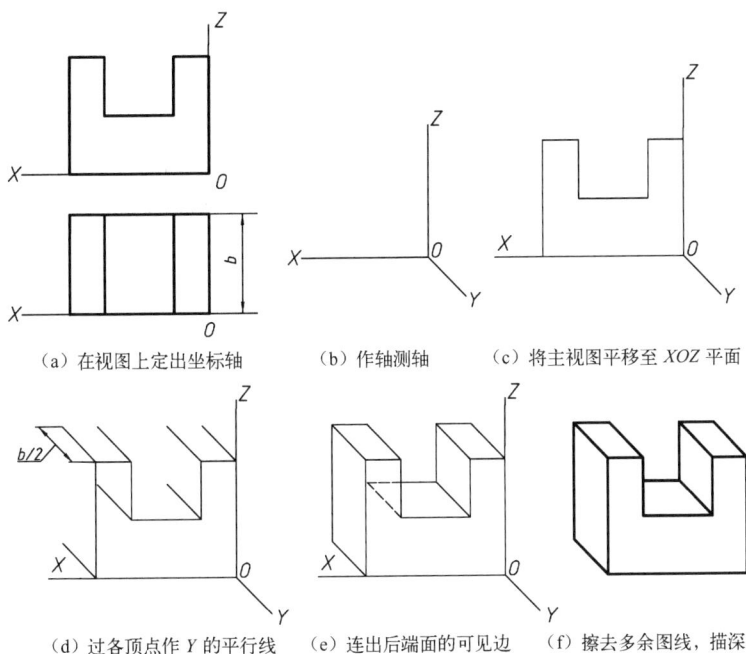

（a）在视图上定出坐标轴　　（b）作轴测轴　　（c）将主视图平移至 XOZ 平面

（d）过各顶点作 Y 的平行线　　（e）连出后端面的可见边　　（f）擦去多余图线，描深

图 4-28　凹形棱柱斜二测的作图步骤

（2）半圆头板的斜二测

半圆头板的前后端面平行于 V 面，其圆弧和圆的轴测投影均为实形。作图时要注意：因为半圆头板是半圆柱与长方体相切，故"移心"时，切点随圆心一同沿 Y 轴平移。

作图步骤如图 4-29（b）、（c）、（d）、（e）、（f）、（g）所示。

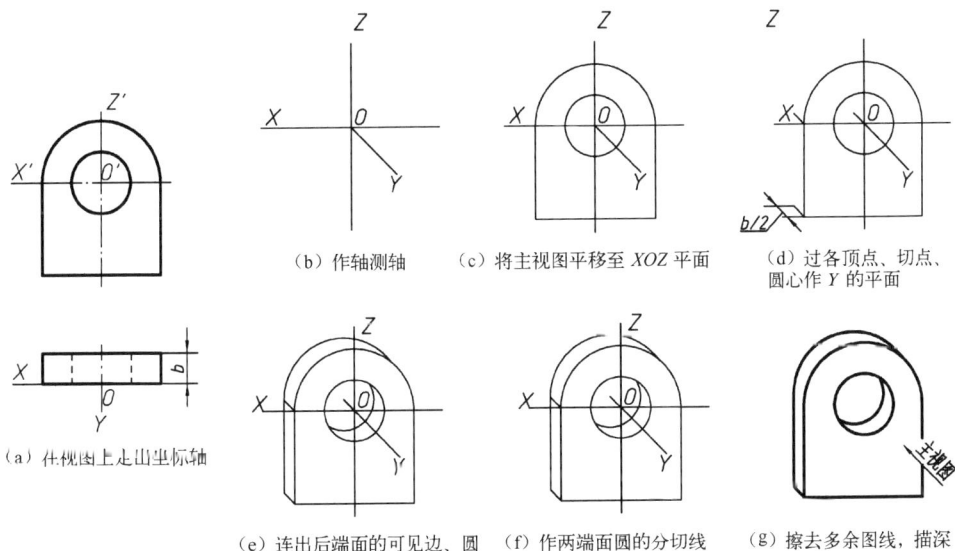

（b）作轴测轴　　（c）将主视图平移至 XOZ 平面　　（d）过各顶点、切点、圆心作 Y 的平面

（a）在视图上定出坐标轴　　（e）连出后端面的可见边、圆　　（f）作两端面圆的分切线　　（g）擦去多余图线，描深

图 4-29　半圆头板斜二测的作图步骤

如果有必要，可将斜二测轴测轴画成如图 4-30（b）所示。这样当侧面出现圆或圆弧时，其斜二测仍可按侧面实形画出，而立体形象并未改变。

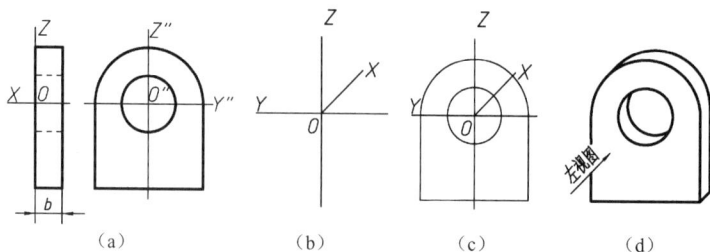

（a）　　　（b）　　　（c）　　　（d）

图 4-30　另一方向斜二测

思考与练习

根据如图 4-31 所示给出的主、俯视图，画出形体的斜二测。

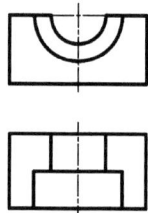

图 4-31　画斜二测

4.4　读组合体视图的方法

画组合体的视图是将空间形体用正投影的方法表示成平面图形。而读组合体视图，则是根据视图想象出形体的空间形状。可以说，读图是画图的逆过程。

4.4.1　读图要领

1. 要有足够的基本体三视图的储备量

由于组合体是由基本体组合而成的，那么组合体的三视图必然是由各个基本体的三视图拼接起来的。画图画得越多，对基本体三视图越熟悉，读组合体三视图时，就能越快地从中分解出各个基本体，并完成其组合。常见基本体的三视图见表 4-1。

2. 了解叠加型和切割型组合体视图特征

● 叠加型组合体视图特征：三视图中一般至少有一个视图是"线框接线框"（穿孔、挖槽不计）；在"线框接线框"视图中，有几个相邻的线框就有几个基本几何体；特殊地，当两基本体相邻表面共面或相切时，要假想地用分界线分隔出两个线框。

● 切割型组合体视图特征：三视图均是"大线框套小线框"，由已知视图的大线框判断出基本几何体形状；当大线框组成的图形不符合任何一种基本几何体视图特征时，可用双点画线按投影关系假想地延长视图的外形轮廓线，使之符合基本几何体的视图特征。

表 4-1 常见基本体的三视图

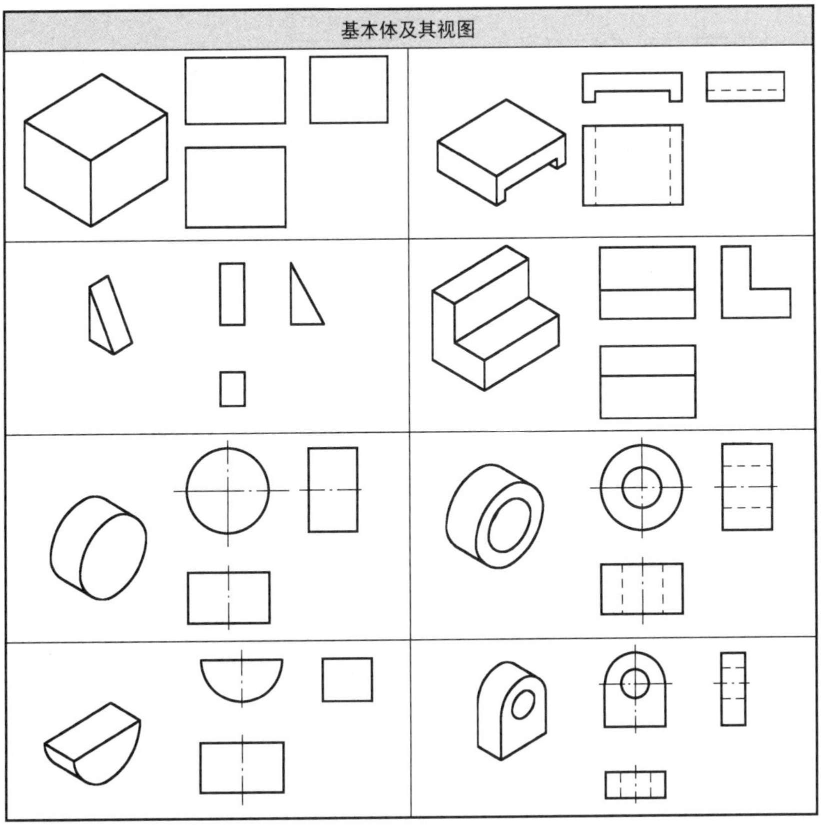

基本体及其视图

4.4.2 读图的基本方法

1. 形体分析法

与画图一样，读图的基本方法也是形体分析法。它是在给出的视图中将组成物体的各个基本体的视图分解出来，先想象基本体的形状，再组合，以起到化繁为简的效果。

现以如图 4-32 所示的支承架为例，介绍应用形体分析法看图的方法和步骤。

（1）抓特征分线框

组合体分叠加型和切割型两类，在视图中表现出不同的特征。读图时，我们要抓住最能反映形体叠加或切割的视图，将其分解。在图 4-32（a）中，由于其左视图中明显地表现出三个线框相接，说明该组合体主要由三部分所叠加而成，另有虚线框在另两视图中的投影均处在其他线框内，可知是挖切而成。故将左视图分为 1″、2″、3″、4″ 四个线框。分析各个基本体时，一般按照先大后小、先下后上的顺序分析。

（2）对投影想形状

从左视图开始，按照长对正、高平齐、宽相等的投影规律，在主视图和俯视图上找出 1″、2″、3″、4″ 所对应的线框 1′、2′、3′、4′ 和 1、2、3、4，想象出每一个基本形体的形状（图 4-32（b）、（c）、（d）、（e））。

（3）合起来想整体

根据各基本形体所在的方位，确定各部分之间的相互位置及组合形式（图 4-32（f）），从而想象出支承架的整体形状（图 4-32（g））。

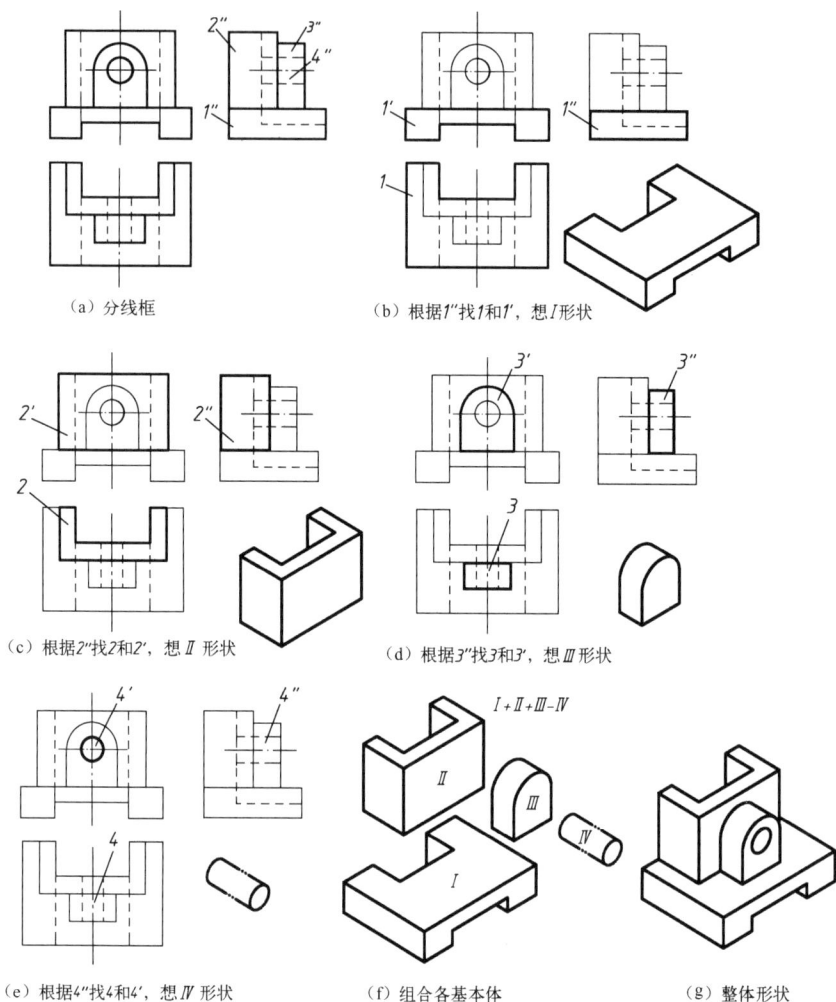

（a）分线框

（b）根据1″找1和1′，想I形状

（c）根据2″找2和2′，想II形状

（d）根据3″找3和3′，想III形状

（e）根据4″找4和4′，想IV形状

（f）组合各基本体

（g）整体形状

图 4-32　用形体分析法看支承架视图的方法和步骤

思考与练习

根据图 4-33 给出的三视图想象组合体的形状。

图 4-33　根据三视图想象组合体的形状

例 4-10　如图 4-34（a）所示，已知组合体主、俯视图，补画其左视图。

(a)

(b)

(c)

(d)

(e)

图 4-34　补画叠加型组合体的左视图

分析

由于主视图明显地表现出"线框接线框"的特征，故该组合体为叠加型组合体。可对主视图进行划分，由于主、俯视图均左右对称，故 II 和 III 结构相同。

作图步骤

① 将主视图划分为四个封闭线框，1′、2′、3′、4′。

② 按照"长对正"的投影规律在俯视图中找到 1′ 所对应的线框 1：同心半圆对大小矩形（近似），可见是半圆筒。在半圆筒的主、俯视图中还包含着小线框，故在其上还做了切

割：中间上部先切方槽后钻孔。画出 I 的左视图（图 4-34（b））。

③ 同理，根据 2′、3′找到 2、3，矩形（近似）对带圆角矩形，可见是切圆角的长方体，其上还各钻了两个通孔。画 II 和 III 的左视图（图 4-34（c））。

④ 根据 4′找到 4，半圆 + 直线对矩形，可见是半圆头板。画 IV 的左视图（图 4-34（d））。

⑤ 整理，描深（图 4-34（e））。

例 4-11 如图 4-35（a）所示，已知组合体的主、俯视图，补画左视图。

分析

根据给出的两视图，假想将其恢复，两视图的外形均为矩形，且内含两个小矩形。主视图线 1′和线 2′呈现高、低排列，低的直线 1′可见（实线），故其应与俯视图中前方矩形对应，2′与后方矩形对应，如此可分析出该基本体为一个 L 型棱柱体。根据视图缺口部分可知，该形体是在 L 型棱柱体的后方及底部挖通槽，并在左前方切方角。

作图步骤　（见图 4-35（b）~（f））

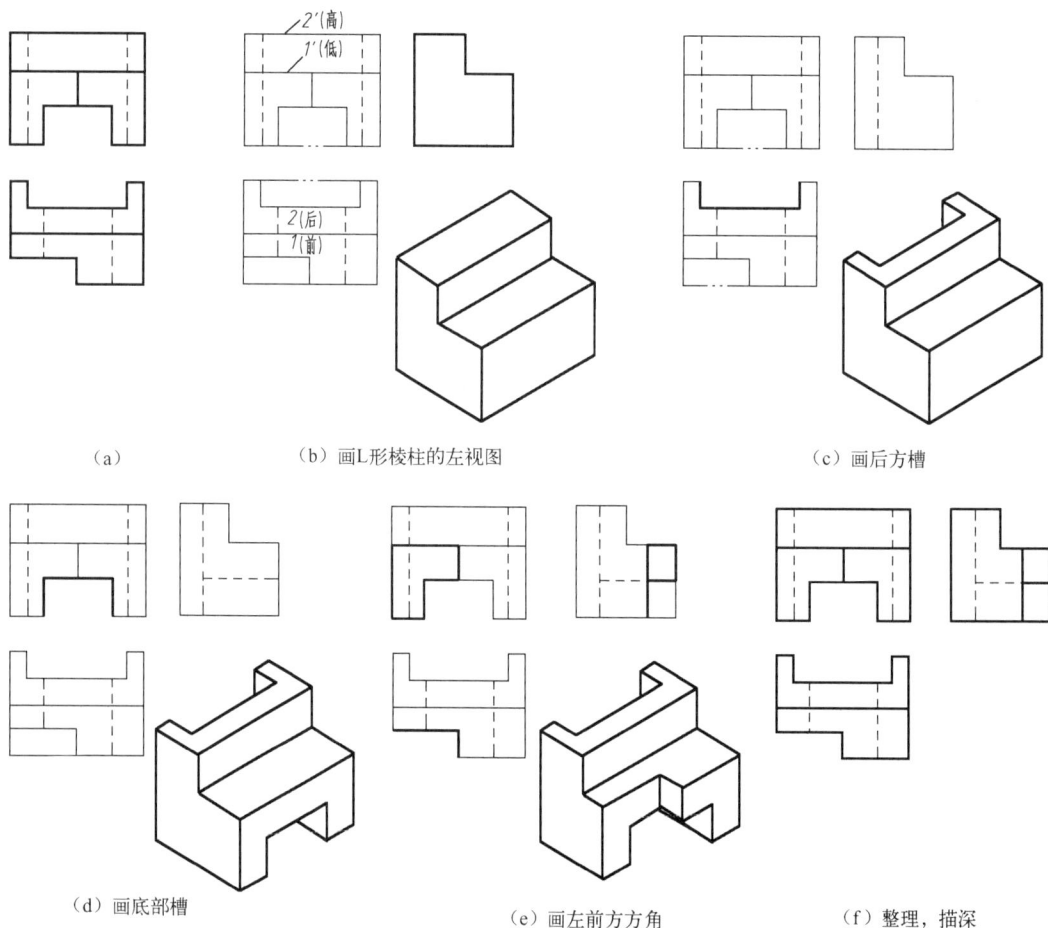

（a）　　　（b）画L形棱柱的左视图　　　（c）画后方槽

（d）画底部槽　　　（e）画左前方角　　　（f）整理，描深

图 4-35　补画切割型组合体的左视图

思考与练习

如图 4-36 所示，已知架体的主、俯视图，补画左视图。

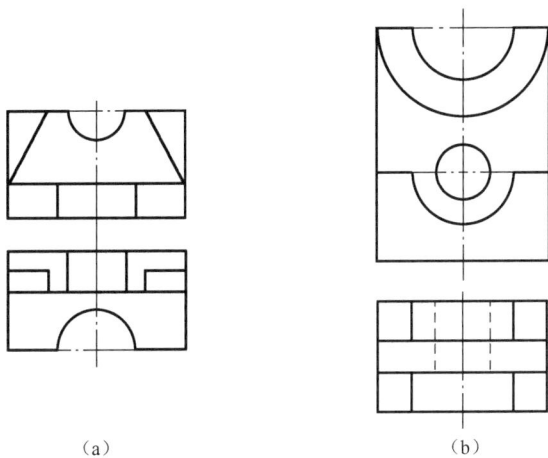

（a）　　　　　　　　　　（b）

图 4-36　补画架体左视图

2. 线面分析法

线面分析法是指在形体分析的基础上，对不易表达清楚的局部结构，运用线面投影特性来分析视图中图线和线框的含义、线面的形状及其空间相对位置的方法。

现以如图 4-37 所示的组合体为例，介绍用线面分析法读图的方法和步骤。

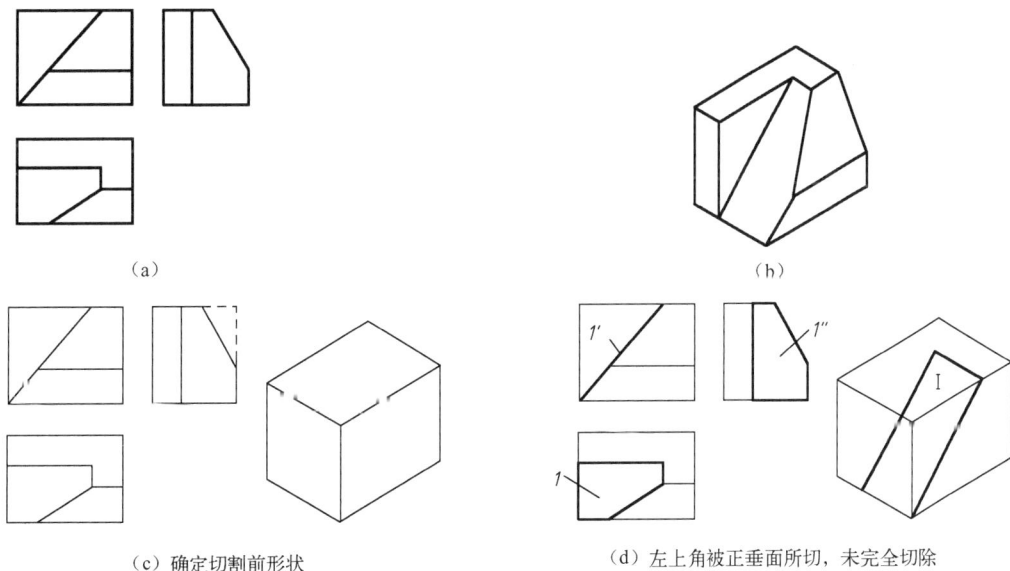

（a）　　　　　　　　　　　　　　　　（b）

（c）确定切割前形状　　　　　　　（d）左上角被正垂面所切，未完全切除

图 4-37　线面分析法在读切割型组合体中的应用

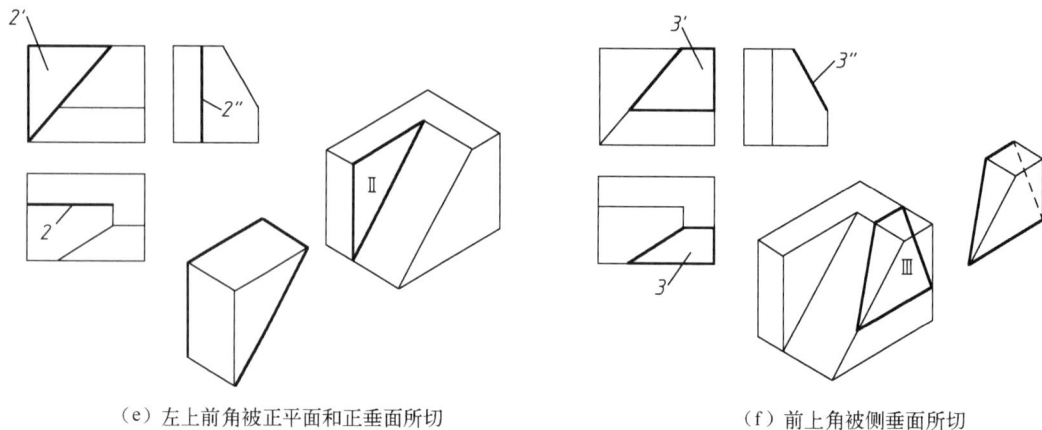

（e）左上前角被正平面和正垂面所切　　　　　　　（f）前上角被侧垂面所切

图 4-37　线面分析法在读切割型组合体中的应用（续）

① 形体分析。对组合体的三视图进行分析，确定该组合体被切割前的形状。由图 4-37（c）中可看出，三视图的主要轮廓线均为直线，如果将切去的部分恢复起来，那么原始形体为长方体。

② 分析主视图中的斜线 1′，在俯视图和左视图各有相似五边形与其对应，可知这是一个正垂面。由于原主视图中左上角无缺口，故该正垂面未将左上角完全切除（图 4-37（d））。

③ 分析主视图中的三角形 2′，在俯视图和左视图中各有一条直线与它对应，可知这是一个正平面，即用正平面和上一步的正垂面切去长方体左前角（图 4-37（e））。

④ 分析左视图中的斜线 3″，在主视图和俯视图中各有相似直角梯形与其对应，可知这是一个侧垂面。由于左视图中上前方有三角形缺口，故该侧垂面将长方体前上角完全切除（图 4-37（f））。

⑤ 检查，直到立体形状与三视图完全符合为止。注意：视图中还有部分直线或平面，由于隶属原长方体，故可不作分析。

思考与练习

如图 4-38 所示，已知组合体的主、左视图，补画其俯视图。

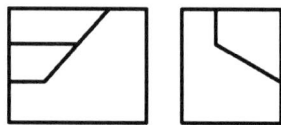

图 4-38　补画俯视图

4.5　组合体的尺寸标注

视图只能表达物体的形状，而物体的大小必须由标注的尺寸来确定。
尺寸标注的基本要求是：

- 正确，即符合国家标准的规定；
- 完整，即既不多余也无遗漏；
- 清晰，即尺寸布局整齐，便于读图。

4.5.1 基本体的尺寸标注

1. 常见基本体的尺寸标注

一般要注出基本体的长、宽、高三个方向的定形尺寸。表 4-2 是几种常见基本体的尺寸标注示例。

对于正六棱柱，底面尺寸有两种注法：一种是注出正六边形的对角尺寸（外接圆直径）；另一种是注出正六边形的对边尺寸（内切圆直径，在螺母中也称扳手尺寸），常用的是后一种注法，而将对角线尺寸作为参考尺寸并加上括号。

对于回转体来说，通常只要注出径向尺寸（直径尺寸数字前必须加注符号"ϕ"）和轴向尺寸。

表 4-2　常见基本体的尺寸标注

视 图 数 量	二 个 尺 寸	三 个 尺 寸	四 个 尺 寸	五 个 尺 寸
平面立体尺寸标注				
曲面立体尺寸标注				

2. 切割体的尺寸标注

在标注切割体的尺寸时，除应注出基本形体的定形尺寸外，还应注出确定截平面位置的定位尺寸。由于截平面在形体上的相对位置确定后，截交线即被唯一确定，因此对截交线不应再注尺寸。如图 4-39 所示给出了几种切割体的尺寸注法。

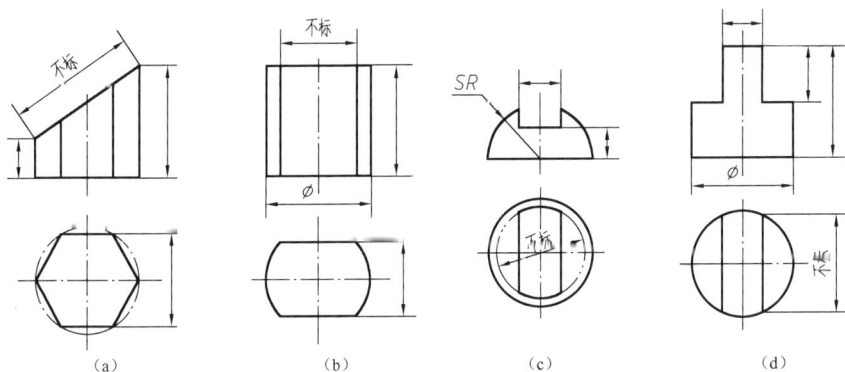

图 4-39　常见切割体的尺寸注法

3. 相交立体的尺寸标注

与切割体的尺寸标注法一样，相交立体除了注出两相交基本体的定形尺寸外，还应注出确定两相交基本体相对位置的定位尺寸。当定形尺寸和定位尺寸注全后，则两相交基本体的交线（相贯线）即被唯一确定，因此对此交线也不需要再注尺寸。如图 4-40 所示给出了几种相交立体的尺寸标注法。

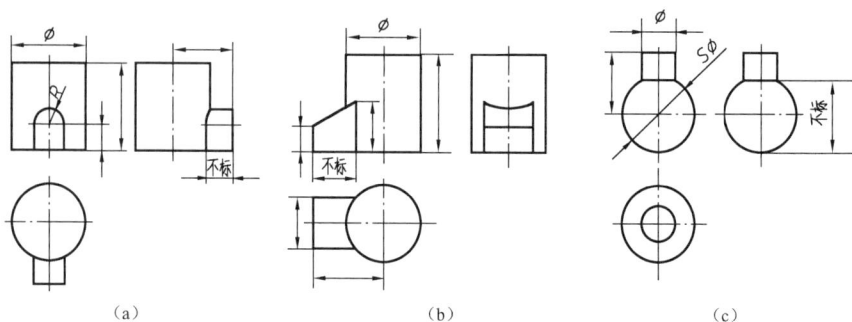

图 4-40　相交立体的尺寸注法

4. 机件上常见端盖、底板和法兰盘的尺寸标注

如图 4-41 所示给出了机件上常见端盖、底板和法兰盘的尺寸标注。从图中可以看出，在板上用做穿螺钉的孔、槽等的中心定位尺寸都应注出，而且由于板的基本形状和孔、槽的分布形式不同，其中心定位尺寸的标注形式也不一样。如在类似长方形上按长、宽两个方向分布的孔、槽，其中心定位尺寸按长、宽两个方向进行标注；在类似圆形板上按圆周分布的孔、槽，其中心定位尺寸往往是用标注定位圆（用细点画线画出）直径的方法标注。

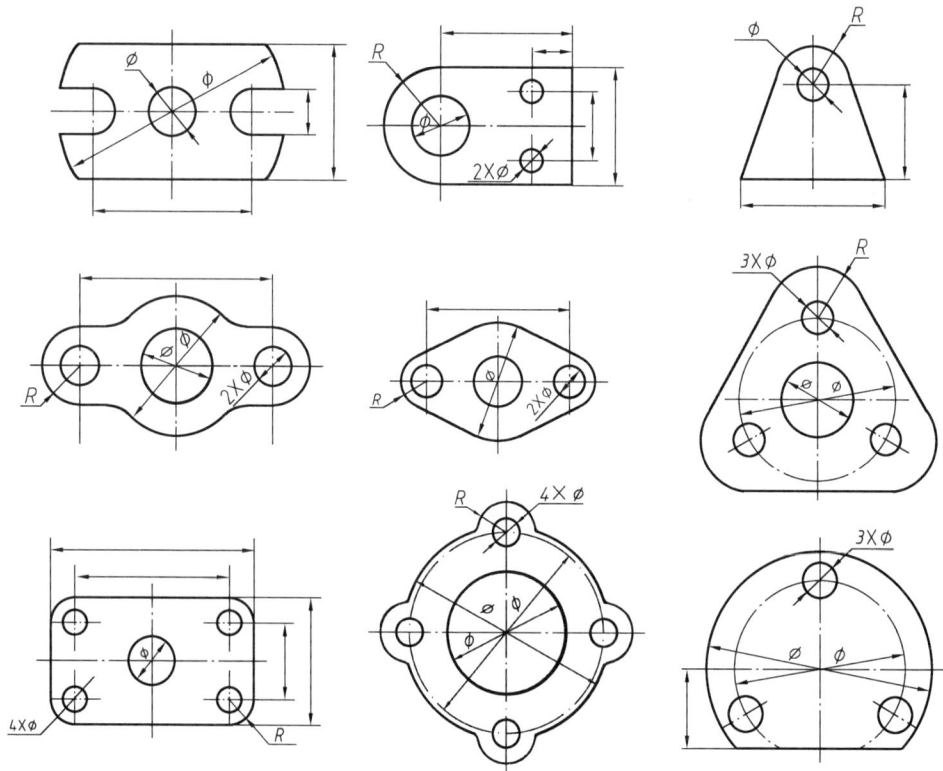

图 4-41　常见端盖、底板和法兰盘的尺寸标注

5. 常见孔的尺寸标注

零件上常见的各种孔的尺寸，可采用表 4-3 的方法标注。

表 4-3　常见孔的尺寸注法

类　型		旁　注　法		普　通　注　法	说　明
光孔	一般孔	4×Ø4▽T10	4×Ø4▽T10	4×Ø4	表示 4 个直径为 4mm 的光孔，孔深 10mm "▽"为孔深符号
	精加工孔	4×Ø4H7▽T10 孔▽T12	4×Ø4H7▽T10 孔▽T12	4×Ø4	光孔深 12mm，钻孔后需精加工至 H7，深度为 10mm
	锥销孔	锥销孔Ø4 配作	锥销孔Ø4 配作	无普通注法，Ø4 是指与其相配的圆锥销的公称直径（小端直径）	"配作"是指该锥销孔是在两零件装在一起后加工的
沉孔	锪平沉孔	4×Ø6.4 ⊔Ø12	4×Ø6.4 ⊔Ø12	Ø12锪平 4×Ø6.4	"⊔"为锪平，沉孔符号 锪孔Ø12mm 的深度不必标注，一般锪平到不出现毛面为止
	柱形沉孔	4×Ø6.4 ⊔Ø12▽4.5	4×Ø6.4 ⊔Ø12▽4.5	12 4.5 4×Ø6.4	表示 4 个柱形沉孔的直径为Ø12，深度为 4.5mm
	锥形沉孔	4×Ø7 ∨Ø13×90°	4×Ø7 ∨Ø13×90°	90° Ø13 4×Ø7	"∨"为埋头孔符号，该孔为安装开槽沉头螺钉所用
螺孔	盲孔	3×M6-7H▽T10 孔▽T12	3×M6-7H▽T10 孔▽T12	3×M6-7H	表示 3 个公称直径为 6mm、钻孔深度为 12mm、螺纹深度为 10mm 的螺孔，中径和顶径的公差带为 7H
	通孔	3×M6-7H	3×M6-7H	3×M6-7H	表示 3 个公称直径为 6mm 的螺孔，中径和顶径的公差带代号为 7H

4.5.2　组合体的尺寸标注

1. 尺寸基准

标注尺寸的起始位置称为尺寸基准。组合体有长、宽、高三个方向的尺寸，每个方向至少应有一个尺寸基准。组合体的尺寸标注中，常选取对称面、底面、端面、轴线等作为尺寸基准。在选择基准时，每个方向除一个主要基准外，根据情况还可以有几个辅助基准。基准选定后，各个方向的主要尺寸就应从相应的尺寸基准进行标注。

如图 4-42 所示的支座，因其左右对称，故选择对称平面作为长度方向尺寸基准；底板和支撑板的后端面平齐，可作为宽度方向尺寸基准；底板的下底面是支座的安装面，可作为高度方向尺寸基准。

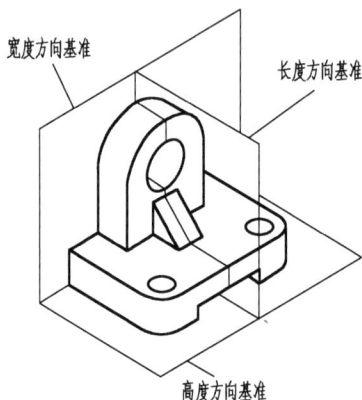

图 4-42　支座尺寸基准的选择

2. 尺寸种类

要使尺寸标注完整，在组合体视图上一般需标注下列几种尺寸。

（1）定形尺寸　确定各基本体形状大小的尺寸。

如图 4-43（a）中的 50、34、10、R8 等尺寸确定了底板的长、宽、高和圆角大小。

（2）定位尺寸　确定各基本体之间相对位置的尺寸。

如图 4-43（a）所示俯视图中的尺寸 8 确定竖板在宽度方向的位置，主视图中尺寸 32 确定 $\phi16$ 孔在高度方向的位置。

两形体间应该有三个方向的定位尺寸。若两形体在某一方向处于共面、对称或同轴时，就可省略该方向的定位尺寸。

如图 4-43（a）所示底板和竖板左右对称，故不用定竖板长度方向的位置。

（3）总体尺寸　确定组合体外形总长、总宽、总高的尺寸。

若基本体尺寸就反映了总体尺寸，不必重复标注。

如图 4-43（a）所示的总长 50 和总宽 34 同时也是底板的定形尺寸。

当组合体的端部是回转面时，该方向一般不直接标注总体尺寸，而是由确定回转面轴线的定位尺寸和回转面的定形尺寸（半径或直径）来间接确定。

如图 4-43（b）中总高可由 32 和 R14 确定，不再标注总高。

当按不同形体标注出全部定形尺寸和定位尺寸后，尺寸已经完整，若再加注总体尺寸就会出现多余尺寸时，必须在同一方向减去一个尺寸。

如图 4-43（c）中加注总高尺寸 46 后，应去掉一个高度尺寸 36（为避免调整尺寸，也可先注总体尺寸）。

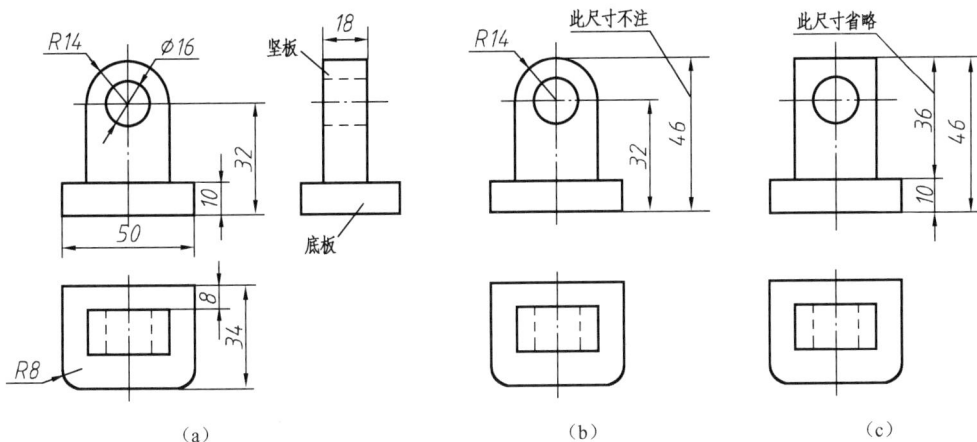

图 4-43　尺寸种类

3. 标注尺寸的方法和步骤

标注组合体的尺寸时，应先对组合体进行形体分析，选择基准，标注出定形尺寸、定位尺寸和总体尺寸，最后检查、核对。

以如图 4-42 所示的支座为例说明组合体尺寸标注的方法和步骤（图 4-44）。

（1）进行形体分析，确定出各形体的定形尺寸和相互之间的定位尺寸，并调整出总体尺寸。

该支座由底板、竖板和肋板三个部分组成。底板底部有凹槽，前方开圆角，并有两个通孔；竖板头部为半圆柱，其上开有通孔，竖板叠加在底板上，后端平齐；肋板贴于竖板前。

支座的所有尺寸见表 4-4。

表 4-4　支座的形体分析及其尺寸

结　　构		定 形 尺 寸				定 位 尺 寸		
		长	宽	高	ϕ 或 R	定长	定宽	定高
底板		1（总长）	1（总宽）	1				
	凹槽	1		1				
	圆角				1			
	通孔				1	1	1	
竖板			1		1			
	通孔				1			1
肋板		1	1	1				
合计		16 个						

（2）选择尺寸基准（图 4-42）。

（3）根据选定的尺寸基准，标注所有定形尺寸和定位尺寸。

（4）根据需要调整出总体尺寸。

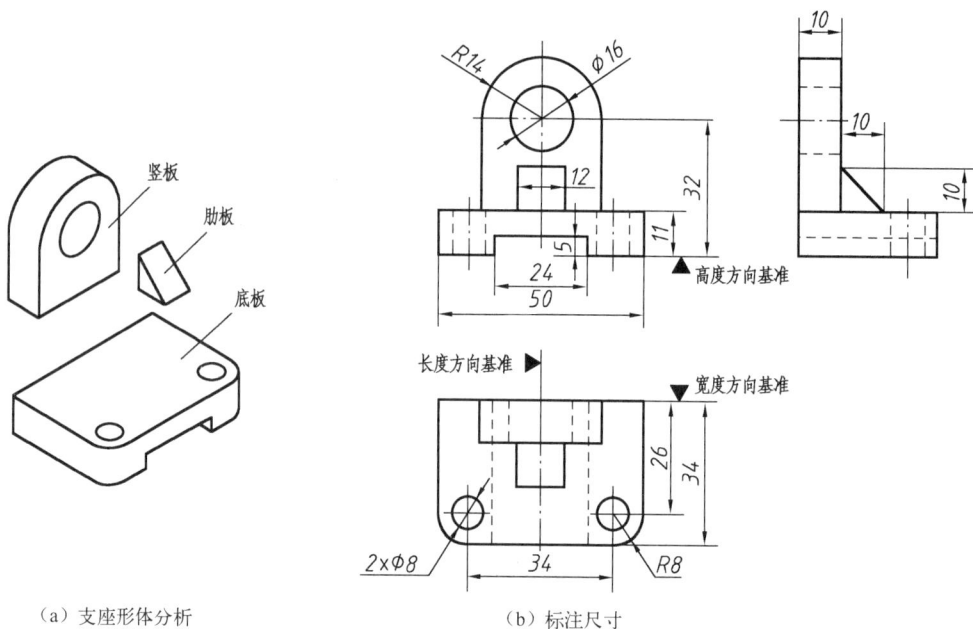

（a）支座形体分析　　　　　　　　　　　　（b）标注尺寸

图 4-44　支座的尺寸标注

4. 尺寸标注的注意事项

标注尺寸不仅要求正确、完整，还要求清晰，以方便读图。为此，在严格遵守机械制图国家标准的前提下，还应注意以下几点。

（1）突出特征

尺寸应尽量标注在反映形体特征最明显的视图上并避免在虚线上标注尺寸。

例如图 4-44（b）中底板下部凹槽宽度 24 和高度 5，标注在反映实形的主视图上较好。

（2）相对集中

同一基本形体的定形尺寸和确定其位置的定位尺寸，应尽可能集中标注在一个视图上。

例如图 4-44（b）中上将两个 $\phi 8$ 圆孔的定形尺寸 $2 \times \phi 8$ 和定位尺寸 34、26 集中标注在俯视图上，这样便于在读图时寻找尺寸。

（3）图形清晰

尺寸应尽量配置在视图的外面，同一视图上的平行并列尺寸，应按"小尺寸在内，大尺寸在外"的原则来排列，且尺寸线与轮廓线、尺寸线与尺寸线之间的间距要适当，以保持图形整齐、清晰。

例如图 4-44（b）中主视图两个长度方向的尺寸 24、50。

例 4-12 标注如图 4-45 所示组合体的尺寸。

分析

该组合体由半圆筒、左右两个耳板及上方凸台所组成，前后、左右对称。各基本体的定形尺寸和相互间定位尺寸见表 4-5。

表 4-5　组合体形体分析及其尺寸

结　　构		定形尺寸				定位尺寸		
		长	宽	高	ϕ 或 R	定长	定宽	定高
半圆柱			1（总宽）		1			
	半圆孔				1			
耳板（2）					1			
	通孔				1	1		
凸台				1（总高）	1			
	通孔				1			
合　　计		9 个						

选择左右对称中心平面为长度方向基准，前后对称中心平面为宽度方向基准，底面为高度方向基准，标注尺寸及常见错误如图 4-45 所示。

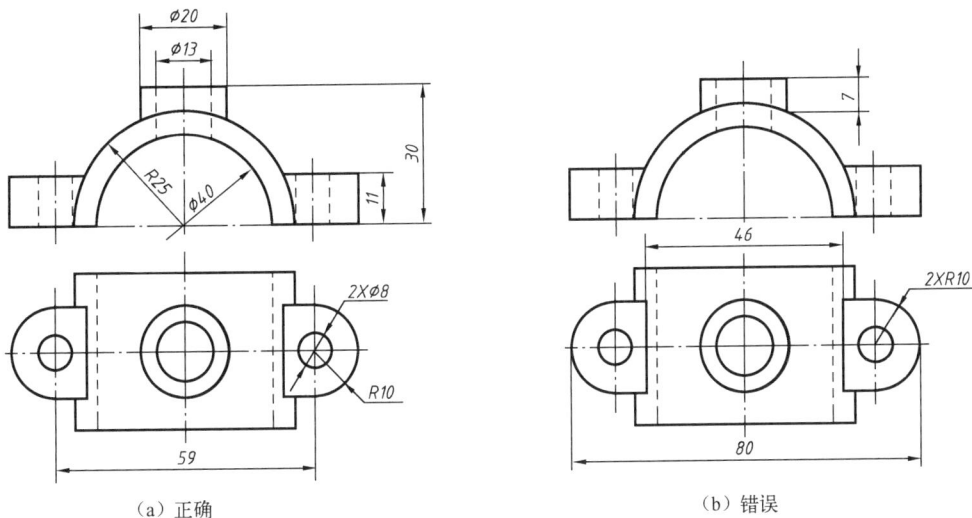

（a）正确　　　　　　　　　　　　　　（b）错误

图 4-45　组合体尺寸标注及常见错误

注意　① 具有相贯线的组合体，只须标注参与相贯的回转体的定形尺寸和确定它们之间相互位置的定位尺寸，而不应标注相贯线的定形尺寸，如图 4-45（b）中的 7、46。

② 左右两端部是圆柱面，不应直接标注总长，而应由定位尺寸 59 和定形尺寸 R10 来间接确定。

③ 半径不注数量。

④ 图中 ϕ40 的半圆孔标注直径，是因为这个孔在加工时要和一个座固定在一起加工，座上也有一个 ϕ40 的半圆孔。

思考与练习

标注如图 4-46 所示支座的尺寸。

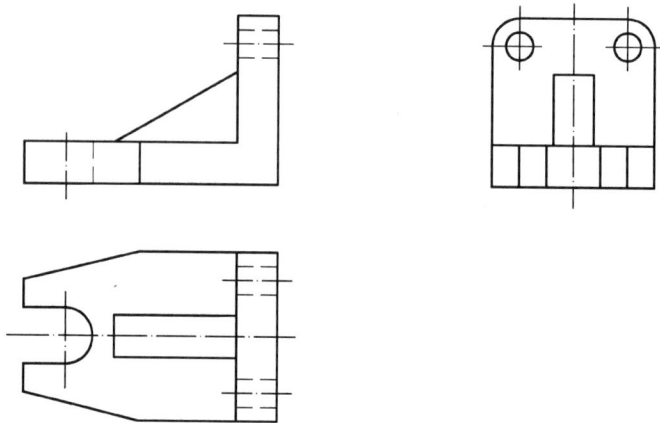

图 4-46　标注尺寸

第 **5** 章

机件的表达方法

教学目标

1. 熟悉基本视图的形成、名称和配置关系。
2. 熟悉向视图、局部视图和斜视图的画法和标注。
3. 理解剖视图的概念，掌握剖视图的画法、标注及识读。
4. 能识读断面图、局部放大图和简化画法。

怎样完整、清晰地表达复杂零件——如图5-1所示的支架的结构形状呢?

图 5-1　支架实物图

在实际生产中，机件的形状和结构是多种多样的，有些机件的内、外形状都比较复杂，如果只用三视图往往不能表达清楚和完整。为此，机械制图国家标准中规定了视图、剖视图、断面图、局部放大图和简化画法等基本表示法。本章着重介绍一些常用的表达方法，并讨论在绘制机件图样时，如何根据机件的形状和结构特点，选择适当的表达方法，以完整、清晰地表达机件。

5.1　视　　图

用正投影法绘制出的机件的图形称为视图。视图主要用于表达机件的外部形状结构，对机件中不可见部分的结构形状在必要时才用细虚线画出。

视图通常有基本视图、向视图、局部视图、斜视图。

5.1.1 基本视图

基本视图表示一个物体可以有六个基本投影方向，如图 5-2（a）所示，相应的有六个基本的投影平面分别垂直于六个基本投影方向。物体在基本投影面上的投影称为基本视图。

将六个投影面展开，使六个基本视图展平到一个平面上：正面不动，其余各投影面按图 5-2（b）所示箭头所指的方向旋转，使其与正面共面。

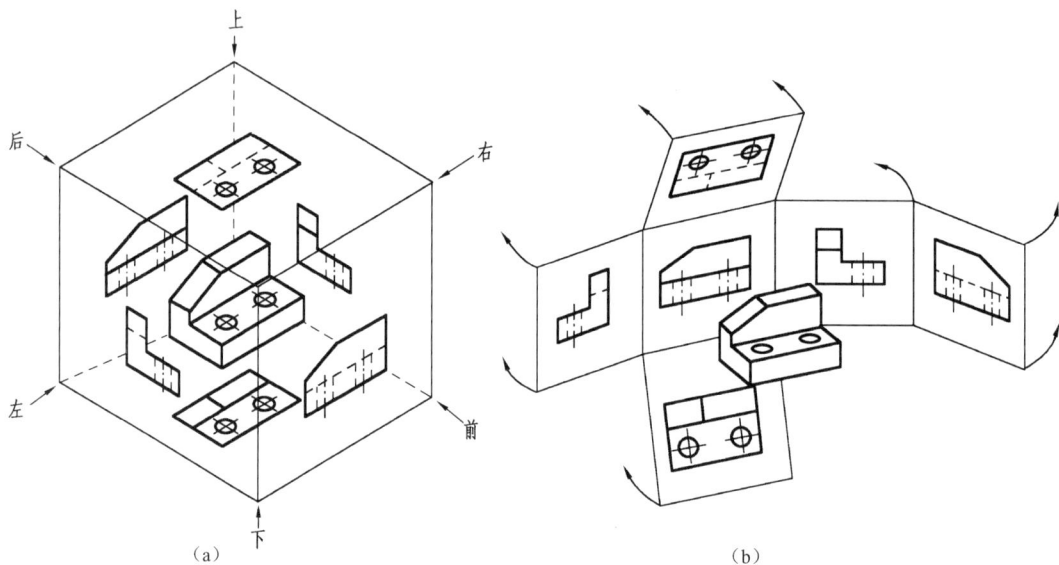

（a）   （b）

图 5-2　六个基本视图的形成

六个基本投射方向及视图名称见表 5-1。

表 5-1　六个基本投射方向及视图名称

投射方向	由前向后	由上向下	由左向右	由右向左	由下向上	由后向前
视图名称	主视图	俯视图	左视图	右视图	仰视图	后视图

六个基本视图遵循以下规律：

- 主视图、俯视图、仰视图、后视图等长；
- 主视图、左视图、右视图、后视图等高；
- 俯视图、仰视图、左视图、右视图等宽。

各个视图在同一张图纸内按如图 5-3 所示配置，不须标注视图的名称。

实际使用时，并非六个基本视图都需要，通常只需根据物体形状的复杂程度和结构特点，选择适当的若干基本视图即可。视图一般只用粗实线画出物体的可见部分，必要时才用虚线来表示其不可见部分。

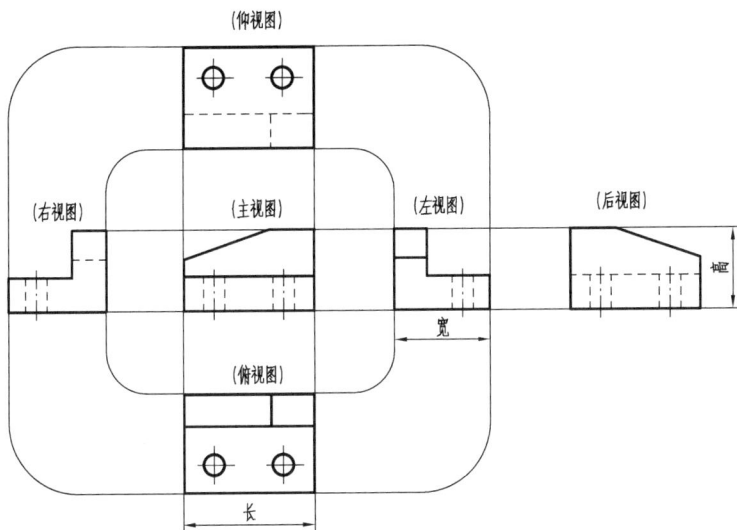

图 5-3　六个视图的配置

5.1.2　向视图

向视图是可以自由配置的视图。

在实际绘图中，根据专业需要，为了合理利用图纸不能按图 5-3 配置时，可按图 5-4 所示的向视图自由配置，但需加标注。

向视图的标注方法：

① 按向视图配置时，要在向视图上方标注"×"（其中"×"为大写英文字母），且在相应的视图附近用箭头指明投射方向，并注上相同的字母。字母书写的方向应与正常的读图方向一致。

② 表示投射方向的箭头尽可能配置在主视图上，使所绘制的视图与基本视图一致。表示后视图投射方向的箭头，应配置左视图或右视图上。

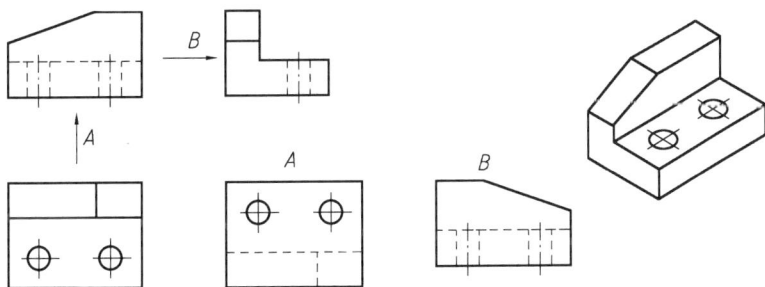

图 5-4　向视图及其标注

5.1.3　局部视图

将机件的某一部分向基本投影面投射所得到的视图，称为局部视图。

1. 局部视图的适用范围

当采用了一定数量的基本视图之后，机件上仍有部分结构形状尚未表示清楚，而又没有必要画出完整的基本视图时，可采用局部视图。如图 5-5（a）所示的物体，采用主、俯视图可将主体形状表示清楚，而左、右两个凸台的形状尚不明晰，若再画出完整的左视图和右视图，则显得烦琐和重复，此时可画出左视图和右视图的一部分，用 *A* 向和 *B* 向两个局部视图来表达左右两个凸台的形状，如图 5-5（b）所示。

2. 局部视图的画法

局部视图的断裂边界用波浪线或双折线表示。当局部视图所表示的局部结构是完整的且外轮廓封闭时，则不必画出其断裂边界线，如图 5-5（b）中 *A* 向局部视图所示。

3. 局部视图的配置和标注方法

局部视图可以按基本视图配置，需要时也可按向视图或第三角画法（详见本章 5.5 节）配置。

局部视图按基本视图配置中间无图形分隔时可不加标注，如图 5-5（b）中的 *B* 向局部视图；局部视图按向视图配置时应按向视图的标注方法进行标注，如图 5-5（b）中的 *A* 向局部视图。

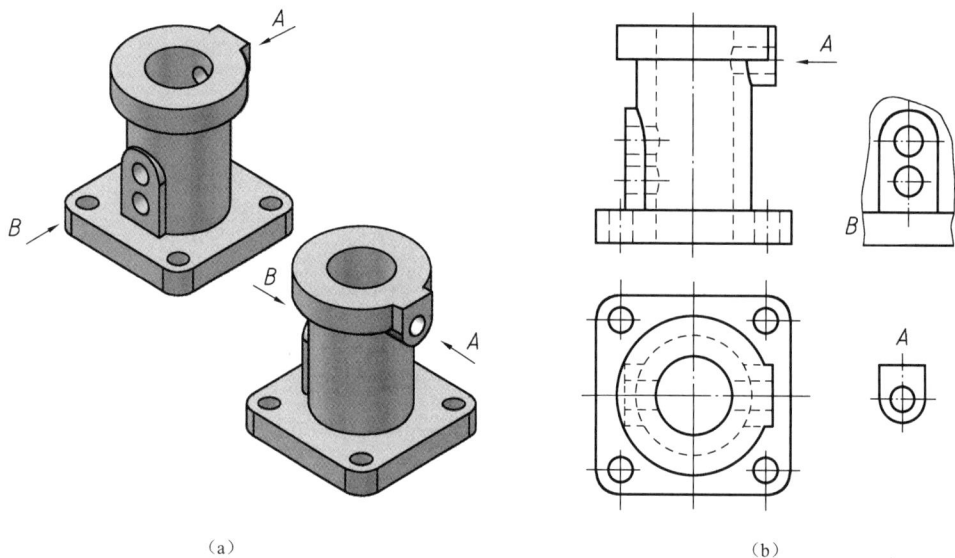

（a）　　　　　　　　　　　　　　　　（b）

图 5-5　局部视图

5.1.4 斜视图

将机件向不平行于基本投影面的平面投射所得到的视图，称为斜视图。

1. 斜视图的适用范围

机件上的某一部分倾斜结构不平行于任何基本投影面时，则在基本投影面上的投影不反映机件实形，这样绘图、读图、标注尺寸都不方便。为了得到反映该部分的实形，可用斜视图。如图 5-6（a）所示，增加一个与该倾斜部分平行，且垂直于 *V* 面的辅助投影面，将倾斜结构的形状向辅助投影面投射，得到的斜视图反映该倾斜结构的实形。

2. 斜视图的画法

① 画出图形的对称中心线（应平行于倾斜部分的主要轮廓线）。

② 画斜视图：斜视图中与投射线平行的轮廓的尺寸是该倾斜结构的宽度尺寸，应与俯视图等宽；与投射线垂直的轮廓的尺寸，应与倾斜结构的主视图对应尺寸相等，如图 5-6（b）所示。

③ 斜视图是为了表示机件上倾斜结构的真实形状的，所以画出了倾斜结构的投影之后，就应用波浪线或双折线将图形断开，不再画出其他部分的投影，如图 5-6（b）所示。

3. 斜视图的配置及标注

斜视图一般按向视图配置和标注，在不致引起误解时，允许将图形转正（将图形的主要轮廓线放成水平或垂直），通常转角应小于 90°，斜视图旋转后要加注旋转符号。旋转符号为半径等于字体高度的半圆弧，标注时要与图形旋转方向一致，且字母要写在箭头的一侧，如图 5-6（c）所示。

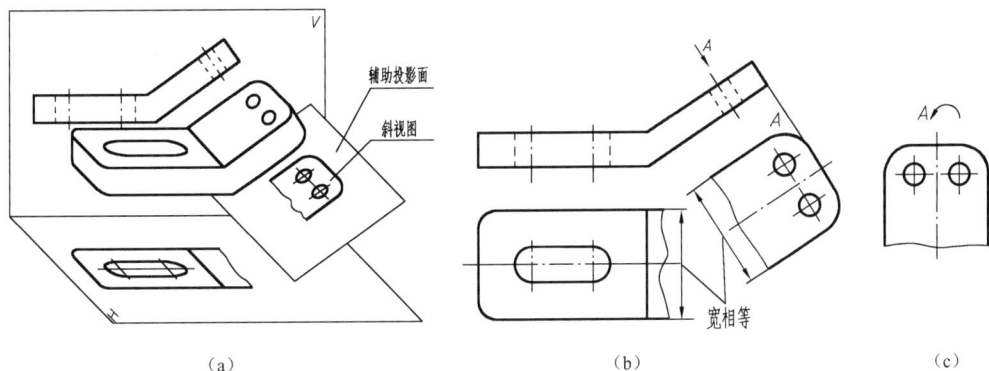

（a）　　　　　　　　　　　（b）　　　　　　　　　　（c）

图 5-6　斜视图

5.2　剖视图

视图主要用来表示机件的外部结构和形状，而其内部结构和形状要用虚线画出。当机件的内部结构和形状比较复杂时，图形上的虚线较多，这样不利于读图和标注尺寸，如图 5-7 所示。因此有关标准规定，机件的内部结构和形状可采用剖视图表示。

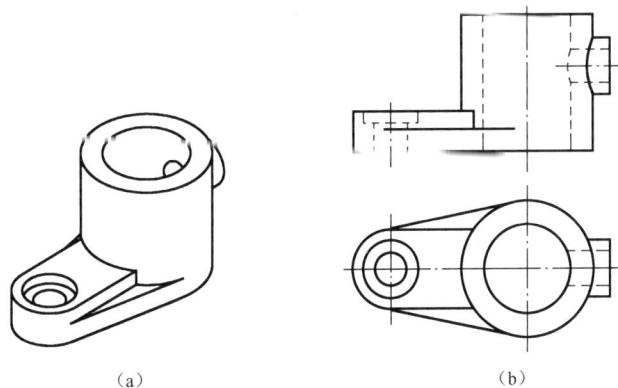

（a）　　　　　　　　　　　　　　（b）

图 5-7　机件的轴测图和三视图

5.2.1 剖视图的形成和画法

1. 剖视图的形成

假想用剖切平面剖开机件，将处在观察者和剖切面之间的部分移去，而将其余的部分向投影面投射，所得到的图形称为剖视图，简称为剖视，如图5-8所示。

用来剖切机件的假想平面称为剖切面。

剖切面与机件接触的部分称为剖面区域。在绘制剖视图时，通常应在剖面区域内画出剖面符号。不同材料的剖面符号如图5-9所示。

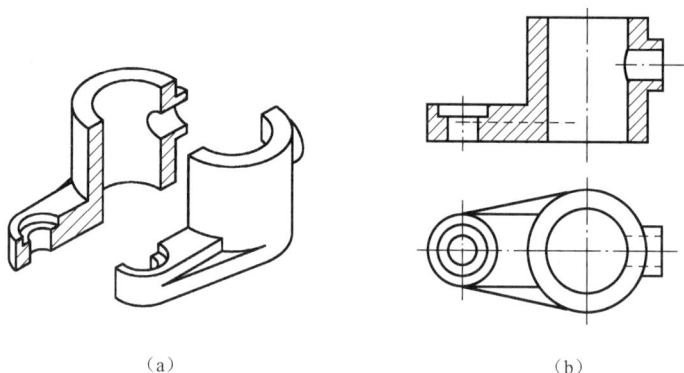

（a）   （b）

图 5-8　剖视图的形成

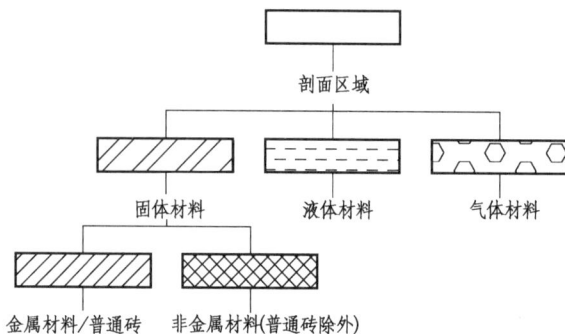

图 5-9　剖面符号分类示例

国家标准规定，表示金属材料剖面区域的剖面线的方向一般与主要轮廓或剖面区域的对称线成45°。画图时要注意，同一图样上，同一机件的剖面线的方向、间隔应保持一致，如图5-10所示。

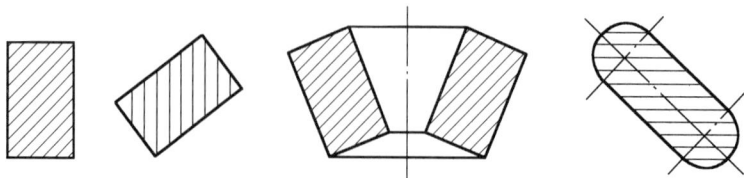

图 5-10　剖面线的方向

2. 画剖视图的方法和步骤

现以如图 5-7 所示机件为例画剖视图，作图步骤如图 5-11 所示。

（1）分形体

把机件分解成若干个形体，确定它们的叠加形式、相对位置及内部结构形状。

如图 5-7 所示机件由底板、圆柱体、凸台三部分组合而成，底版的两侧面在左端与圆柱体相切，凸台在右端与圆柱体正交。其中底板上有台阶孔，圆柱体与凸台上均有通孔，两通孔正交。

（2）画外形

当剖切平面通过机件的对称中心平面假想地将其剖开时，被剖切的形体有底板、圆柱体、凸台，画出三部分的投影。

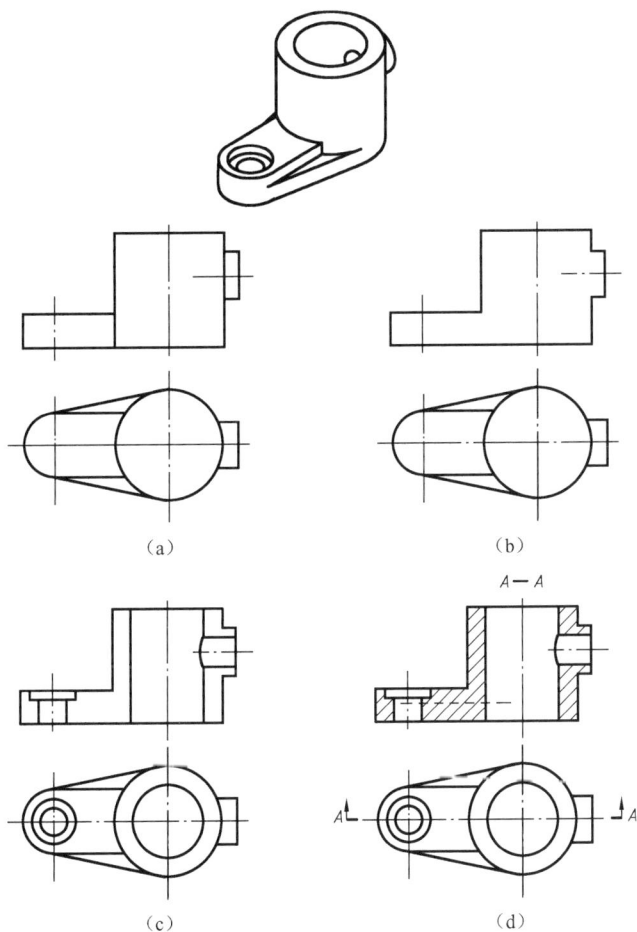

（a）　　　（b）

（c）　　　（d）

图 5-11　剖视图的作图步骤

注意　当形体间相切或相贯时，切线或相贯线可省略不画（图 5-11（a））。

（3）擦交线

擦去圆柱体轮廓与底板轮廓、圆柱体轮廓与凸台轮廓之间的交线（图5-11（b））。

（4）画孔槽

剖切平面剖切机件时，通过了底板上的台阶孔、圆柱体和凸台上的通孔，用粗实线画出它们的投影。

注意　要画出两通孔相交产生的相贯线（图5-11（c））。

（5）画剖面线（图5-11（d））

（6）画必要的虚线

对于断面后的不可见部分，如果在其他视图上已经表达清楚，虚线应该省略；对于没有表达清楚的部分，虚线必须画出（图5-11（d））。

3. 画剖视图的注意事项

① 剖视图中剖开机件是假想的，因此当一个视图画成剖视之后，其他视图的完整性不受影响。如图5-11所示，主视图取剖视后，俯视图仍按完整机件画出。

② 剖视图上已表达清楚的结构，其他视图上此部分结构投影为虚线时，一律省略不画，如图5-11（d）中俯视图的虚线均不画。对未表达清楚的部分，虚线必须画出，如图5-11（d）主视图中的虚线表示底板的高度。

③ 不要漏线和多线，如图5-12所示。

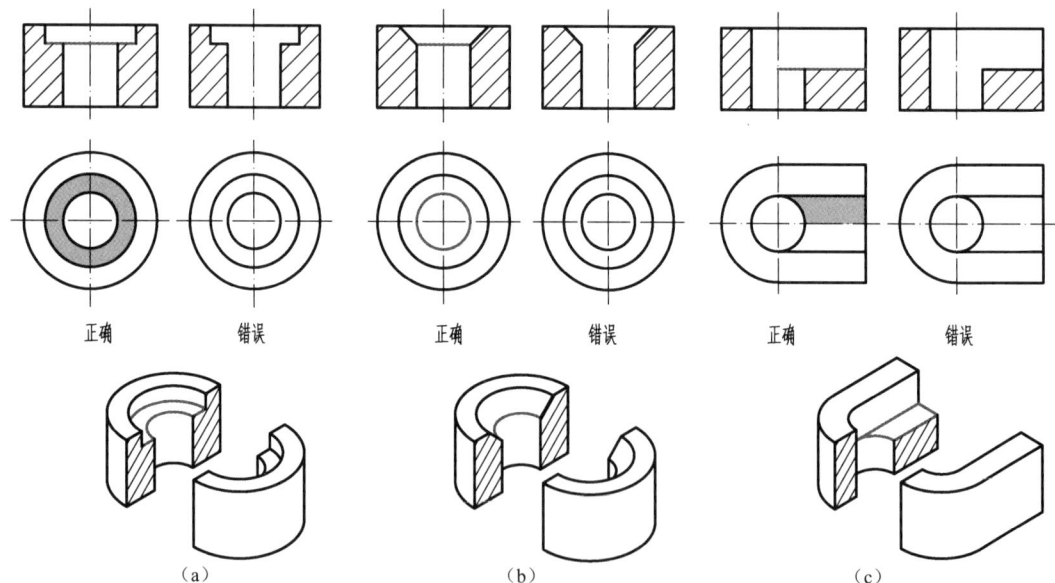

| 正确 | 错误 | 正确 | 错误 | 正确 | 错误 |

| （a） | （b） | （c） |

图5-12　剖视图画法的常见错误

④ 画剖视图时，常遇到如图5-13所示的肋板结构。当剖切平面通过肋板的对称平面或对称线时，称为纵向剖切。按制图标准规定，纵向剖切肋板时，剖面区域都不画剖

面线，而用粗实线将它与其邻接部分分开，如图 5-13（b）剖视图中肋板的画法。按国标规定，机件上的肋板纵向剖切不画剖面符号，而用粗实线将其与相邻部分分开，如图 5-13 主视图所示。

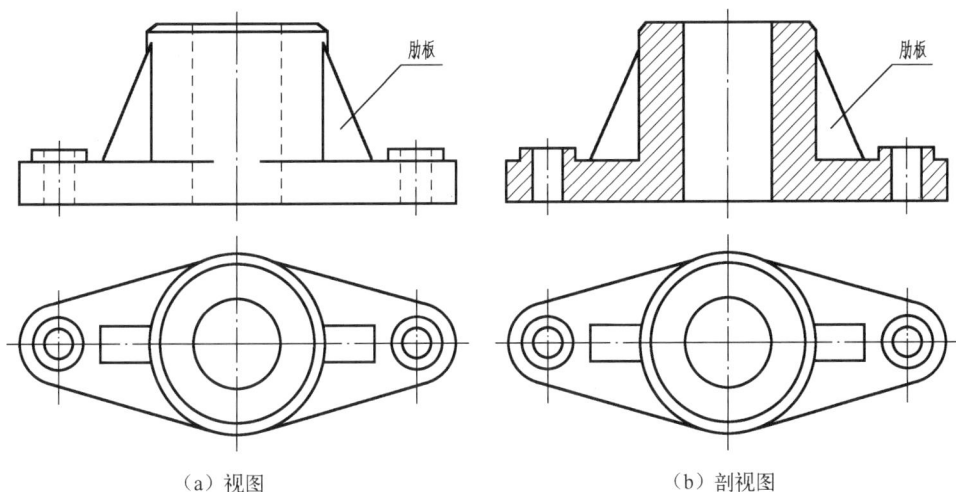

（a）视图　　　　　　　　　　　　　（b）剖视图

图 5-13　剖视图肋板的规定画法

4．剖视图的标注

为了便于读图，剖视图应该进行标注，以标明剖切位置和指示视图之间的投影关系。剖视图的标注有三个要素。

（1）剖切线　指示剖切位置的线，用细点画线表示，剖视图中通常省略不画。

（2）剖切符号　包括指示剖切面起止和转折位置的粗短画及表示投影方向的箭头，箭头需与剖切符号垂直相交。

（3）字母　在剖切符号起止和转折处注写相同的大写字母，表示剖切平面的名称，字母一律水平书写，并在所画的剖视图上方用相同的字母标注出剖视图的名称"×—×"。

当单一剖切平面通过机件的对称平面或基本对称的平面，且剖视图按投影关系配置，中间又没有其他图形隔开时，可省略标注，如图 5-13（b）所示。

5.2.2　剖视图的种类

根据剖开机件范围的大小，剖视图分为全剖视图、半剖视图、局部剖视图三种。下面介绍三种剖视图的适用范围、画法及标注方法。

1．全剖视图

假想用剖切面完全剖开机件得到的剖视图称为全剖视图。如图 5-11、图 5-12、图 5-13 所示均为全剖视图。

全剖视图主要用于表达内部形状复杂的不对称机件或是外形简单的对称机件。

2. 半剖视图

当机件具有对称（或基本对称）平面时，在垂直于对称平面的投影面上所得到的图形，以对称中心线为界，一半画成剖视图，另一半画成视图，这种组合的图形称为半剖视图。如图 5-14 所示。

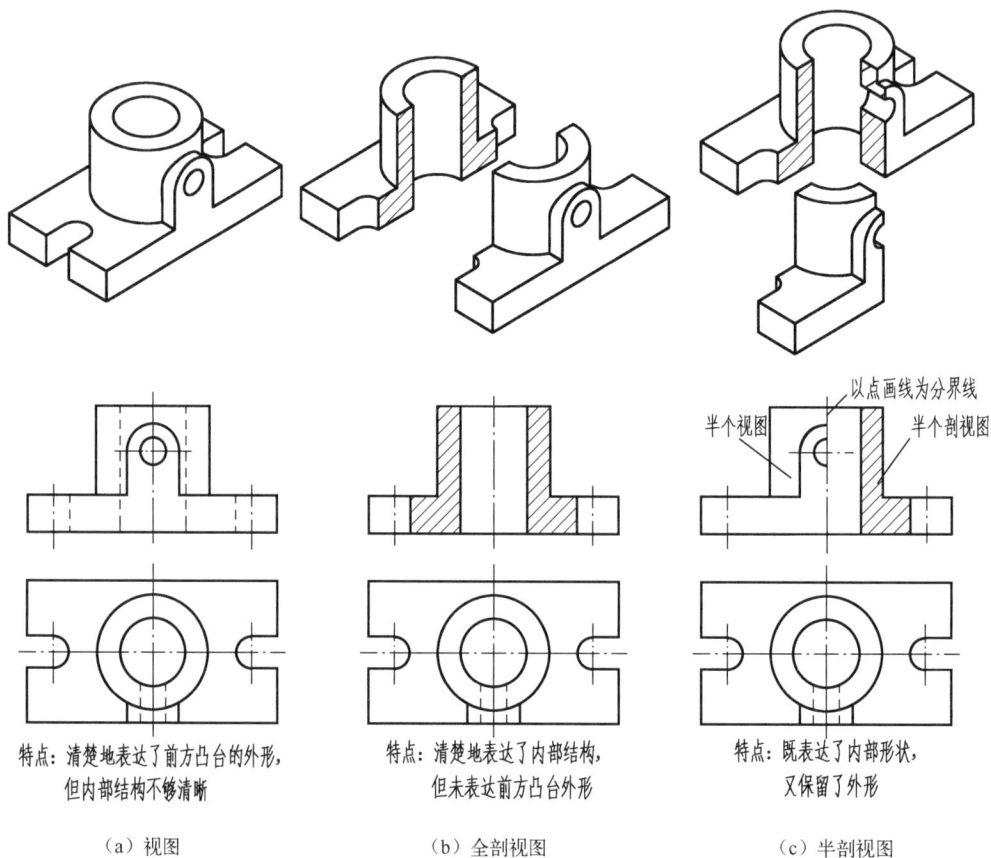

（a）视图　　特点：清楚地表达了前方凸台的外形，但内部结构不够清晰

（b）全剖视图　　特点：清楚地表达了内部结构，但未表达前方凸台外形

（c）半剖视图　　特点：既表达了内部形状，又保留了外形

图 5-14　半剖视图

半剖视图主要用于内、外结构形状都需表达的对称机件。

画半剖视图应注意以下问题。

① 半个视图和半个剖视图应以细点画线为界，而不能画成粗实线。

② 已在半个剖视图中表达清楚的内部形状，在半个视图中不画虚线。

③ 半剖视图的习惯位置是：图形左、右对称时剖右半；前、后对称时剖前半。

3. 局部剖视图

用剖切平面局部剖开机件，所得到的剖视图称为局部剖视图，如图 5-15 所示。

局部剖视图主要用以表达机件的局部内部结构形状，或者实心杆、轴上的孔或槽。

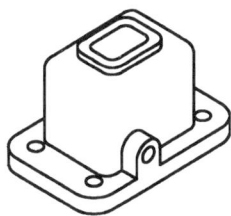

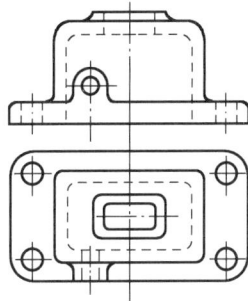

特点：主视图充分表达了机件外形
但内部结构不够清晰

（a）视图

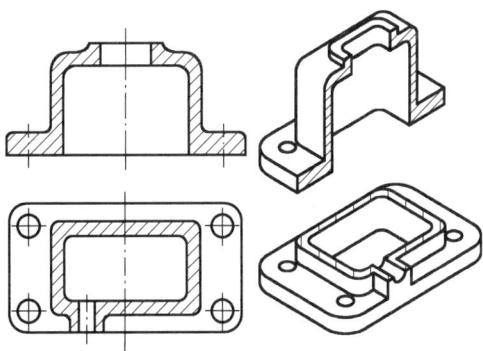

特点：能清晰反映内腔及孔的结构形状，
但无法表达左前及顶部凸台的外形

（b）全剖视图

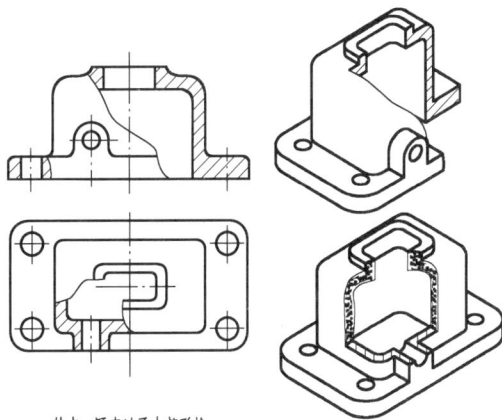

特点：既表达了内部形状，
又保留了外形

（c）局部剖视图

图 5-15　局部剖视图

画局部剖视图应注意以下问题。

① 局部剖视图中，视图与剖视图的分界线为细波浪线或双折线。波浪线表示假想断裂面的投影，因此波浪线不能超出实体轮廓线，不能穿孔、槽而过，也不要与图形上的其他任何图线重合或画在轮廓线的延长线上，如图 5-16、图 5-17 所示。

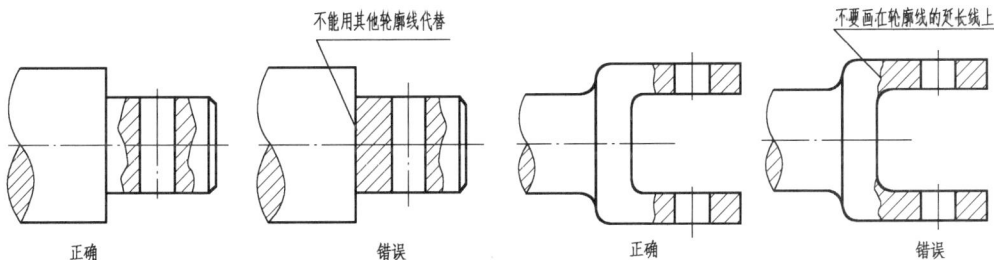

正确　　　　错误　　　　正确　　　　错误

图 5-16　局部剖视图中波浪线的画法（一）

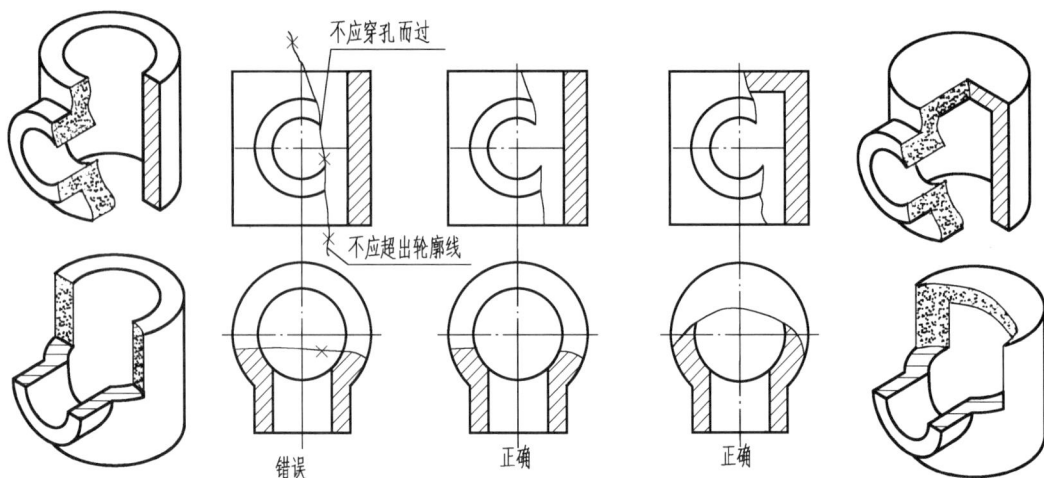

不应穿孔而过

不应超出轮廓线

错误　　　　正确　　　　正确

图 5-17　局部剖视图中波浪线的画法（二）

② 当对称图形的中心线与图形轮廓线重合不宜采用半剖视图时，应采用局部剖视图，如图 5-18 所示。

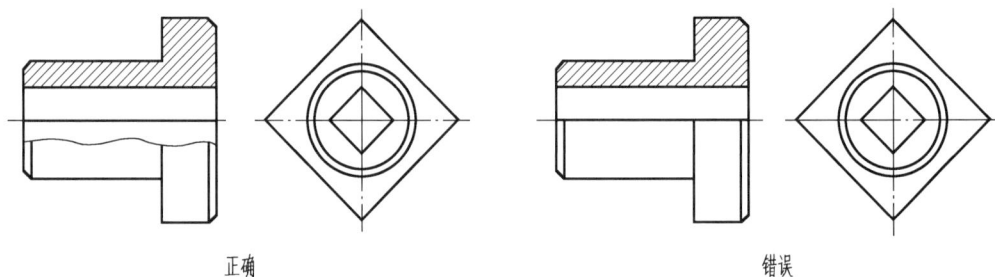

正确　　　　　　　　　错误

图 5-18　局部剖视图

5.2.3　剖切面的种类

用来剖切机件的假想平面或曲面，称为剖切面。剖切面分为单一剖切面、几个平行的剖切面、几个相交的剖切面（交线垂直于某一个投影面）。可根据机件结构特点，采用不同的剖切面剖开机件，得到全剖、半剖、局部剖视图。

1. 单一剖切面

（1）平行于某一个基本投影面的单一剖切平面

如前所述的全剖视图、半剖视图和局部剖视图都是用平行于某一个基本投影面的单一平面剖切机件得到的剖视图。

（2）不平行于任何基本投影面的单一剖切面（投影面垂直面）

不平行于任何基本投影面的单一剖切面（投影面垂直面）剖开机件称为斜剖，如图 5-19 中的 *A—A* 所示为斜剖的全剖视图。斜剖通常用来表达机件上倾斜部分的结构形状。

这种剖视图画法和图形的配置与斜视图基本相同，一般按投影关系配置在与剖切符号相对应的位置上。在不致引起误解的情况下，允许将视图转正，如图 5-19（b）所示。

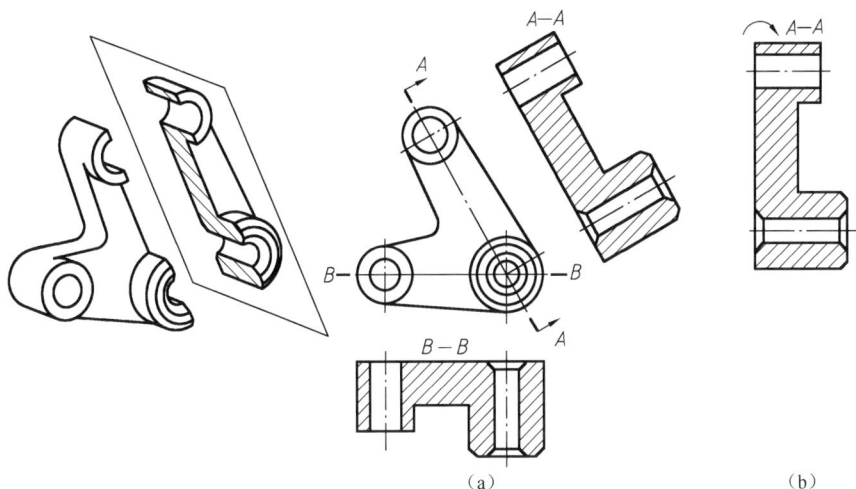

图 5-19 不平行于基本投影面的单一剖切面

2. 几个平行的剖切平面

当机件上的孔、槽等内部结构不在同一平面内时，可用这种剖切方法。如图 5-20 所示为两个平行的剖切面的全剖视图。

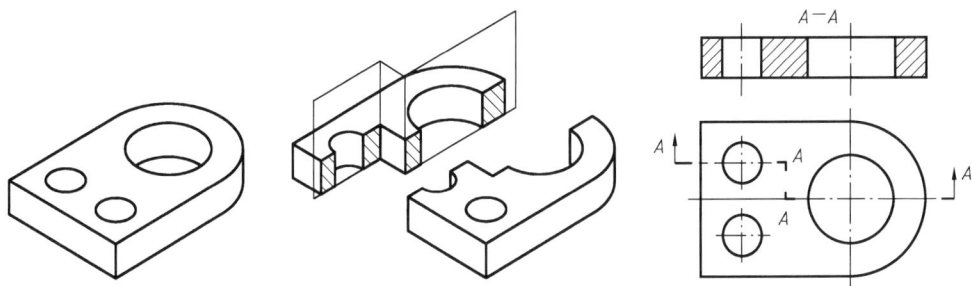

图 5-20 两个平行的剖切平面剖切获得的全剖视图

用这类剖切面画剖视图时应注意：

① 因为剖切是假想的，因此，剖切平面转折处不应画线，并且转折处不应与图形轮廓线重合。

② 剖视图内不应出现不完整要素，仅当两个要素具有公共对称中心线或轴线时，可以以对称中心线或轴线为界各画一半，如图 5-21 所示。

③ 必须在剖切平面的起止和转折处画出剖切符号，并用与剖视图的名称"×—×"同样的字母标出。按投影关系配置，而中间又没有其他图形隔开时，可以省略箭头，如图 5-21 所示。

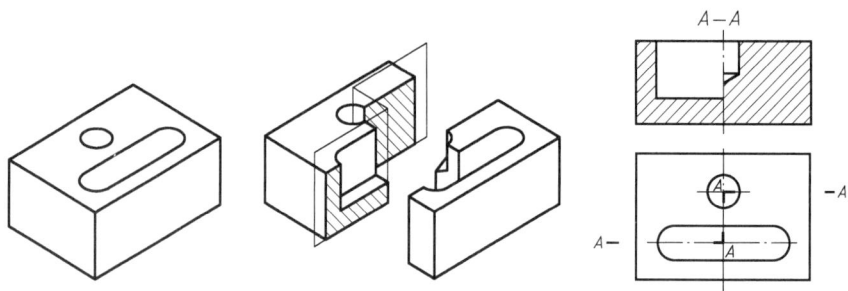

图 5-21　具有公共对称中心线的剖视图

3. 几个相交的剖切平面（交线垂直于某一个基本投影面）

当机件上孔、槽轴线不在一个平面上，而机件具有回转轴时，可用这种剖切方法。如图 5-22 所示是用两个相交平面假想剖开机件（两个剖切面交线与孔的轴线重合），首先将倾斜平面剖到的结构及其相关部分绕轴线旋转到与选定的投影面平行后再投射。

用几个相交剖切平面剖开机件时要注意：

① 必须加标注，用剖切符号表示剖切面的起止和转折位置，并注上字母。用箭头表示投射方向，在得到的剖视图上方标注相同字母"×—×"。当按投影关系配置，中间无图形隔开时可省略箭头。

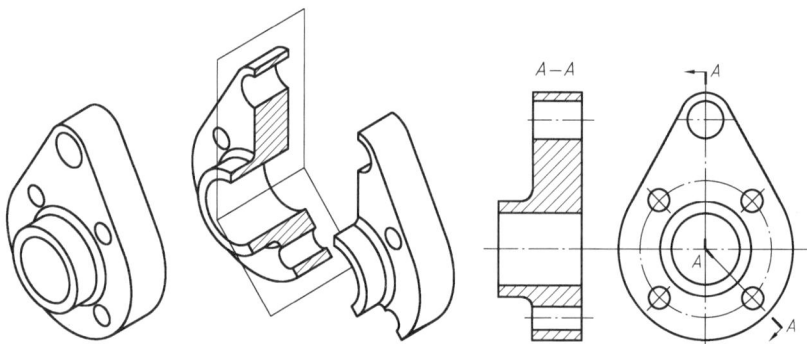

图 5-22　两个相交剖切平面剖切获得的全剖视图

② 当剖切后产生不完整要素时，应将该部分按不剖画出，如图 5-23 所示。

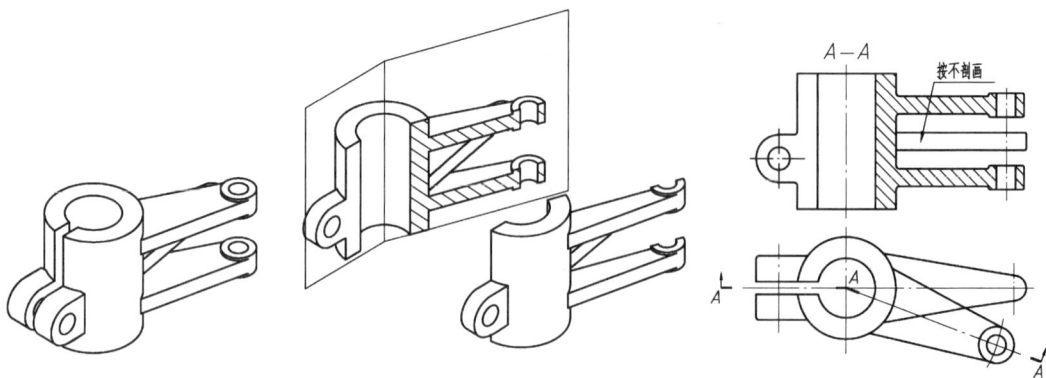

图 5-23　两个相交剖切平面剖切后不完整要素的画法

③ 在剖切面后的其他结构一般按原来位置投射，如图 5-24 所示的加油孔。

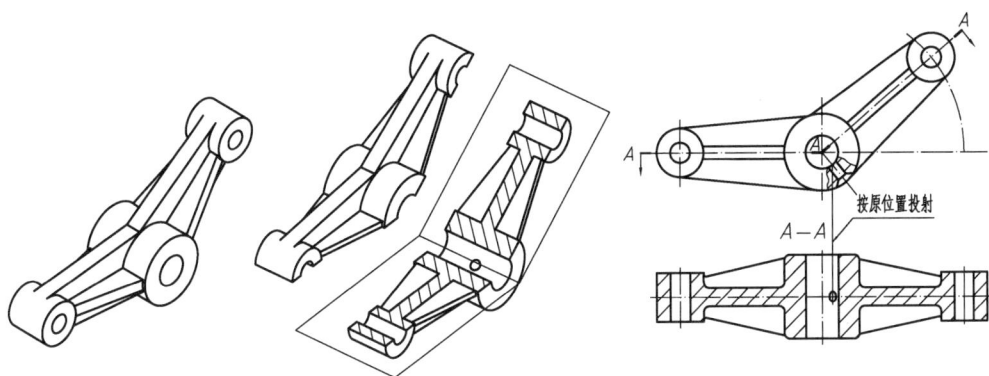

图 5-24　两个相交剖切平面未剖切到的部分按原位置投射

5.3　断　面　图

5.3.1　断面图的概念

假想用剖切面将机件某处切断，仅画出该剖切面与机件接触部分的图形，称为断面图（简称断面），如图 5-25 所示。断面图一般用来表示机件某处的断面形状或轴、杆上的孔、槽等结构，为了得到断面的实形，剖切面应垂直于机件的主要轮廓线或轴线。

断面图与前述的剖视图有相同之处，均是先假想剖开机件后作投射，但剖视图不仅要画出被剖切面切到的部分，一般还应画出剖切面后的可见部分；而断面图仅画出被剖切面切断的断面形状，图形更简洁、清晰。

根据断面放置的位置不同，可分为移出断面图和重合断面图两种。

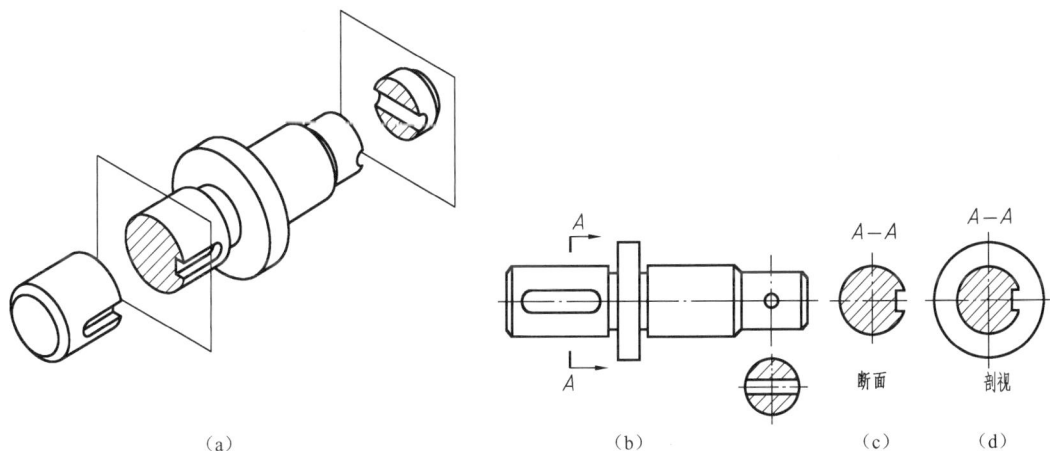

图 5-25　断面图及其与剖视图的比较

5.3.2 移出断面图

画在视图轮廓线外面的断面图称为移出断面图，如图 5-25 所示。

1. 移出断面图的画法

① 移出断面图的轮廓线用粗实线绘制，图形尽量配置在剖切符号或剖切线的延长线上，也可配置在其他适当的位置，如图 5-25 所示。

② 当剖切面通过回转面形成的孔或凹坑时，这些结构应按剖视画（画成封闭图形），如图 5-26 所示。

③ 当剖切面通过非圆孔导致完全分开的两个断面时，这些结构也按剖视画，如图 5-27 所示。

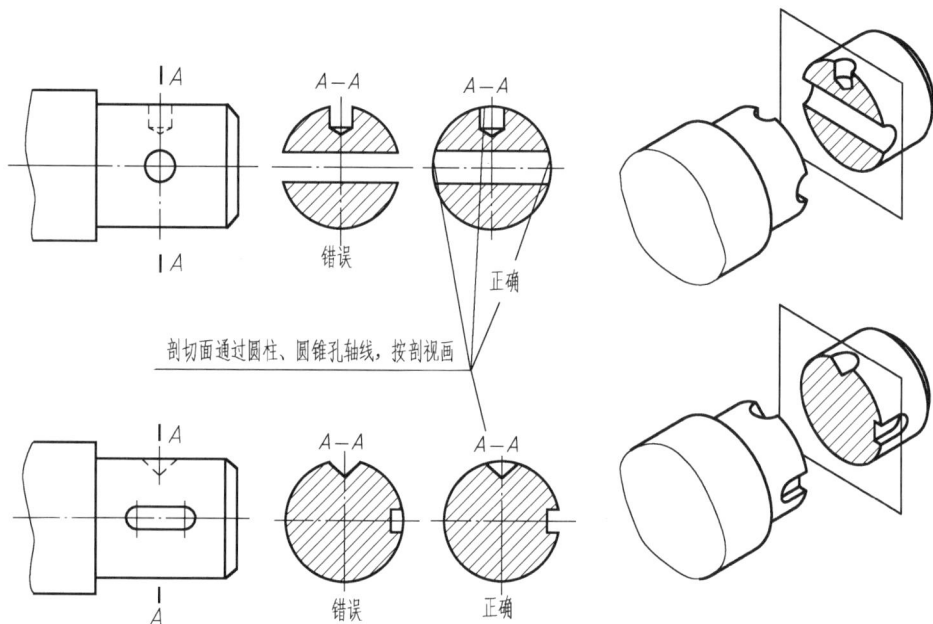

图 5-26 移出断面图的特殊画法（一）

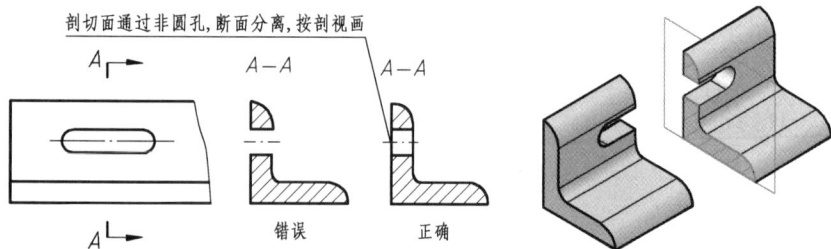

图 5-27 移出断面图的特殊画法（二）

④ 由两个相交平面剖切得到的移出断面图，中间用波浪线或双折线断开，如图 5-28 所示。

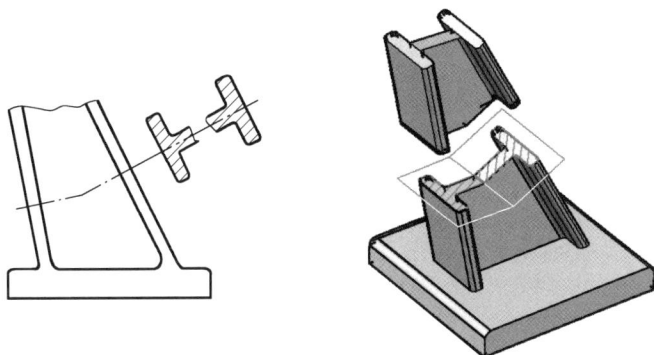

图 5-28　移出断面图的特殊画法（三）

⑤　对称的移出断面图可画在视图的中断处，如图 5-29 所示。

2. 移出断面图的标注

移出断面图的标注方法与剖视图的标注相同，即一般用剖切符号表示剖切平面的位置，用箭头表示投射方向，用字母表示断面图的名称，并在断面图的上方注上相同字母"×—×"，如图 5-27 所示。

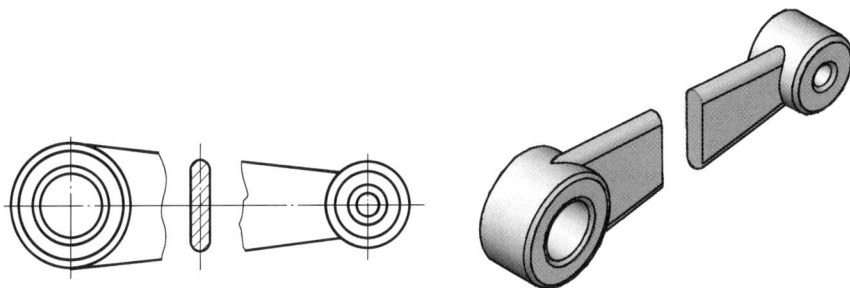

图 5-29　移出断面图的特殊画法（四）

移出断面图的标注随着图形的配置位置及对称情况可做以下省略。

● 剖切符号的省略：当剖切位置明确，如移出断面图配置在剖切线的延长线上且对称时，可省略剖切符号，用细点画线表示剖切线。不对称的移出断面图需用箭头指明投影方向，故剖切符号不可省。

● 箭头的省略：当投影方向明确（如按投影关系配置），或改变投影方向对移出断面图无影响（如对称的移出断面图）时，可省略箭头。

● 字母的省略：当移出断面图配置在剖切线或剖切符号的延长线上时，可不标注字母。

5.3.3　重合断面图

画在图形轮廓线内的断面称为重合断面图。

1. 重合断面图的画法

重合断面图的轮廓线用细实线绘制，当图形中的轮廓线与断面图形重叠时，视图轮廓线仍应连续画出，不可间断，如图 5-30 所示。

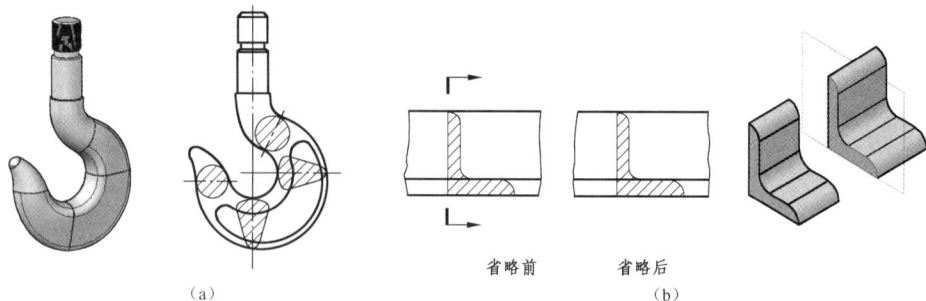

省略前　　　　省略后

（a）　　　　　　　　　　　　　　　　　　　　　　　　　（b）

图 5-30　重合断面图

2．重合断面图的标注

对称的重合断面图不需标注，不对称的重合断面图在不致引起误解的情况下可以省略标注（图 5-30）。

5.4　局部放大图和简化画法

5.4.1　局部放大图

将图样中所表示的机件的部分结构，用大于原图形的比例所绘出的图形，称为局部放大图，如图 5-31 所示。

局部放大图可画成视图、剖视图、断面图，它与被放大部分的表达方式无关。

绘制局部放大图时，一般应用细实线圆圈出被放大的部位，并应尽量将放大图配置在被放大部位的附近。当同一机件上有几处被放大部位时，必须用罗马数字依次标明，并在局部放大图上方标注出相应的大写罗马数字和所采用的比例，如图 5-31 所示。

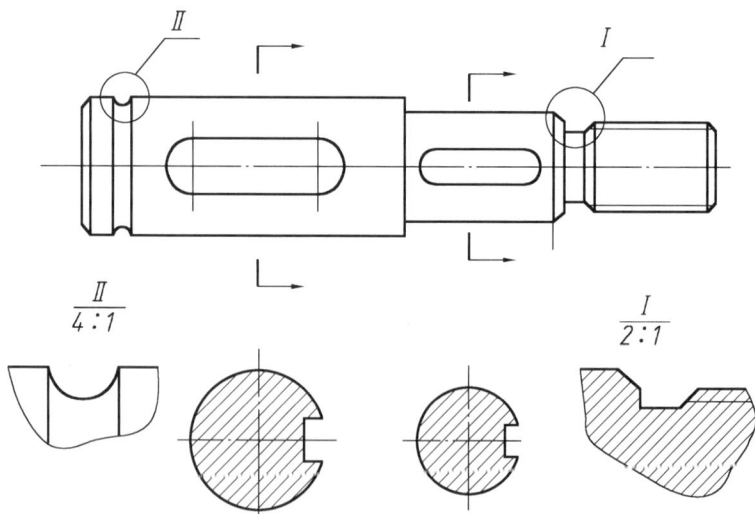

$\dfrac{II}{4:1}$　　　　　　　　　　　　　　　　　　　　　　　$\dfrac{I}{2:1}$

图 5-31　局部放大图

当被放大的部位仅一处时，在局部放大图上方只需注明所采用的比例。

5.4.2 简化画法

为了使画图简便，制图标准规定了一些图形的简化画法，现将几种常用的简化画法介绍如下。

1. 对相同结构的简化

① 机件具有若干相同结构（如齿、槽等），并按一定规律分布时，只需画出几个完整的结构，其余用细实线连接。但在图中必须注出该结构的总数，如图 5-32 所示。

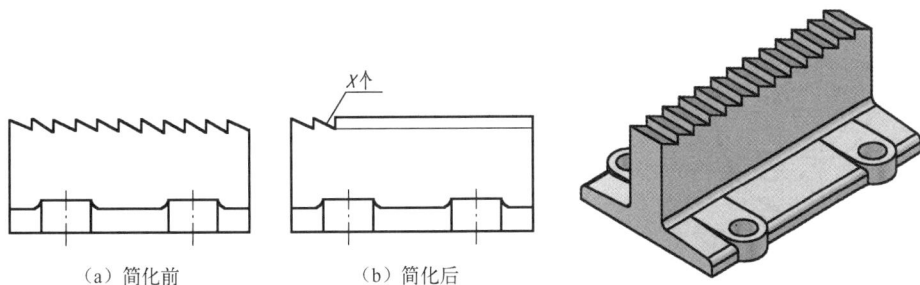

（a）简化前　　　　　（b）简化后

图 5-32　相同结构的简化画法

② 机件具有若干直径相同且成规律分布的孔（圆孔、沉孔和螺孔等），可以仅画出一个或几个，其余只需表示其中心位置，但在图中应注明孔的总数，如图 5-33 所示。

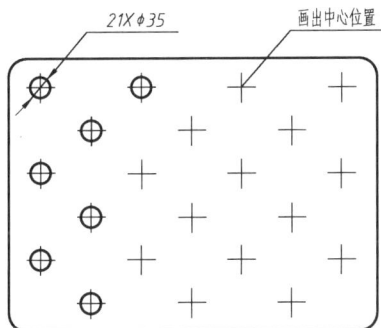

图 5-33　按规律分布的等直径孔的简化画法

③ 当机件回转体上均匀分布的肋、轮辐、孔等结构不位于剖切平面上时，可将这些结构旋转到剖切面上画出，如图 5-34 所示。

④ 对称机件在不致引起误解时，其视图可只画一半或四分之一，并在图形对称中心线的两端分别画出两条与其垂直的平行细实线（短画），如图 5-35 所示。也可画出略大于一半的图形。

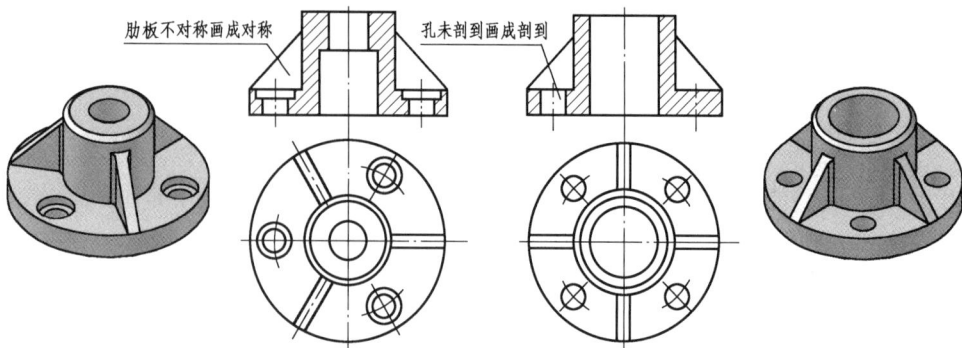

肋板不对称画成对称　　　孔未剖到画成剖到

图 5-34　回转体上均布结构的简化画法

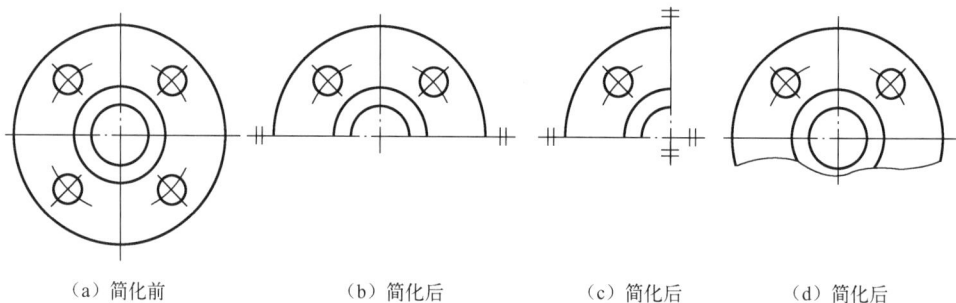

（a）简化前　　　（b）简化后　　　（c）简化后　　　（d）简化后

图 5-35　对称机件的简化画法

2. 对机件某些交线和投影的简化

① 与投影面倾斜角度小于或等于 30°的圆或圆弧，其投影可以用圆或圆弧代替，如图 5-36 所示。

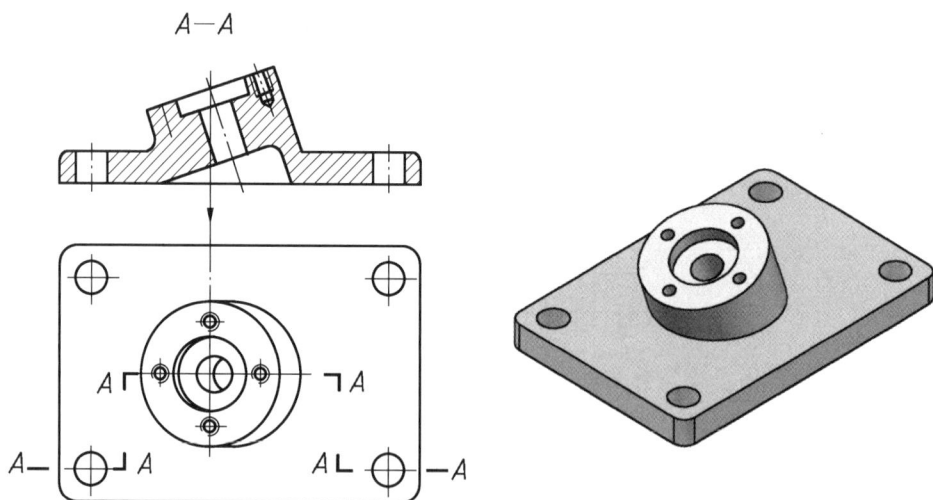

图 5-36　与投影面倾斜角度不大于 30°的圆、圆弧的简化画法

② 平面结构在图形中不能充分表达时，可用平面符号（相交的两条细实线）表示，如图 5-37 所示。

③ 当采用移出断面图表达机件时，在不会引起误解的情况下，允许省略剖面符号，但

剖切位置和剖切图的标注如前所述，如图 5-38 所示。

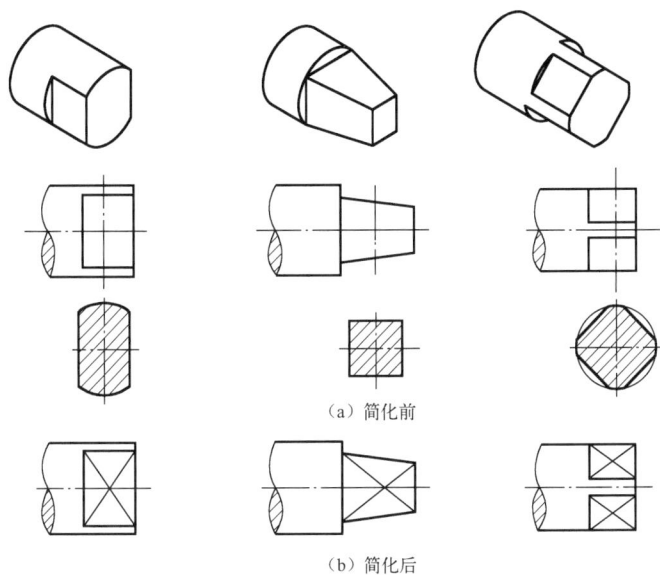

（a）简化前

（b）简化后

图 5-37　平面结构的简化画法　　　　　图 5-38　移出断面图省略剖面符号

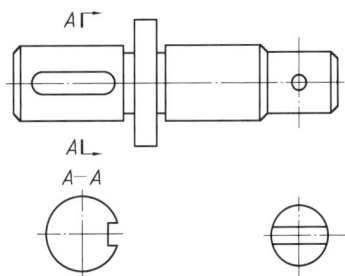

④　当机件上有圆柱形法兰或类似零件上的均布孔时，可按如图 5-39 所示的形式（由机件外向该法兰端面方向投射）画出。

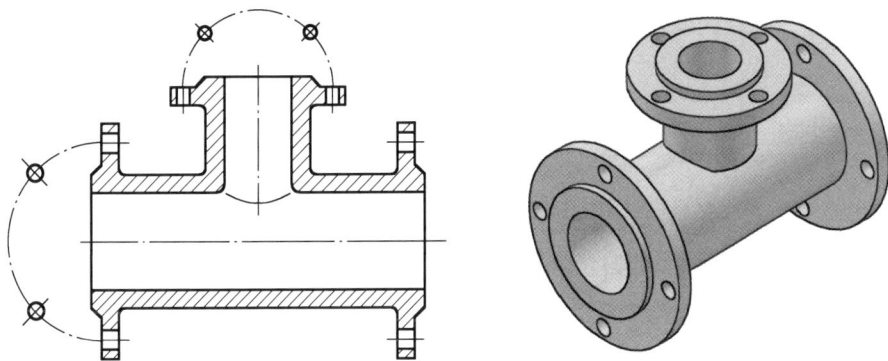

图 5-39　圆柱形法兰均布孔的简化画法

3. 对小结构的简化

①　对机件上一些小结构，如在一个图形中已表达清楚，在其他图中可以简化或省略。如图 5-40（a）所示，锥销孔与外圆柱和内圆柱孔相贯，主视图中的四条相贯线用直线代替了非圆曲线，俯视图中简化了锥销孔的投影，省略两个圆；如图 5-40（b）所示，圆柱被平面截切后，主视图中的四条截交线省略了两条。

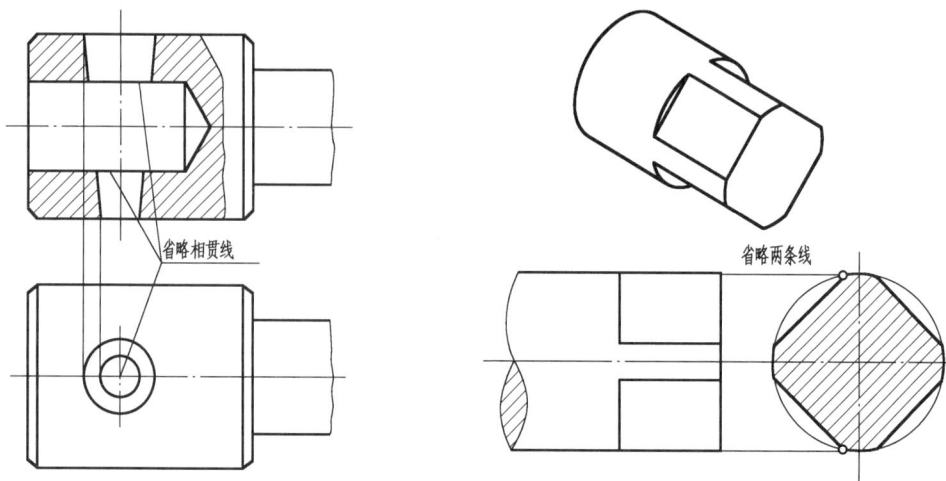

图 5-40　小结构的简化画法（一）

② 对机件上斜度不大的结构，如在一个图形中已表达清楚，在其他图中可以只按小端画出，如图 5-41 所示。

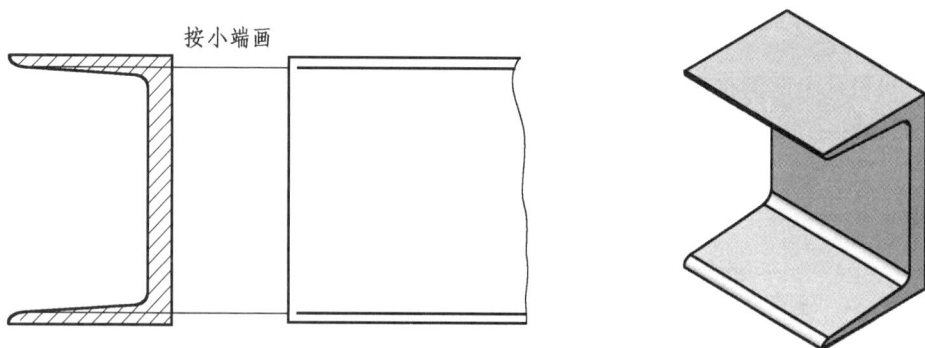

图 5-41　小结构的简化画法（二）

③ 机件上对称结构的局部视图，如键槽、方孔，可按图 5-42 所示方法表示。在不致引起误解时，图形中的过渡线、相贯线允许简化。

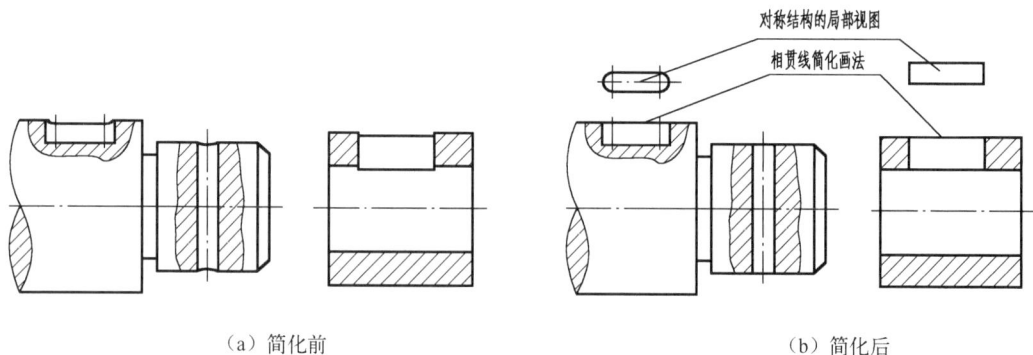

（a）简化前　　　　　　　　　　　　　（b）简化后

图 5-42　小结构的简化画法（三）

4. 对较长机件的简化

轴、杆类较长的机件，沿长度方向的形状相同或按一定规律变化时，可以断开缩短表示，但标注尺寸时要注实际尺寸，如图 5-43 所示。

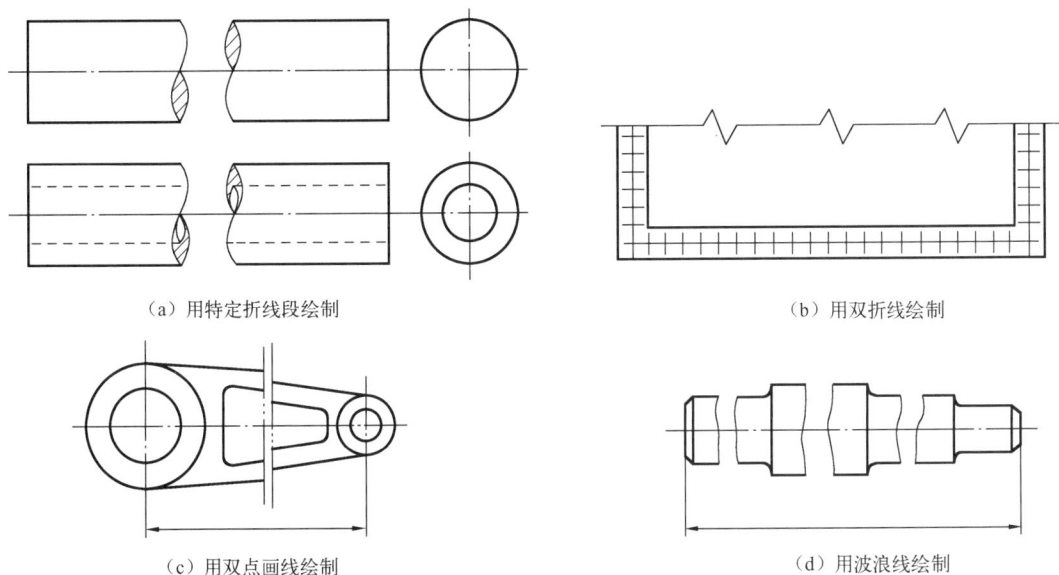

（a）用特定折线段绘制　　　　　　　　　　　　　　（b）用双折线绘制

（c）用双点画线绘制　　　　　　　　　　　　　　　（d）用波浪线绘制

图 5-43　较长机件的简化画法

5.5 表达方法的综合举例

为将机件的内、外结构形状及形体间的相对位置完整、清晰地表达出来，需要综合运用视图、剖视图、断面图、简化画法等各种表达方法。表达机件时，应根据机件的结构特点，首先考虑看图方便，然后力求用最少的视图将机件完整、清晰地表达出来。现以如图 5-1 所示的支架为例，说明如何综合运用各种表达方法。

1. 形体分析

该支架由下端圆筒、上部支承圆筒、连接板和肋板等四部分组成。上、下两个圆筒轴线垂直交错，在上部支承圆筒上有倾斜的长圆形凸台，并开有两个油孔，下端圆筒前方开有沉头孔。

2. 表达方案分析

支架的表达方案如图 5-44 所示。其中主视图两处采用了局部剖视图，既表达了支架四个组成部分的相对位置，又表达了下端圆筒的通孔及上部支承圆筒的油孔的形状。

左视图同样在两处采用了局部剖视图，用以表达下端圆筒的沉头孔和上部支承圆筒的通孔形状，同时还表达了支架四个组成部分的前后相对位置。

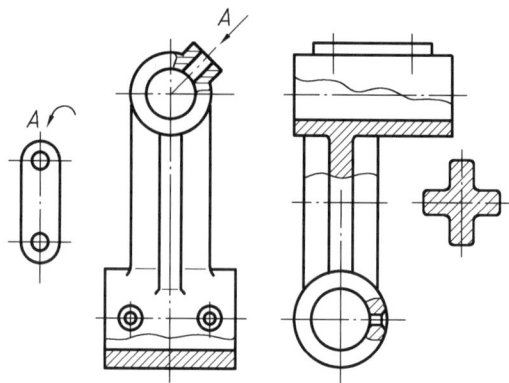

图 5-44　支架的视图

　　为了表达清楚连接板和肋板的相对位置关系及断面形状，该表达方案中还采用了一个移出断面图。

　　由于支架上部支承圆筒的倾斜凸台外形尚未表达清楚，最后用了一个斜视图来表达其长圆形外形。

常用零件的特殊表示法

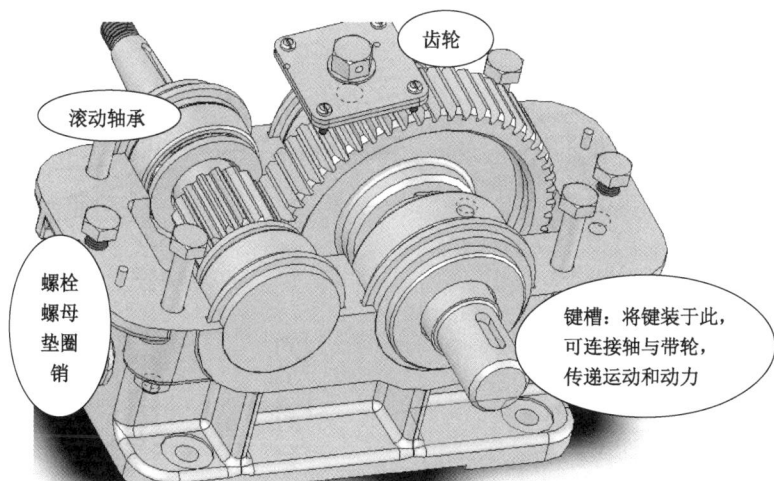

齿轮

滚动轴承

螺栓
螺母
垫圈
销

键槽：将键装于此，可连接轴与带轮，传递运动和动力

图 6-1　减速器

在各种机器和设备上，经常用到螺栓、螺柱、螺钉、螺母、键、销、齿轮、弹簧、滚动轴承等各种不同的零件。这些零件的应用范围广，使用量很大，为了提高产品质量和降低成本，国家标准对这类零件的结构、尺寸和技术要求实行全部或部分标准化。实行全部标准化的零件，称为标准件，如螺栓、螺母、垫圈、销、键、轴承等；实行部分标准化的零件，称为常用件，如齿轮、弹簧等。

本章主要介绍标准件和常用件的规定画法、标注方法和识读方法。

6.1 螺纹及螺纹紧固件表示法

6.1.1 螺纹的基本知识

螺纹是在圆柱或圆锥表面上，沿着螺旋线形成的具有相同剖面形状（如等边三角形、正方形、梯形、锯齿形、…）的连续凸起和沟槽。在圆柱或圆锥外表面所形成的螺纹称为外螺纹，在圆柱或圆锥内表面所形成的螺纹称为内螺纹。用于连接的螺纹称为连接螺纹；用于传递运动或动力的螺纹称为传动螺纹。

1. 螺纹的形成

螺纹的加工方法很多。如图 6-2（a）、（b）所示是在车床上加工内、外螺纹的情况，它是根据螺旋线原理加工而成的。圆柱形工件做等速旋转运动，车刀与工件相接触做等速的轴向移动，刀尖相对工件即形成螺旋线运动。由于刀刃的形状不同，在工件表面被切去部分的断面形状也不同，所以可加工出各种不同的螺纹。如图 6-2（c）、（d）所示为板牙或丝锥加工直径较小的螺纹，俗称套扣或攻丝。

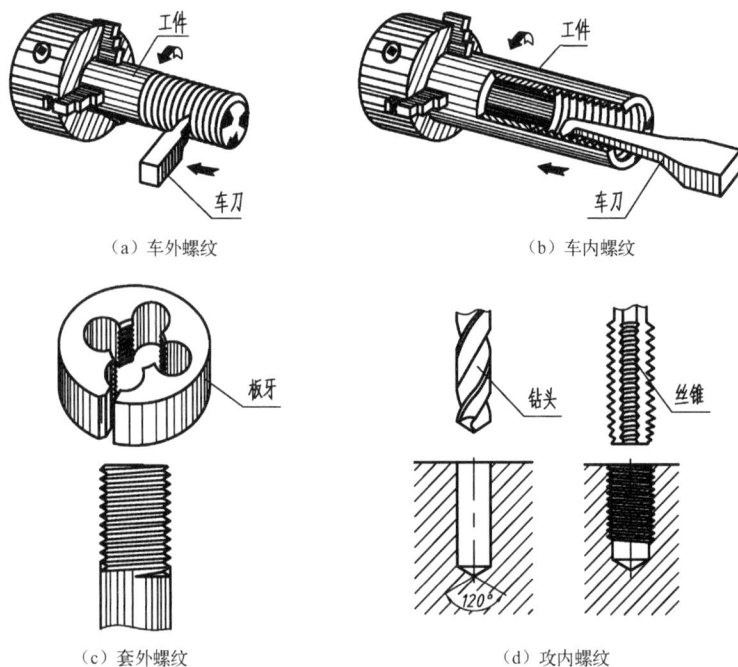

（a）车外螺纹　　　　　　　　　　　（b）车内螺纹

（c）套外螺纹　　　　　　　　　　　（d）攻内螺纹

图 6-2　螺纹加工方法

2. 螺纹的基本要素

螺纹的基本要素包括牙型、直径（大径、小径、中径）、螺距和导程、线数、旋向等。

（1）牙型

在通过螺纹轴线的剖面上，螺纹的轮廓形状称为螺纹牙型。常见的螺纹牙型有三角形

（60°、55°）、梯形、锯齿形、矩形等。常见标准螺纹的牙型如图 6-3 所示。

（2）螺纹的直径（图 6-4）

● 大径 d、D 是指与外螺纹的牙顶或内螺纹的牙底相切的假想圆柱或圆锥的直径。内螺纹的大径用大写字母表示，外螺纹的大径用小写字母表示。

● 小径 d_1、D_1 是指与外螺纹的牙底或内螺纹的牙顶相切的假想圆柱或圆锥的直径。

● 中径 d_2、D_2 是指一个假想的圆柱或圆锥直径，该圆柱或圆锥的母线通过牙型上沟槽和凸起宽度相等的地方。

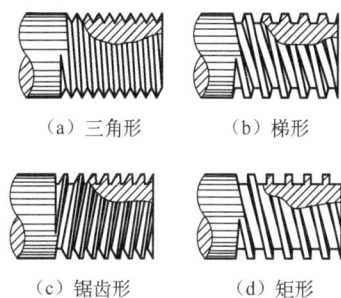

(a) 三角形　　(b) 梯形

(c) 锯齿形　　(d) 矩形

图 6-3　螺纹的牙型

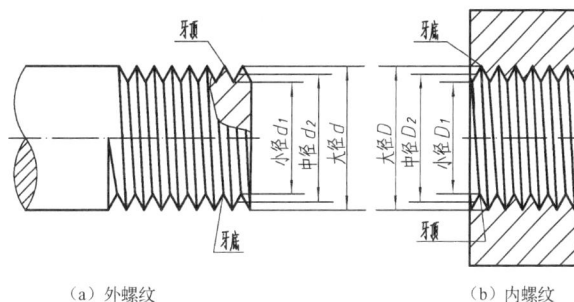

(a) 外螺纹　　　　　　　(b) 内螺纹

图 6-4　螺纹的直径

（3）线数

形成螺纹的螺旋线条数称为线数，线数用字母 n 表示。沿一条螺旋线形成的螺纹称为单线螺纹，沿两条以上螺旋线形成的螺纹称为多线螺纹，如图 6-5 所示。

（4）螺距和导程

相邻两牙在中径线上对应两点间的轴向距离称为螺距，螺距用字母 P 表示；同一条螺旋线上的相邻两牙在中径线上对应两点间的轴向距离称为导程，导程用 P_h 表示，如图 6-5 所示。线数 n、螺距 P 和导程 P_h 的之间的关系为：$P_h = P \times n$

（5）旋向

螺纹分为左旋螺纹和右旋螺纹两种。判定螺纹旋向可将外螺纹轴线垂直放置，螺纹的可见部分是右高左低的称为右旋螺纹，左高右低的称为左旋螺纹，如图 6-6 所示。工程上常用右旋螺纹。

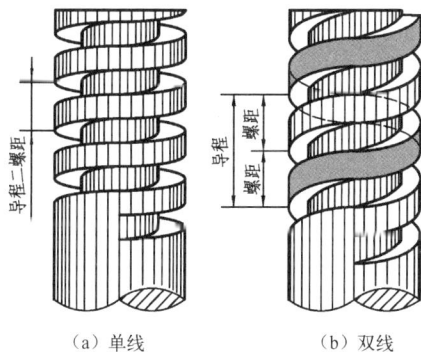

(a) 单线　　　　(b) 双线

图 6-5　单线螺纹和双线螺纹

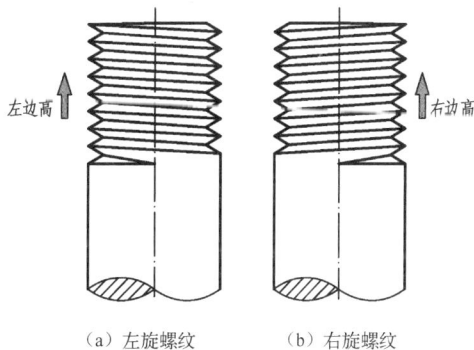

(a) 左旋螺纹　　(b) 右旋螺纹

图 6-6　螺纹的旋向

内外螺纹是成对使用的，只有牙型、大径、螺距、线数和旋向等要素都相同时，内、外螺纹才能旋合在一起。

139

6.1.2 螺纹的规定画法

螺纹一般不按真实投影作图，而是采用机械制图国家标准规定的画法以简化作图过程。

（1）外螺纹的画法

外螺纹的大径用粗实线表示，小径用细实线表示（按大径的 0.85 倍绘制）。在非圆视图中，小径的细实线应画入倒角内，螺纹终止线用粗实线表示；在反映圆的视图中，表示小径的细实线圆只画约 3/4 圈，螺杆端面上的倒角圆省略不画，如图 6-7（a）所示。剖视图中的螺纹终止线和剖面线画法如图 6-7（b）所示。当需要表示螺纹收尾时，螺纹尾部的小径用与轴线成 30°的细实线绘制，如图 6-7（c）所示。

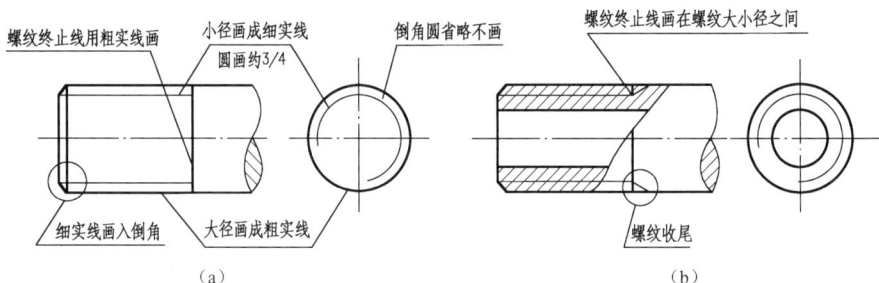

图 6-7　外螺纹画法

（2）内螺纹的画法

内螺纹通常采用剖视图表达，在非圆视图中，大径用细实线表示，小径（取大径的 0.85 倍）和螺纹终止线用粗实线表示，注意剖面线应画到粗实线；若是盲孔，终止线到孔的末端的距离可按 0.5 倍大径绘制；在反映圆的视图中，大径用约 3/4 圈的细实线圆弧绘制，孔口倒角圆不画，如图 6-8（a）所示。当螺纹的投影不可见时，所有图线均画成细虚线，如图 6-8（b）所示。当螺孔相交时，其相贯线的画法如图 6-8（c）所示。

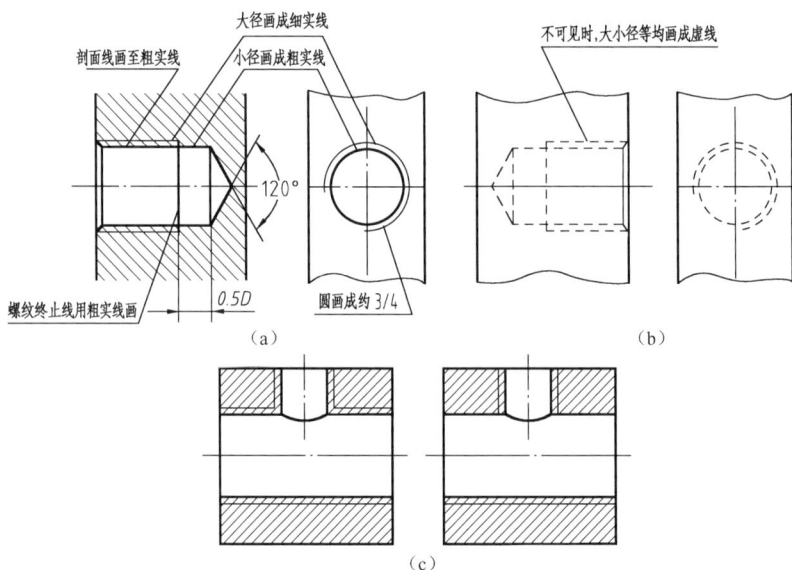

图 6-8　内螺纹的画法

（3）内外螺纹旋合

内外螺纹旋合的视图可通过将内螺纹与外螺纹的相应视图通过拼装的方法获得，本教材称这种方法为"拼图法"。"拼图法"可用于两个或两个以上的零件组装后视图的表达。

如图 6-9（a）所示，螺母（通孔）旋入外螺纹，螺母为标准件，按不剖切绘制，外螺纹被螺母所遮挡，故将螺母主视图覆盖至外螺纹主视图之上，即可得到旋合后的主视图，左视图画出两零件可见部分的轮廓即可。

图 6-9（b）为外螺纹旋入内螺纹（盲孔）的装配图，采用剖视图表达时，主视图方向因实心的外螺纹按不剖切画出，故内螺纹被外螺纹所遮挡；左视图方向剖切位置为旋合部分，此处按外螺纹画出。故将外螺纹的主、左视图相应覆盖在内螺纹的主、左视图之上，即可得到内外螺纹旋合后的视图。

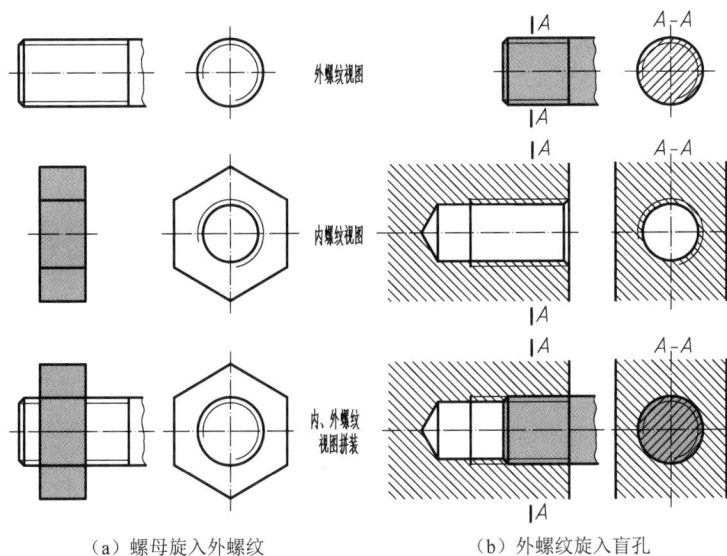

（a）螺母旋入外螺纹　　　　　　　　（b）外螺纹旋入盲孔

图 6-9　内、外螺纹旋合

注意　画图时必须注意：表示内、外螺纹大径的细实线和粗实线，以及表示内、外螺纹小径的粗实线和细实线应分别对齐。

（4）圆锥螺纹画法

具有圆锥螺纹的零件，其螺纹部分在投影为圆的视图中，只需画出一端螺纹视图，如图 6-10 所示。

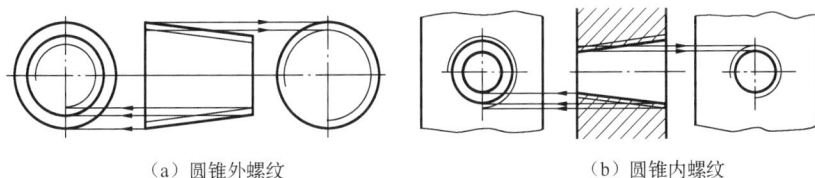

（a）圆锥外螺纹　　　　　　　　　　（b）圆锥内螺纹

图 6-10　圆锥螺纹的画法

6.1.3 螺纹的图样标注

由于各种螺纹的画法都是相同的，不能表达出螺纹的种类和螺纹的要素，因此在图中必须通过标注予以明确。表 6-1 为各种螺纹的标注方法。

表 6-1　标准螺纹的标记和标注

螺 纹 种 类	标记及标注示例	标 记 识 读	说　　明
粗牙普通螺纹（M）	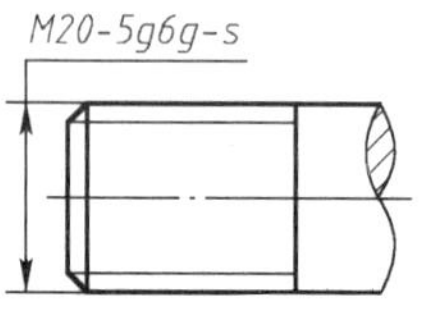 M20-5g6g-s	公称直径为 20 mm 的粗牙普通螺纹，3 线螺纹，导程为 6mm，螺距为 2mm，右旋，中径和顶径公差带代号分别为 5g、6g，长旋合长度	1.普通粗牙螺纹不必标注螺距，普通细牙螺纹必须标注螺距 2.右旋螺纹不必标注，左旋螺纹应标注字母"LH" 3.中径、顶径公差带代号相同时，只注一个，中等公差精度（如 6H、6g）不注公差带代号 4.旋合长度分为短（S）、中（N）、长（L）三种，中等旋合长度可不标 5.多线螺纹需注出导程（P_h）、螺距（P）
细牙普通螺纹（M）	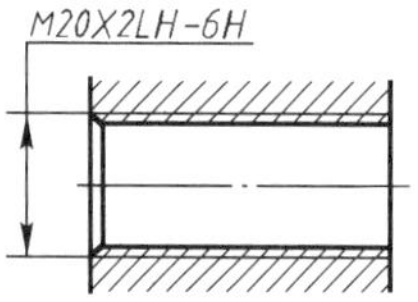 M20X2LH-6H	公称直径为 20mm 的细牙普通螺纹，螺距为 2，左旋，中、顶径公差带代号均为 6H，中等旋合长度	
非螺纹密封的管螺纹（G）	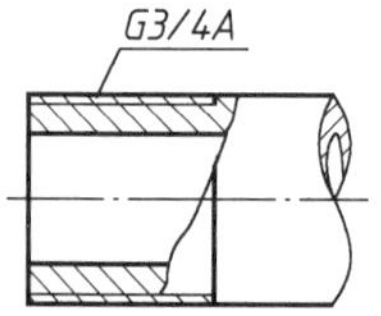 G3/4A	非螺纹密封的外管螺纹，尺寸代号为 3/4 英寸，右旋，公差等级为 A 级	1.管螺纹的标记必须标注在大径的引出线上 2.管螺纹的尺寸代号并不是指螺纹大径，其大径和小径等参数可从有关标准中查出 3.外螺纹的公差等级代号分 A、B 两个精度等级，内管螺纹只有一种，不标
	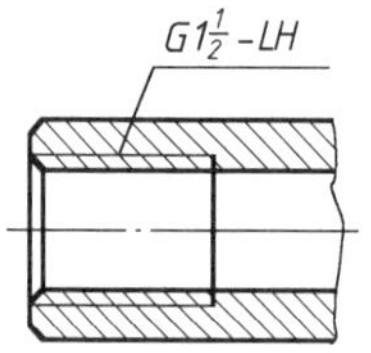 $G1\frac{1}{2}-LH$	非螺纹密封的内管螺纹，尺寸代号为 $1\frac{1}{2}$ 英寸，左旋	
圆锥外螺纹（R_1、R_2）	$R_2 3/8$	R_2 表示与圆锥内螺纹相配合的圆锥外螺纹，尺寸代号为 3/8 英寸，右旋	
圆柱内螺纹（R_P）	$R_P 1/2-LH$	螺纹密封的圆柱（内）管螺纹，尺寸代号 1/2 英寸，左旋	1.螺纹密封的外管螺纹分为：R_1（与圆柱内螺纹 R_P 相配合的圆锥外螺纹）和 R_2（与圆锥内螺纹 R_C 相配合的圆锥外螺纹）两种
圆锥内螺纹（R_C）	Rc1/2	螺纹密封的圆锥（内）管螺纹，尺寸代号 1/2 英寸，右旋	

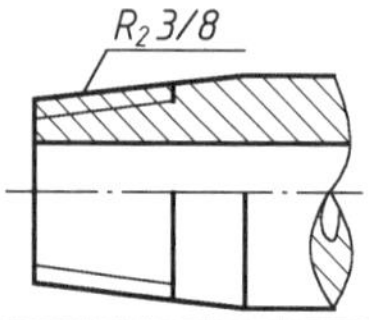

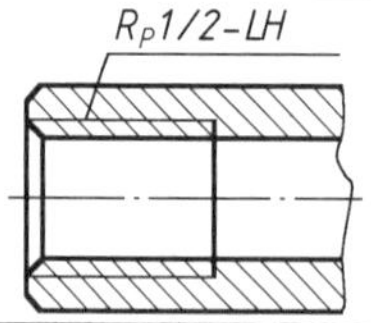

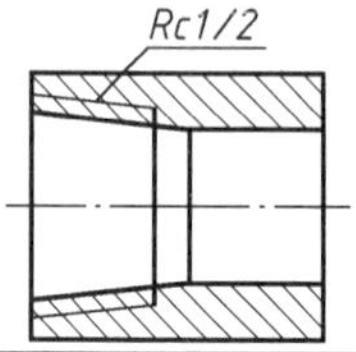

续表

螺纹种类	标记及标注示例	标记识读	说　明
形螺纹（T_r）	*Tr30X12(P6)-7H*	公称直径为 30mm 的梯形螺纹，双线，螺距 $P=6$，右旋，中径公差带代号 7H，中等旋合长度	1．多线螺纹标注导程与螺距，单线螺纹只标注螺距 2．右旋螺纹不标注代号，左旋螺纹标注字母"LH" 3．传动螺纹只标注中径公差带代号 4．中等旋合长度代号"N"省略不标
锯齿形螺纹（B）	*B40X7LH-7e-L*	公称直径为 40mm 的锯齿形螺纹，单线，螺距 $P=7$，左旋，公差带代号 7e，长旋合长度	

6.1.4　常用螺纹紧固件的种类和标记

通过螺纹起连接和紧固作用的零件称为螺纹紧固件。常用的螺纹紧固件有螺栓、双头螺柱、螺钉、螺母和垫圈等，如图 6-11 所示。这类零件的结构、型式、尺寸和技术要求都已列入有关的国家标准，并由专门的工厂组织生产，成为"标准件"，使用时按规定标记直接外购即可。常用螺纹紧固件的标准及标记，见附表 2～附表 9。

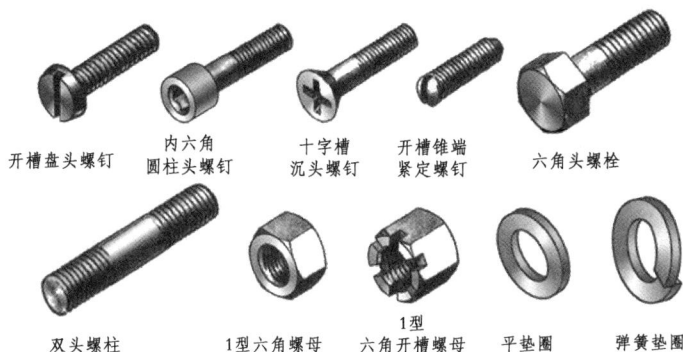

| 开槽盘头螺钉 | 内六角圆柱头螺钉 | 十字槽沉头螺钉 | 开槽锥端紧定螺钉 | 六角头螺栓 |
| 双头螺柱 | 1型六角螺母 | 1型六角开槽螺母 | 平垫圈 | 弹簧垫圈 |

图 6-11　常用的螺纹紧固件

6.1.5　螺纹紧固件的连接画法

螺纹紧固件连接的基本形式有三种：螺栓连接、螺柱连接、螺钉连接，如图 6-12 所示。画螺纹紧固件的装配图时，应遵守以下规定。

① 两个零件的接触面只画一条粗实线。

② 在剖视图中，相邻两个零件的剖面线方向应相反或间隔不同，但同一个零件在各剖视图中，剖面线的方向和间隔应相同。

③ 当剖切平面通过实心零件或标准件（螺栓、螺柱、螺钉、螺母及垫圈等）时均按不剖绘制。

④ 螺栓连接主要表达零部件之间的装配关系，因此螺纹紧固件的工艺结构，如倒角、退刀槽、缩径、凸肩等均可省略不画。

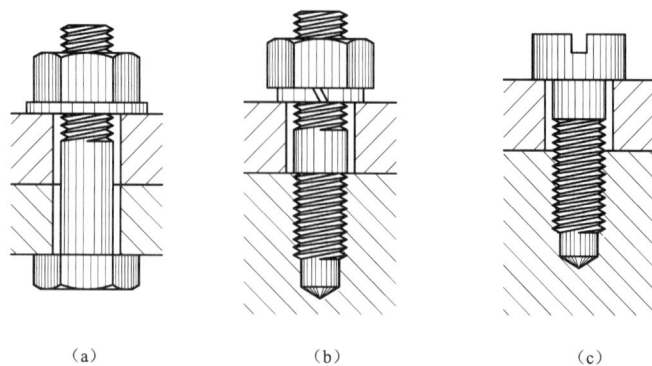

（a）　　　　　　　　（b）　　　　　　　　（c）

图 6-12　螺纹紧固件连接

1.　螺栓连接

螺栓连接适用于连接不太厚并能钻成通孔的零件，如图 6-13 所示。

（a）螺栓连接实物1　　　　　　　　（b）螺栓连接实物2

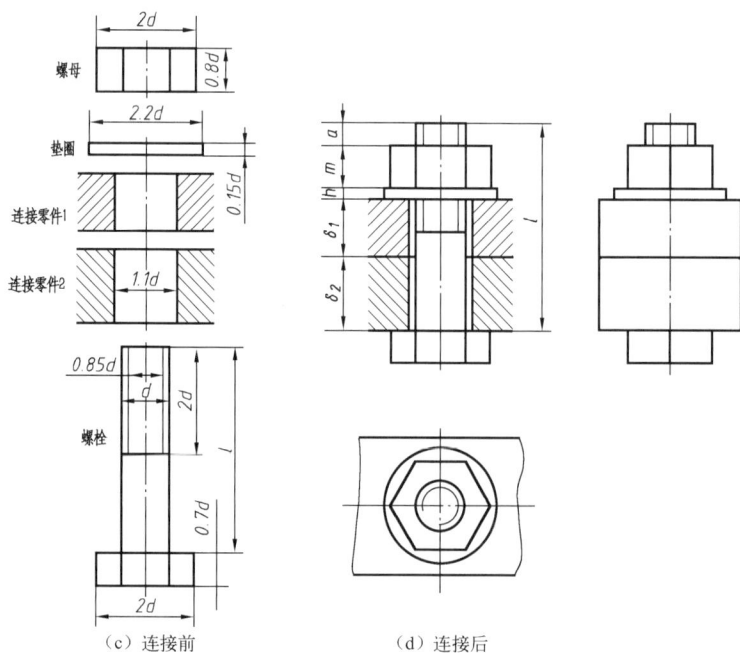

（c）连接前　　　　　　　　（d）连接后

图 6-13　螺栓连接

画图前需确定螺栓公称长度 l：$l \geqslant \delta_1 + \delta_2 + h + m + a$（计算后查表按标准选取）

其中，a 为螺栓末端旋出螺母的长度，一般取 $0.3d$。

螺栓连接装配图的获得方法如图 6-14 所示。

螺栓连接的主视图按"拼图法"获得，其采用全剖视图表达时，螺栓、垫圈和螺母为标准件，按不剖切绘制，故两块板被螺栓遮挡，螺栓被垫圈和螺母所遮挡。因此，先画两块板的主视图，再依次在相应位置上覆盖上螺栓、垫圈和螺母的主视图。

俯视图和左视图画出各零件可见部分的轮廓即可。

① 拼画出两块板的主视图（图 6-14（a））。

② 对齐中心线及板的下底面轮廓线，拼画上螺栓的主视图，然后擦去两板被遮挡部分的轮廓线（图 6-14（b））。

③ 对齐中心线及板的上表面轮廓线，拼画上垫圈的主视图，然后擦去螺栓被遮挡部分的轮廓线（图 6-14（c））。

④ 对齐中心线及垫圈的上表面轮廓线，拼画上螺母的主视图，然后擦去螺栓被遮挡部分的轮廓线（图 6-14（d））。

⑤ 按投影关系画出各零件可见部分的俯视图和左视图（图 6-14（e））。

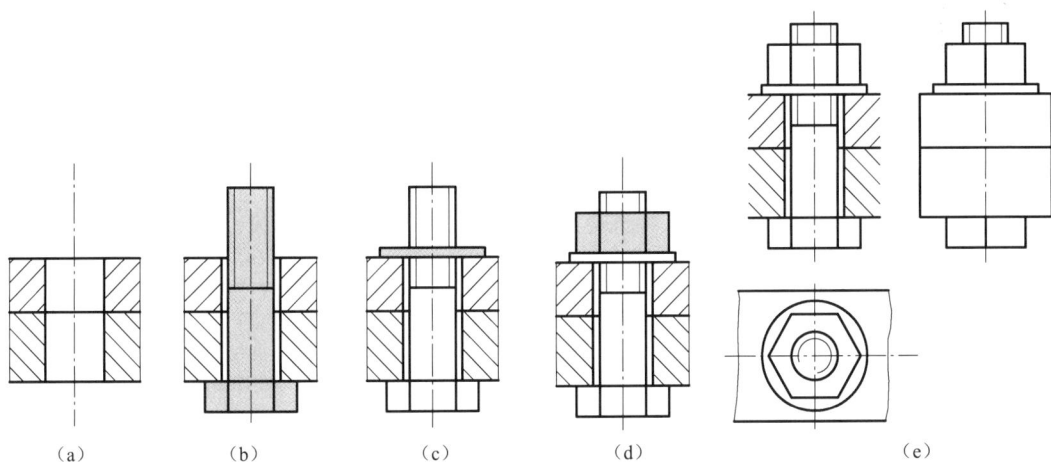

图 6-14　螺栓连接的拼图步骤

2. 双头螺柱连接

双头螺柱连接适用于被连接零件之一较厚或不允许钻成通孔且经常拆卸的场合。连接前，在较薄的零件上加工通孔，而在较厚的零件加工螺孔。双头螺柱两端都加工有螺纹，连接时，一端旋入较厚零件中的螺孔中称旋入端，另一端穿过较薄零件的通孔，套上垫圈，再用螺母拧紧，称紧固端，如图 6-15 所示。在拆卸时只须拧出螺母、取下垫圈，而不必拧出螺柱，因此采用这种连接不容易损坏被连接件上的螺纹孔。

注意 画螺柱连接时应注意：

① 螺柱旋入端的螺纹终止线与两个被连接件的接触面必须画成一条线。

② 双头螺柱的旋入端长度 b_m 与被连接零件的材料有关，按表 6-2 选取。

表6-2　旋入端长度

被旋入零件的材料	旋入端长度 b_m	国标代号
钢、青铜	$b_m=d$	GB/T 897—1988
铸铁	$b_m=1.25d$ 或 $1.5d$	GB/T 898—1988
		GB/T 899—1988
铝、较软材料	$b_m=2d$	GB/T 900—1988

③ 双头螺柱公称长度计算公式为

$l \geqslant \delta + S + m + （0.3\sim0.4）d$（计算后查表按标准选取）

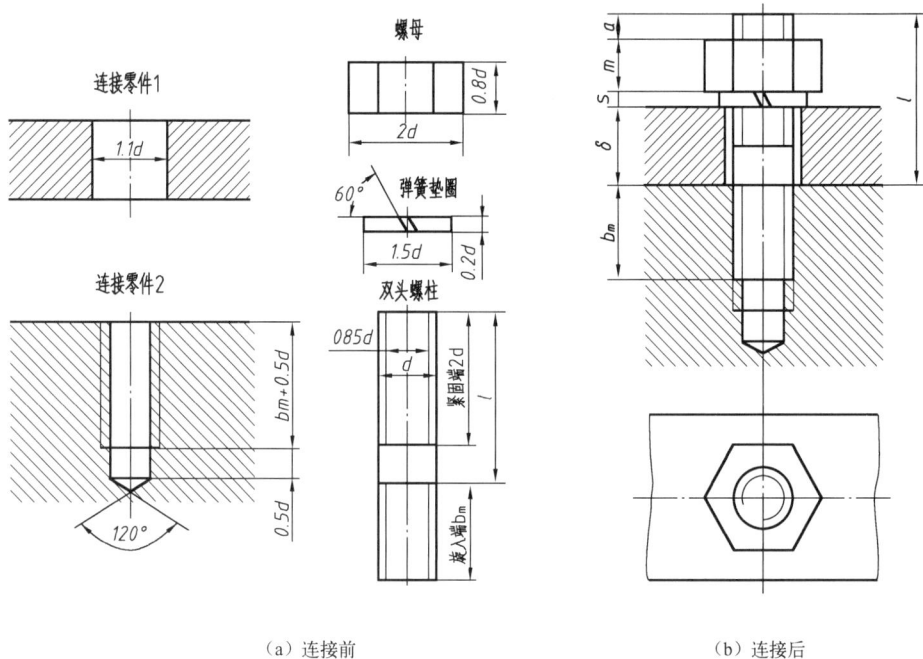

（a）连接前　　　　　　　　　　（b）连接后

图6-15　双头螺柱连接的比例画法

3. 螺钉连接的画法

螺钉连接按用途分为连接螺钉和紧定螺钉。

螺钉连接用于不经常拆卸，且被连接件之一较厚的场合。将螺钉穿过较薄零件的通孔后，直接旋入较厚零件的螺孔内，靠螺钉头部压紧被连接件，实现两者的连接，其画法如图6-16所示。

注意　画图时注意以下两点：

① 螺钉的螺纹终止线不能与结合面平齐，而应画在薄板的范围内。

② 具有沟槽的螺钉头部，在主视图中应被放正，在俯视图中按规定画成45°倾斜。

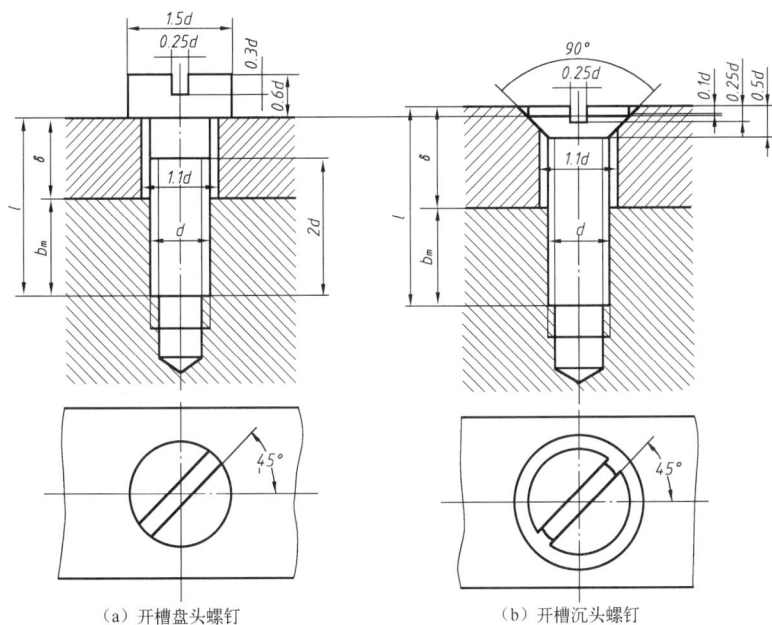

（a）开槽盘头螺钉　　　　　　　　（b）开槽沉头螺钉

图 6-16　螺钉连接的比例画法

6.2　齿　　轮

齿轮是广泛应用于机器和部件中的传动零件。它通过轮齿间的啮合，将一根轴的动力及旋转运动传递给另一根轴，也可用来改变转速和旋转方向。如图 6-17 所示为三种常见的齿轮传动形式：

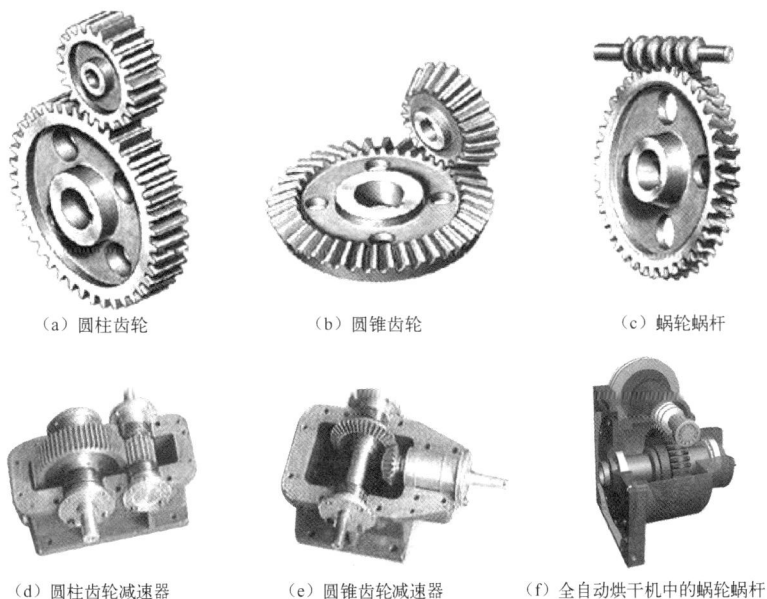

（a）圆柱齿轮　　　　　　（b）圆锥齿轮　　　　　　（c）蜗轮蜗杆

（d）圆柱齿轮减速器　　　（e）圆锥齿轮减速器　　　（f）全自动烘干机中的蜗轮蜗杆

图 6-17　齿轮传动

● 用于两平行轴间的传动的圆柱齿轮；
● 用于两相交轴间的传动的圆锥齿轮；
● 用于两交错轴间的传动的蜗轮蜗杆。

常见的圆柱齿轮按其齿的方向可分为直齿轮、斜齿轮和人字齿轮等，如图 6-18 所示。

1. 画直齿圆柱齿轮所需的基本参数及尺寸（图 6-19）

如图 6-19 所示的直齿圆柱齿轮，我们可以找到一个圆，在该圆上轮齿的齿厚 s 与槽齿宽 e 相等，这个圆称为分度圆，其直径用 d 来表示。它是度量齿轮尺寸的基准。

（a）直齿轮 　　　　（b）斜齿轮 　　　　（c）人字齿轮

图 6-18 　圆柱齿轮

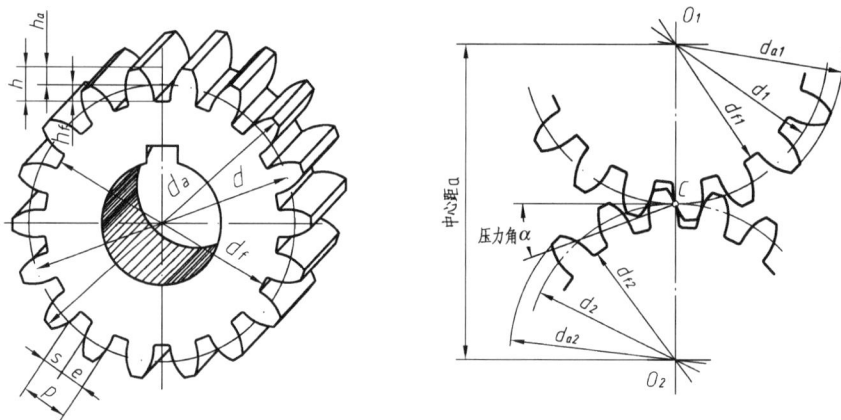

图 6-19 　直齿圆柱齿轮的基本参数及尺寸

若设齿轮的齿数为 z、齿距为 p，则分度圆周长＝πd＝zp，即

$$d = \frac{p}{\pi} z$$

其中 π 为无理数，在设计和制造过程中，为了便于计算和测量，令比值 p/π＝m，则

$$d = mz$$

式中 m 称为齿轮的模数。

模数 m 是设计、制造齿轮的重要参数。一对相啮合齿轮的模数和压力角必须分别相等。模数大，齿距 p 也增大，齿厚 s 也随之增大，因而齿轮的承载能力也增大。不同模数的齿

148

轮，要用不同模数的刀具来加工制造。为了设计和制造方便，减少齿轮成型刀具的规格，模数已经标准化，我国规定的通用机械和重型机械用圆柱齿轮的标准模数见表 6-3。

表 6-3　圆柱齿轮标准模数（GB/T 1357—2008）

第 一 系 列	1、1.25、1.5、2、2.5、3、4、5、6、8、10、12、16、20、25、32、40、50
第 二 系 列	1.125、1.375、1.75、2.25、2.75、3.5、4.5、5.5、（6.5）、7、9、11、14、18、22、28、36、45

注：1. 选用模数时，应优先选用第一系列，避免采用第二系列中的模数 6.5。

　　2. 本标准不适用于汽车齿轮。

2. 模数与轮齿各部分的尺寸关系

标准直齿圆柱齿轮的轮齿各部分尺寸，可根据模数和齿数来确定，其计算公式见表 6-4。

表 6-4　标准直齿圆柱齿轮轮齿的各部分尺寸关系

名称及代号	计 算 公 式	名称及代号	计 算 公 式
模数 m	$m=p/\pi=d/z$ 并按表 6-3 取标准值	分度圆直径 d	$d=mz$
齿顶高 h_a	$h_a=m$	齿顶圆直径 d_a	$d_a=d+2h_a=m（z+2）$
齿根高 h_f	$h_f=1.25m$	齿根圆直径 d_f	$d_f=d-2h_f=m（z-2.5）$
齿高 h	$h=h_a+h_f=2.25m$	中心距 a	$a=（d_1+d_2）/2=m（z_1+z_2）/2$

3. 圆柱齿轮的规定画法

（1）单个齿轮的规定画法

① 齿顶圆和齿顶线用粗实线绘制；分度圆和分度线用细点画线绘制；齿根圆和齿根线用细实线绘制，也可省略不画，如图 6-20（a）所示。

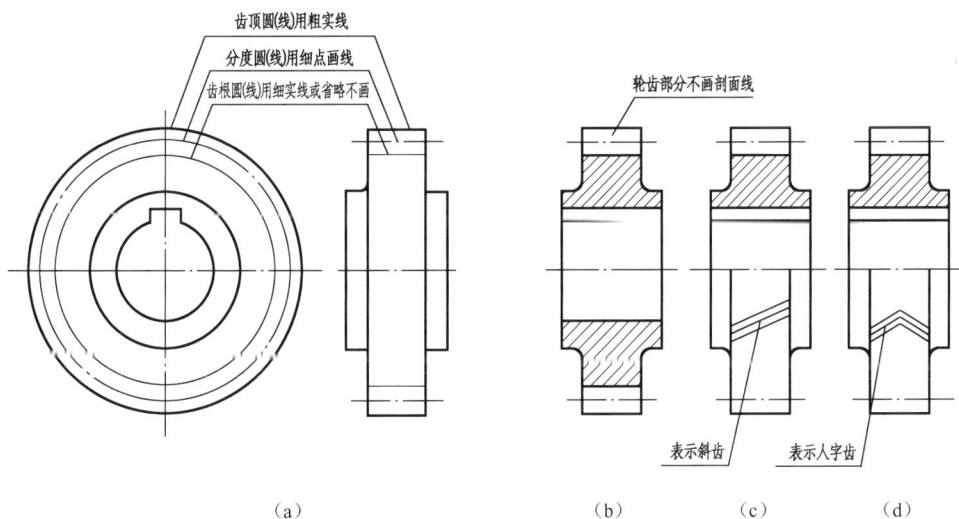

图 6-20　单个齿轮的规定画法

② 在剖视图中，当剖切平面通过齿轮的轴线时，轮齿一律按不剖处理，齿根线画成粗

实线，如图 6-20（b）所示。

③ 对斜齿和人字齿的齿轮，需要表示齿线特征时，可用三条与齿线方向一致的相互平行的细实线表示，如图 6-20（c）、（d）所示。

例 6-1 如图 6-21 所示，已知直齿圆柱齿轮 $m=2$，$z=18$，完成齿轮工作图。

计算

分度圆直径：$d = mz = 36mm$

齿顶圆直径：$d_a = m(z+2) = 40mm$

齿根圆直径：$d_f = m(z-2.5) = 31mm$

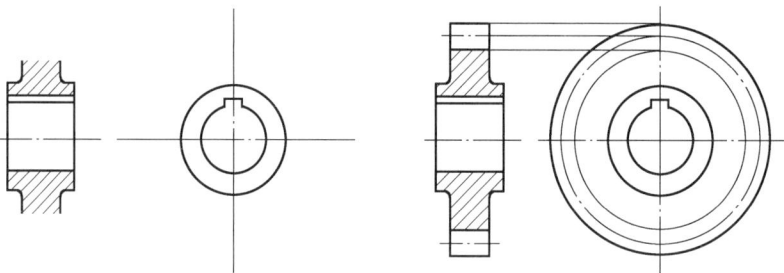

图 6-21　直齿圆柱齿轮的画法步骤

作图

利用三个圆的直径在左视图中画圆，然后根据"高平齐"的投影规律画主视图。

也可先计算出：分度圆直径 $d = mz = 36mm$；齿顶高 $h_a = m = 2mm$；齿根高 $h_f = 1.25m = 2.5mm$ 三个尺寸，画出主视图，再画左视图。

（2）圆柱齿轮的啮合画法

① 在投影为圆的视图中，两个分度圆应相切，啮合区的齿顶圆均用粗实线绘制，见图 6-22（a），也可省略不画，如图 6-22（b）所示。

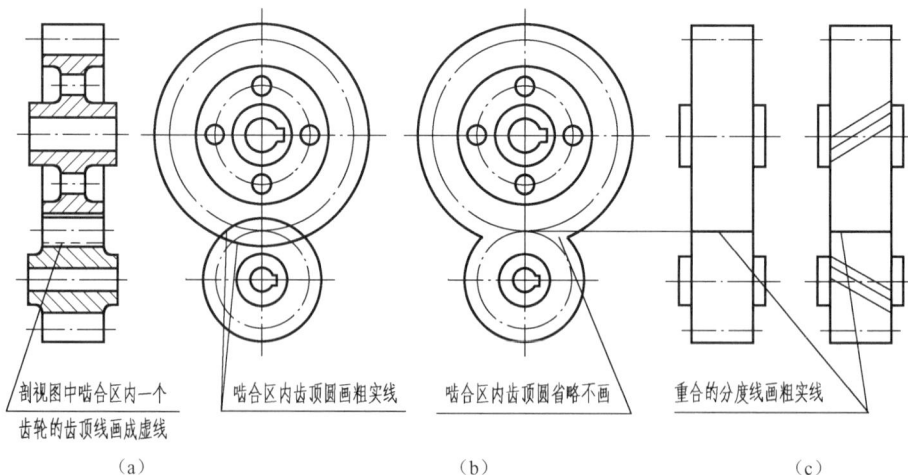

剖视图中啮合区内一个齿轮的齿顶线画成虚线　　啮合区内齿顶圆画粗实线　　啮合区内齿顶圆省略不画　　重合的分度线画粗实线

（a）　　　　　　　　　　　（b）　　　　　　　　　　　（c）

图 6-22　齿轮啮合的规定画法

② 在剖视图中，当剖切平面通过两个啮合齿轮的轴线时，在啮合区内，将一个齿

轮的轮齿用粗实线绘制，另一个齿轮的轮齿被遮挡的部分用虚线绘制（也可省略不画），且一个齿轮的齿顶线与另一个齿轮的齿根线之间有 $0.25m$（m 为模数）的间隙，如图 6-23 所示。

③ 在外形视图中，啮合区内的齿顶线不需要画出，重合的分度线用粗实线绘制，如图 6-22（c）所示。

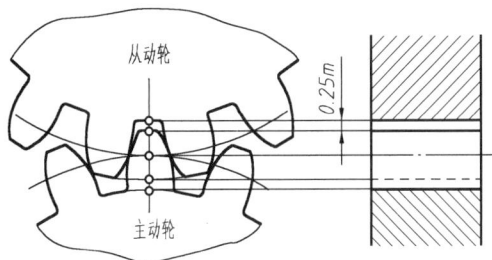

图 6-23　两个齿轮啮合的间隙

6.3　键连接和销连接

6.3.1　键连接

1.　键连接的作用和种类

键主要用于轴和轴上的零件（如带轮、齿轮等）之间的连接，起着传递扭矩的作用。如图 6-24 所示，将键嵌入轴上的键槽中，再将带有键槽的齿轮装在轴上，当轴转动时，因为键的存在，齿轮就与轴同步转动，达到传递动力的目的。

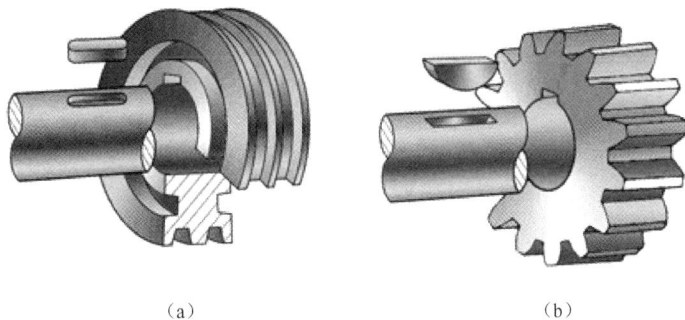

（a）　　　　　　　　　　　　　　　（b）

图 6-24　键连接

键的种类很多，常用的有普通平键、半圆键和钩头楔键三种，其中普通平键最为常见，如图 6-25 所示。普通平键根据其头部结构的不同可以分为圆头普通平键（A 型）、平头普通平键（B 型）和单圆头普通平键（C 型）三种型式。

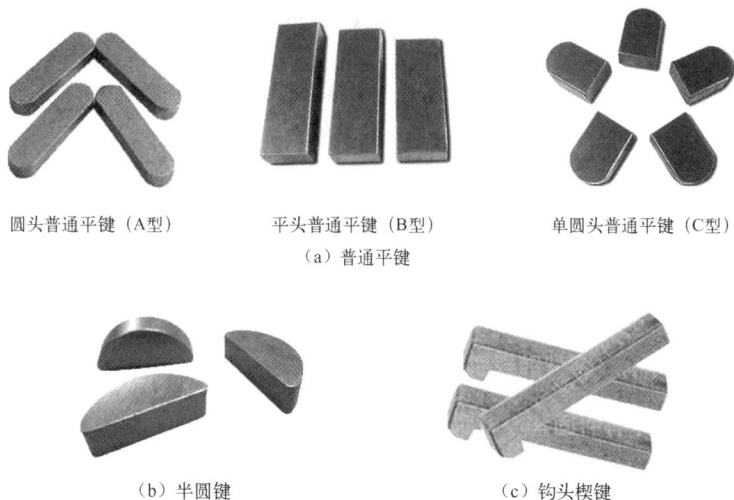

圆头普通平键（A型）　　　平头普通平键（B型）　　　单圆头普通平键（C型）

（a）普通平键

（b）半圆键　　　　　　　　　（c）钩头楔键

图 6-25　键

2. 普通平键的标记

普通平键的基本尺寸有键宽 b、高 h 和长度 L，例如宽度 $b=18$mm，高度 $h=11$mm，长度 $L=100$mm 的 A 型普通平键，则标记为：GB/T 1096—2003　键 A18×11×100。

其中 A 型普通平键的型号"A"可省略不标，B 型和 C 型要标注"B"或"C"。

3. 普通平键的尺寸选用

键的截面尺寸 $b×h$ 按轴的直径 d 由标准中选定。键的长度 L 一般可按轮毂的长度而定，即键长等于或略小于轮毂的长度，但选定的键长应符合标准规定的长度系列。关于键与键槽的尺寸参见附表 10。

4. 普通平键的连接画法

因为键是标准件，所以一般不需要画零件图，但要画出轴和轮毂上的键槽，如图 6-26 所示。在装配图上，普通平键的连接画法如图 6-27 所示。根据国家标准规定，轴和键在主视图上均按不剖绘制，为了表示键在轴上的连接情况，轴采用了局部剖视，普通平键和半圆键的两侧面为工作面，键与键槽两侧面相接触，应画一条线，而键与轮毂槽的键槽顶面间应留有空隙，故画成两条线。

普通平键连接的装配图也可通过"拼图法"获得。

根据国家标准规定，轴和键在主视图上均按不剖切绘制，为了表示键在轴上的连接情况，轴采用了局部剖视图，轮毂采用全剖视图。键是标准件，一般不需要画零件图，此处因拼图需要画出，如图 6-26 所示。

普通平键连接的主视图中，轮毂被轴所遮挡，轴被键遮挡，故拼图时按先轮毂、再轴、然后键的顺序依次拼装。左视图也采用剖视图来表达，故轮毂用全剖视的左视图替换了原来的局部视图，如图 6-27 所示。

（a）轮毂生的键槽　　　　　　（b）轴上键槽　　　　　　（c）键

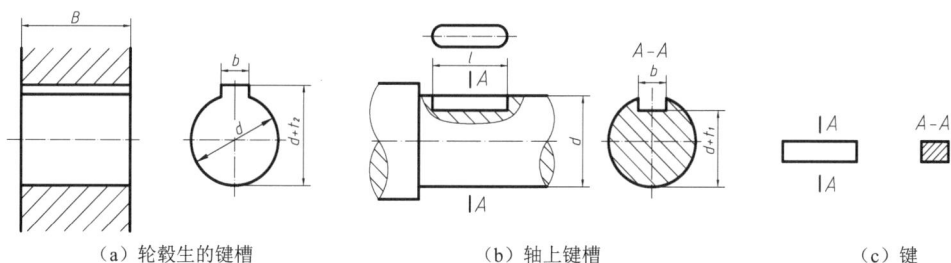

图 6-26　轴和轮毂上的键槽

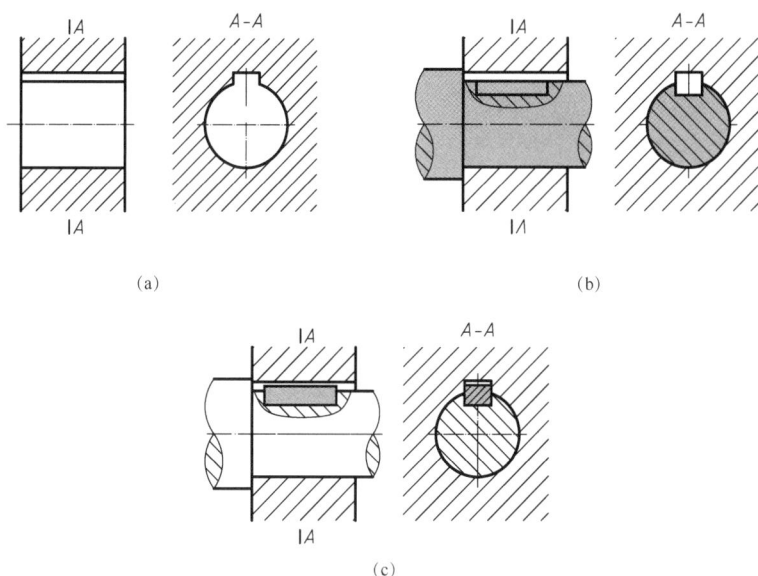

（a）　　　　　　　　　　　　　　　（b）

（c）

图 6-27　普通平键的连接画法

6.3.2　销连接

　　销也是标准件。常用的销有圆柱销、圆锥销、开口销等，其形状如图 6-28 所示。圆柱销、圆锥销通常用于零件间的连接或定位；开口销常用在螺纹连接的锁紧装置中，以防止螺母的松脱。

　　圆柱销利用微量过盈固定在销孔中，经过多次装拆后，连接的紧固性及精度降低，故只宜用于不常拆卸处。圆锥销有 1∶50 的锥度，装拆比圆柱销方便，多次装拆对连接的紧固性及定位精度影响较小，因此应用广泛。

（a）圆柱销　　　　　　　　（b）圆锥销　　　　　　　　（c）开口销

图 6-28　销

153

表 6-5 列出了常用的几种销的标准代号、形式和标记示例。各种销的标准参见附表 11、附表 12、附表 13。

表 6-5 销的画法和标记示例

名 称	圆 柱 销	圆 锥 销	开 口 销
结构及 规格尺寸			
简化标记示例	销 GB/T 119.2 5×20	销 GB/T 117 6×24	销 GB/T 91 5×30
说明	公称直径 d＝5mm，公称长度 l＝20mm，材料为钢，普通淬火（A 型）、表面氧化的圆柱销	公称直径 d＝6mm，公称长度 l＝24mm，材料为 35 钢，热处理硬度 28～38HRC,表面氧化处理的 A 型圆锥销	公称直径 d＝5mm，公称长度 l＝30mm,材料为 Q215 或 Q235，不经表面处理的开口销
连接画法			

用圆柱销和圆锥销连接或定位的两个零件，为保证它们相互位置的准确性，销孔是一起加工的。因此，在零件图上除了标注销孔的的尺寸外，还要注明其加工情况，如图 6-29 所示。

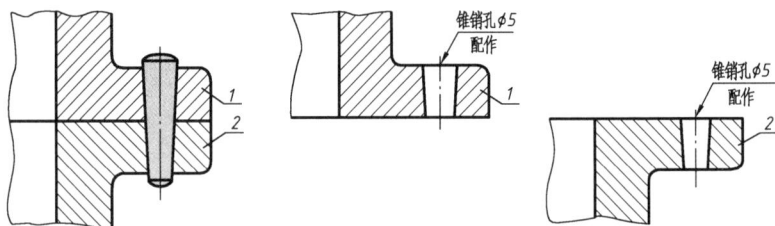

图 6-29 销连接的画法

6.4 滚 动 轴 承

滚动轴承是用作支承轴的标准部件。它具有结构紧凑、磨擦阻力小等优点，因此得到广泛应用。

滚动轴承的结构和分类

滚动轴承的结构一般由内圈、外圈、滚动体和保持架组成。常用的滚动轴承按受力方向可分为以下三种类型：

● 向心轴承　承受径向载荷，如图 6-30（a）所示深沟球轴承（轴承类型代号为 6）。

● 向心推力轴承　承受径向和轴向载荷，如图 6-30（b）所示圆锥滚子轴承（轴承类型代号为 3）。

● 推力轴承　承受轴向载荷，如图 6-30（c）所示推力球轴承（轴承类型代号为 5）。

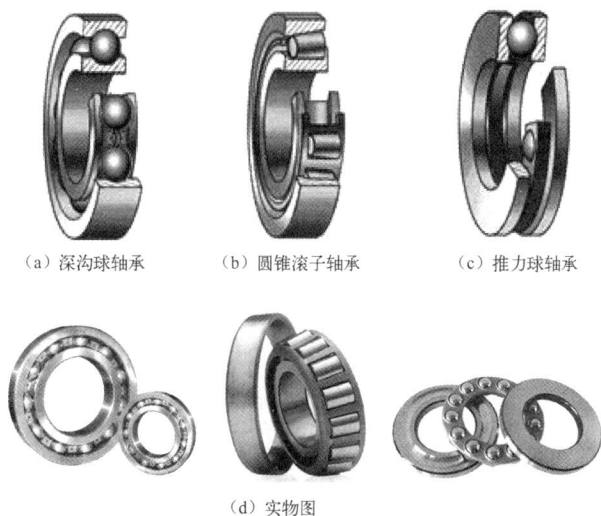

（a）深沟球轴承　　（b）圆锥滚子轴承　　（c）推力球轴承

（d）实物图

图 6-30　滚动轴承

6.4.2 滚动轴承的代号

滚动轴承的代号是由基本代号、前置代号和后置代号三部分组成的。前置代号和后置代号是轴承在结构形式、尺寸、公差和技术要求等有改变时，在其基本代号前、后添加的补充代号。如无特殊要求，则只标记基本代号。

基本代号由轴承类型代号、尺寸系列代号、内径代号三部分构成。

（1）轴承类型代号由数字或字母表示，见表 6-6。

表 6-6　轴承类型代号　（GB/T 272—2017）

代　号	轴承类型	代　号	轴承类型
0	双列角接触球轴承	7	角接触球轴承
1	调心球轴承	8	推力圆柱滚子轴承
2	推力调心滚子轴承和调心滚子轴承	N	圆柱滚子轴承
3	圆锥滚子轴承	U	外球面球轴承
4	双列深沟球轴承	QJ	四点接触球轴承
5	推力球轴承	C	长弧面滚子轴承（圆环轴承）
6	深沟球轴承		

155

（2）内径代号表示轴承的公称内径，一般由两位数字表示，滚动轴承的内径通常等于该数字的 5 倍；尺寸系列代号由滚动轴承的宽（高）度系列代号和直径系列代号组合而成，它的主要作用是区别内径相同而宽度和外径不同的轴承。代号的具体含义可查阅国家标准 GB/T 272—2017。

（3）基本代号示例（图 6-31）。

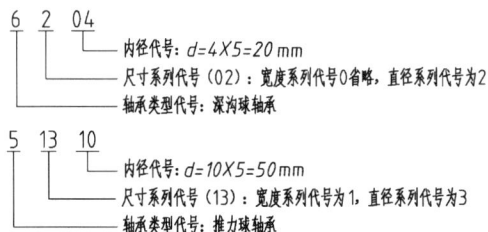

图 6-31　基本代号示例

6.4.3　滚动轴承的画法

国标规定在装配图中滚动轴承采用简化画法和规定画法来表示，其中简化画法又分为通用画法和特征画法两种，见表 6-7。

表 6-7　常用滚动轴承的画法

轴承类型	查表数据	画 法		
		简 化 画 法		规 定 画 法
		通 用 画 法	特 征 画 法	
深沟球轴承（GB/T 276—2013）6000 型	D d B			
圆锥滚子轴承（GB/T 297—2015）3000 型	D d B T C			

续表

轴承类型	查表数据	画　法		规 定 画 法
		简 化 画 法		
		通 用 画 法	特 征 画 法	
推力球轴承 （GB/T 301—2015） 51000 型	D d T			

1. 简化画法

（1）通用画法　在装配图中，若不必确切地表示滚动轴承的外形轮廓、载荷特征和结构特征，可采用通用画法来表示。即在轴的两侧用粗实线矩形线框及位于线框中央正立的十字形符号表示，十字形符号不应与线框接触。

（2）特征画法　在装配图中，若要较形象地表示滚动轴承的结构特征，可采用特征画法来表示。

2. 规定画法

若要较详细地描述滚动轴承的主要结构形状，可采用规定画法来表示。此时，轴承的保持架省略不画，滚动体不画剖面线，内外圈的剖面线方向可画成一致，间隔相同。规定画法一般只在轴的一侧表达，另一侧仍然按通用画法表示。

如图 6-32（a）所示为滚动轴承的装配示意图。在滚动轴承投影为圆的视图上，无论滚动体的形状（球、柱、针等）及尺寸如何，均可按如图 6-32（b）所示的方式绘制。

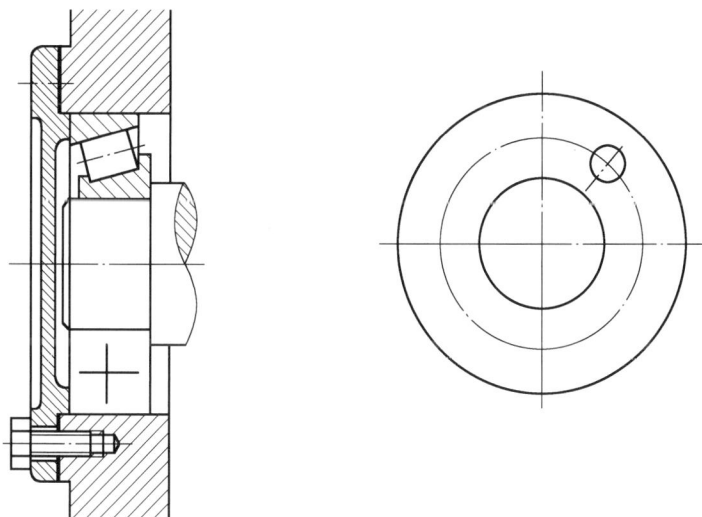

（a）装配示意图　　　　　　　　　（b）滚动轴承投影为圆的视图表达

图 6-32　滚动轴承的画法示意图

弹簧是机械、电器设备中一种常用的零件，主要用于减震、夹紧、储存能量和测力等。弹簧的种类很多，使用较多的是圆柱螺旋弹簧，如图 6-33 所示。本节主要介绍圆柱螺旋压缩弹簧的尺寸计算和规定画法。

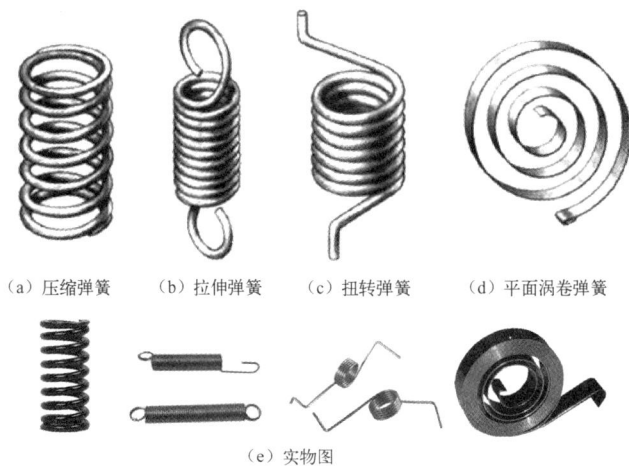

（a）压缩弹簧　　（b）拉伸弹簧　　（c）扭转弹簧　　（d）平面涡卷弹簧

（e）实物图

图 6-33　常用的弹簧

6.5.1　圆柱螺旋压缩弹簧各部分名称和尺寸计算

圆柱螺旋压缩弹簧的参数及尺寸关系如图 6-34 所示。

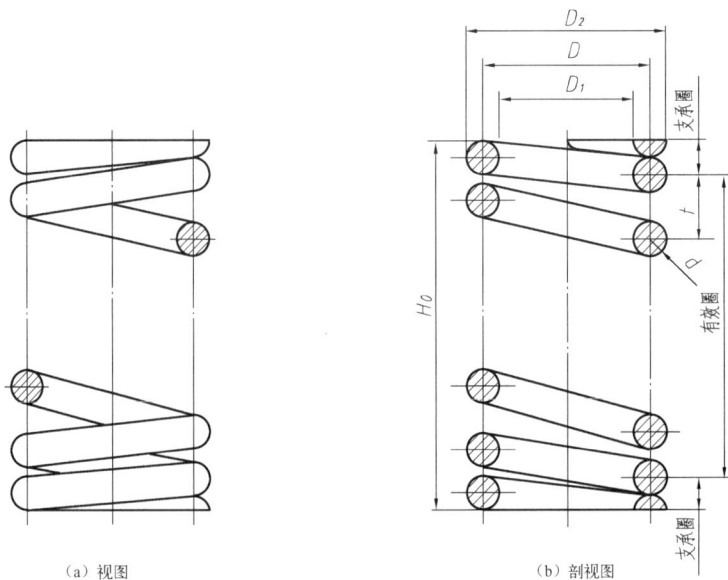

（a）视图　　　　　　　　　　　　　　　（b）剖视图

图 6-34　圆柱螺旋压缩弹簧的参数及尺寸关系

（1）线径 d　制造弹簧的钢丝直径。

（2）弹簧直径。

- 弹簧外径 D_2　即弹簧的最大直径。
- 弹簧内径 D_1　即弹簧的最小直径，$D_1 = D_2 - 2d$。
- 弹簧中径 D　即弹簧外径和内径的平均值，$D = (D_2 + D_1)/2 = D_1 + d = D_2 - d$。

（3）圈数　包括支承圈数、有效圈数和总圈数。

- 支承圈数 n_2　为使弹簧工作时受力均匀，弹簧两端并紧磨平起支承作用的部分称为支承圈，两端支承部分加在一起的圈数称为支承圈数。
- 有效圈数 n　支承圈以外的圈数为有效圈数。
- 总圈数 n_1　支承圈数和有效圈数之和为总圈数 $n_1 = n + n_2$。

（4）节距 t　除支承圈外的相邻两圈对应点间的轴向距离。

（5）自由高度 H_0　弹簧在不受外力作用时的高度（或长度），$H_0 = nt + (n_2 - 0.5)d$。

（6）展开长度 L　制造弹簧时簧丝的长度，$L \approx \pi D n_1$。

6.5.2　圆柱螺旋压缩弹簧的规定画法（GB/T 4459.4—2003）

（1）在平行于螺旋弹簧轴线的投影面的视图中，其各圈的轮廓应画成直线。

（2）螺旋弹簧均可画成右旋，对必须保证的旋向要求应在"技术要求"中注明。

（3）有效圈数在 4 圈以上时，可以每端只画出 1～2 圈（支承圈除外），其余省略不画，中间用通过簧丝剖面中心的两条细点画线代替。

（4）在装配图中，弹簧被挡住的结构一般不画，其可见部分应从弹簧的外径或中径画起，如图 6-35（a）所示。

（5）当簧丝直径小于或等于 2mm 时，其剖面可涂黑表示，如图 6-35（b）所示；也允许采用示意画法，如图 6-35（c）所示。

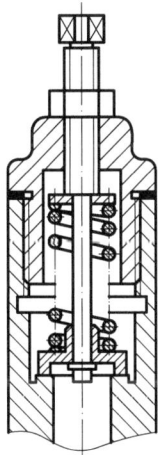
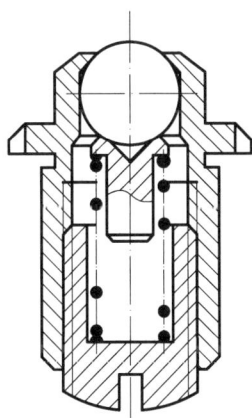
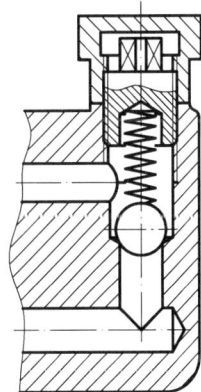

（a）弹簧被遮挡处的画法　　　　（b）$d \leqslant 2\text{mm}$ 的断面画法　　　　（c）$d \leqslant 2\text{mm}$ 示意画法

图 6-35　装配图中弹簧的画法

第**7**章

零件图

1. 熟悉零件图的视图选择原则和典型零件的表示方法。
2. 了解尺寸基准的概念，熟悉典型零件图的尺寸标注。
3. 了解零件上常见工艺结构的画法和尺寸注法。
4. 掌握识读零件图的方法和步骤，能识读中等复杂程度的零件图。

教学目标

怎样读懂如图7-1所示的零件图呢？

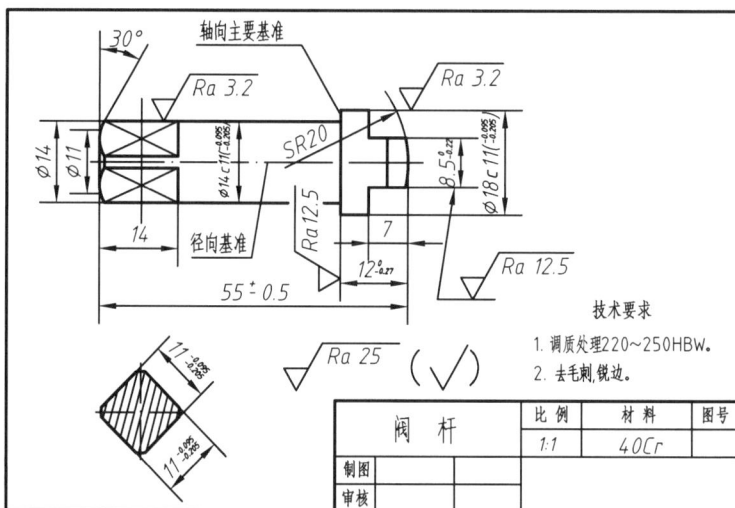

图 7-1　阀杆零件图

7.1　零件图概述

7.1.1　零件图的作用

表达单个零件的结构形状、大小及技术要求的图样称为零件图。

任何一台机器或一个部件都是由许多零件装配而成的，制造机器或部件时，必须先加工出零件，然后再将零件按一定的装配关系装配成部件或机器。因此，零件是组成机器或部件的最基本的单元。

在生产中，加工制造零件的主要依据就是零件图。其生产过程是：先根据零件图中所注的材料进行备料，然后按零件图中的图形、尺寸和其他要求进行加工制造，再按技术要求检验加工的零件是否达到规定的质量标准。由此可见，零件图是生产过程中进行加工制造与检验零件质量的重要的技术文件。

正确地掌握绘制和阅读零件图的方法，是工程技术人员必备的基本功。

7.1.2　零件图的内容

设计者要通过零件图反映其设计意图，表达出机器或部件对零件的要求。为了保证设计要求，制造出合格的零件，零件图中必须包括制造和检验该零件时所需的全部资料。如图 7-1 所示，一张完整的零件图包括以下四个方面的内容。

（1）一组视图　根据有关标准规定，运用视图、剖视图、断面图及其他表达方法，完整、清晰地表达零件的结构形状。

（2）完整的尺寸　正确、完整、清晰、合理地标注出制造和检验零件时所需的全部尺寸。

（3）技术要求　用规定的符号、数字或文字说明零件在制造、检验时技术上应达到的质量要求，如表面粗糙度、极限与配合、形状和位置公差、热处理、表面处理等要求。

（4）标题栏　说明零件的名称、材料、数量、比例、图号等内容。

7.1.3　零件的分类

根据零件在机器或部件上的作用，一般可将零件分成三种类型。

（1）标准件　如紧固件（螺栓、螺母、垫圈、螺钉等）、键、销、滚动轴承等。设计时不必画出它们的零件图，只是根据需要，按规格到市场上选购或到标准件厂家订购。

（2）常用件　如齿轮、蜗轮、蜗杆、弹簧等。这些零件虽然部分结构已实行标准化，在设计时仍须按规定画出零件图。

（3）一般零件　按功能和结构等特点可将一般零件大致分为轴套类、轮盘类、叉架类和箱体类四种。

7.2　零件图的视图选择

零件图的视图选择是根据零件的结构形状、加工方法及工作位置等因素综合确定的。选择的原则是：在完整、清晰地表示零件形状的前提下，力求制图简便。

7.2.1 主视图的选择

主视图是零件图的核心，是表达零件形状最重要的视图，主视图的选择是否合理将直接影响其他视图的选择和决定看图是否方便，甚至影响到画图时图幅的合理利用。因此，确定零件的表达方案，首先应选择主视图。主视图的选择应从零件的安放位置和投射方向两个方面来考虑。

1. 确定零件的安放位置

（1）加工位置原则

加工位置是指零件在加工时所处的位置。主视图应尽量表达零件在机床上加工时所处的位置，这样在加工时可以直接进行图物对照，既便于看图和测量尺寸，又可减少差错。例如轴、套、盘等回转体类零件的加工，大部分工序是在车床或磨床上进行的，因此通常要按加工位置（即轴线水平放置）画其主视图，如图 7-2 所示旋塞阀中的两个零件旋塞及填料压盖。

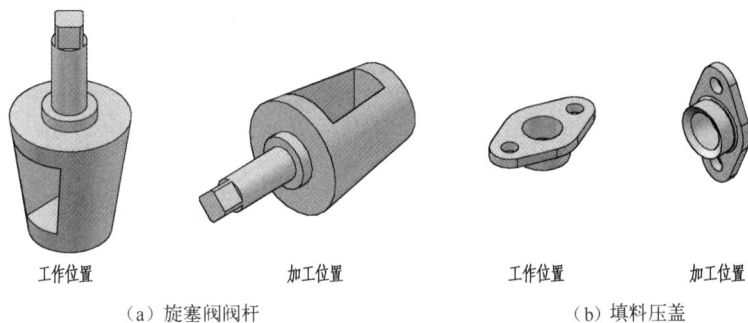

工作位置　　　　　　　　加工位置　　　　　　　工作位置　　　　加工位置
（a）旋塞阀阀杆　　　　　　　　　　　　（b）填料压盖

图 7-2　旋塞及填料压盖按加工位置放置

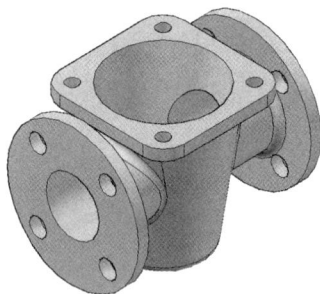

图 7-3　旋塞阀阀壳按工作位置放置

（2）工作位置原则

工作位置是指零件在装配体中所处的位置。零件主视图的放置，应尽量与零件在机器或部件中的工作位置一致，这样可以根据装配关系来考虑零件的形状及有关尺寸，便于校对。支座、箱体等非回转体类零件，通常是按工作位置选择的，如图 7-3 所示旋塞阀阀壳。

由于零件的形状各不相同，使用的场合也不同，在具体选择零件的主视图时，除考虑上述因素外，还要考虑其他视图选择的合理性。

2. 确定零件的主视图的投影方向

确定主视图的投影方向一般遵循形状特征原则。形状特征原则就是将最能反映零件的结构形状特征的方向作为主视图的投影方向，即主视图要较多地反映零件各部分的形状及它们之间的相对位置，以满足清晰表达零件的要求。如图 7-4 和图 7-5 所示分别是填料压盖主视图投影方向的选择和比较。由图 7-5 可知，图（b）的表达效果显然比图（d）表达效果要好；图（a）与图（c）虚、实线的情况相同，但如果以图（c）作为主视图，则图（d）成为左视图，所以图（a）更好；而图（a）和图（b）之间，图（b）虽能反映填料压盖外形，但图（a）更能表达填料压盖结构特点，所以确定以 A 向作为主视图的投影方向。

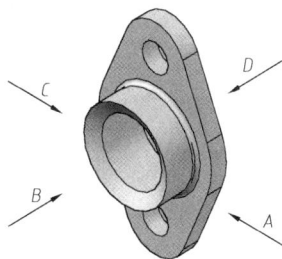

图 7-4　填料压盖主视图投影方向的选择

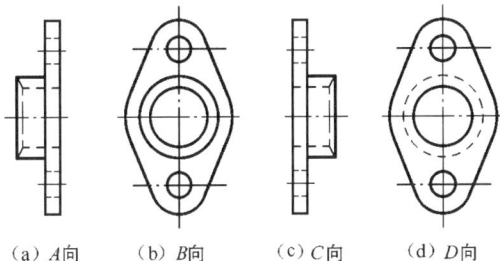

(a) A向　　(b) B向　　(c) C向　　(d) D向

图 7-5　填料压盖主视图投影方向的比较

7.2.2　其他视图的选择

一般来讲，仅用一个主视图是不能完全反映零件的结构形状的，必须选择其他视图，包括剖视、断面、局部放大图和简化画法等各种表达方法。主视图确定后，对其表达未尽的部分，再选择其他视图予以完善表达。具体选用时，应注意以下几点：

① 根据零件的复杂程度及内、外结构形状，全面考虑还应需要的其他视图，使每个所选视图应具有独立存在的意义及明确的表达重点，注意避免不必要的细节重复，在明确表达零件的前提下，使视图数量为最少。

② 优先考虑采用基本视图，当有内部结构时应尽量在基本视图上作剖视；对尚未表达清楚的局部结构和倾斜部分结构，可增加必要的局部（剖）视图和局部放大图；有关的视图应尽量保持直接投影关系，配置在相关视图附近。

③ 按照"视图表达零件形状要正确、完整、清晰、简便"的要求，进一步综合、比较、调整、完善，选出最佳的表达方案。

例如图 7-2（b）所示的填料压盖，在主视图投影方向确定以后，填料压盖的两个组成部分的相对位置已表示清楚，同时增加一个左视图表达外形。为表达其上安装孔和锥形压料面，主视图采用了全剖视图，如图 7-6 所示。

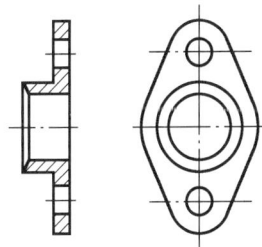

图 7-6　填料压盖表达方案

7.3 零件图的尺寸标注

零件图中的视图用来表达零件的结构形状，而零件各部分结构的大小则要由标注的尺寸来确定。尺寸标注是零件加工和检验的重要依据。零件图上标注的尺寸除了应符合尺寸标注中的正确、完整和清晰的基本要求外，还必须满足合理的要求。合理地标注尺寸，需要有较多的生产实际经验和有关的专业知识，这里仅介绍一些合理标注尺寸的基本知识。

7.3.1 正确选择尺寸基准

如第 1、4 章所述，标注尺寸的起点称为尺寸基准，简称基准。根据基准的作用不同，分为设计基准、工艺基准；根据基准主次所处位置不同，分为主要基准和辅助基准。

1. 设计基准

根据设计要求，用以确定零件在机器中位置的线或面称为设计基准。从设计基准出发标注尺寸，可以直接反映设计要求，能体现所设计零件在部件中的功用。

如图 7-7 所示轴承座，分别选下底面和左右对称面为高度方向和长度方向的设计基准。因为一根轴通常要用两个轴承座支持，两者的轴孔应在同一轴线上。所以在设计时以底面为基准来确定高度方向的尺寸，以左右对称面为基准确定底板上两个螺栓孔的孔心距及其对于轴孔的对称关系，最终实现两个轴承座安装后轴孔同心，保证功能。再如图 7-8 所示的轴，确定其在箱体中的轴向安装位置依据的是 $\phi 40$ 圆柱左端轴肩，确定径向位置依据的是轴线，所以设计基准是 $\phi 40$ 圆柱左端轴肩和轴线。

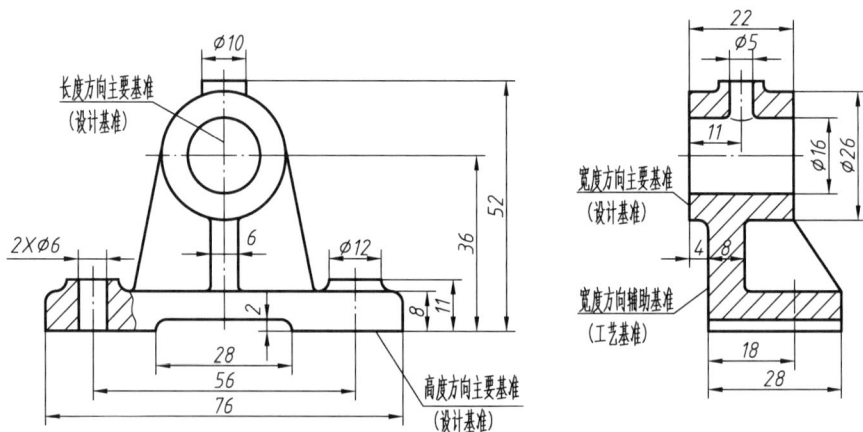

图 7-7 轴承座的尺寸基准

2. 工艺基准

在加工检验、测量时，用以确定零件在机床或夹具中位置的线或面称为工艺基准。从工艺基准出发标注尺寸，可以直接反映工艺要求，便于操作和保证加工和测量质量。

如图 7-8 所示的轴在车床上加工时，车刀每次的车削位置，都是以右边的端面为基准来定位的，所以在标注轴向尺寸时，也以它作为工艺基准，其轴线与车床主轴的轴线一致，轴线也是工艺基准。

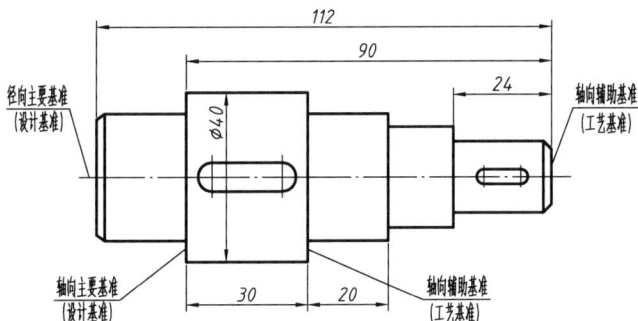

图 7-8　轴的尺寸基准

3. 主要基准和辅助基准

沿零件长、宽、高三个方向各有一个或几个尺寸基准，一般在三个方向上各选一个基准作为主要尺寸基准（一般为设计基准），其余尺寸基准是为方便加工测量而附加的，称为辅助基准（一般为工艺基准）。

如图 7-7 所示轴承座宽度方向的主要基准是圆筒后端面，支撑板定位尺寸 4、上方凸台定位尺 11 都以它为基准注出。底板安装孔宽度方向的定位尺寸 18 以及底板宽度 28 是以支撑板后端面为辅助基准注出的，以便于测量。

7.3.2　合理标注尺寸

1. 重要尺寸要直接注出

零件上有配合功能要求的尺寸、重要的相对位置尺寸、影响零件使用特性的尺寸等，都是设计上必须保证的重要尺寸，必须直接注出。

如图 7-9 所示的 L_2 为轴承座的中心高，是一个重要尺寸，必须直接从安装底面注出，如图 7-9（a）所示。若注成如图 7-9（b）所示的形式，L_2 尺寸由 L_1 和 L_3 间接得到，由于加工误差的影响，则 L_2 尺寸很难保证。同理，安装时，为保证轴承上两个 $\phi 6$ 孔与机座上的孔正确装配，两个 $\phi 6$ 孔的定位尺寸应该如图 7-9（a）所示直接注出中心距 K，而不应如图 7-9（b）所示以 K_1、K_2 来确定。

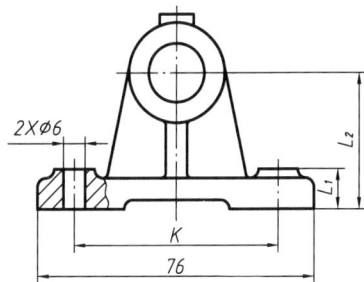

（a）正确

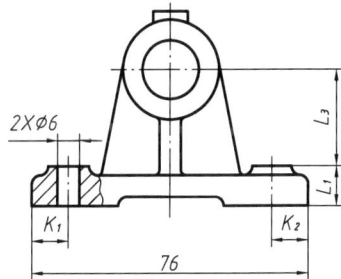

（b）错误

图 7-9　重要尺寸直接标注

2. 应避免注成封闭尺寸链

封闭的尺寸链是指一个零件同一方向上的尺寸像链条一样，一环扣一环首尾相连，成为封闭形状的情况。如图 7-10（a）所示，各分段尺寸与总体尺寸间形成封闭的尺寸链，在机器生产中这是不允许的，因为各段尺寸加工不可能绝对准确，总有一定的尺寸误差，而各段尺寸误差的和不可能正好等于总体尺寸的误差。为此，在标注尺寸时，应将精度要求最低的轴段尺寸空出不注（称为开口环），如图 7-10（b）所示。这样，其他各段加工的误差都积累至这个不要求检验的尺寸上，而全长及主要轴段的尺寸则因此得到保证。如需标注开口环的尺寸时，可将其注成参考尺寸，如图 7-10（c）所示。

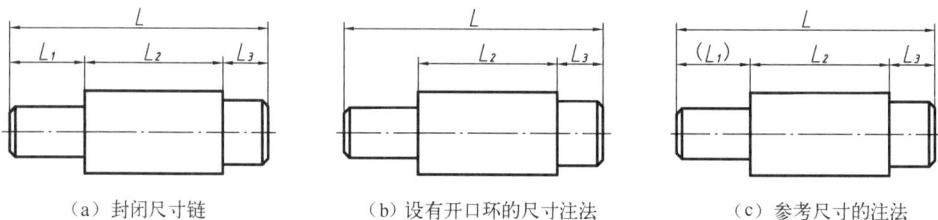

（a）封闭尺寸链　　　（b）设有开口环的尺寸注法　　　（c）参考尺寸的注法

图 7-10　应避免注成封闭尺寸链

3. 标注尺寸便于加工和测量

（1）要符合加工顺序的要求

如图 7-11 所示的轴套，标注轴向尺寸时，应先考虑各轴段外圆的加工顺序，然后是内孔的加工，按照加工过程注出尺寸，既便于加工又便于测量。

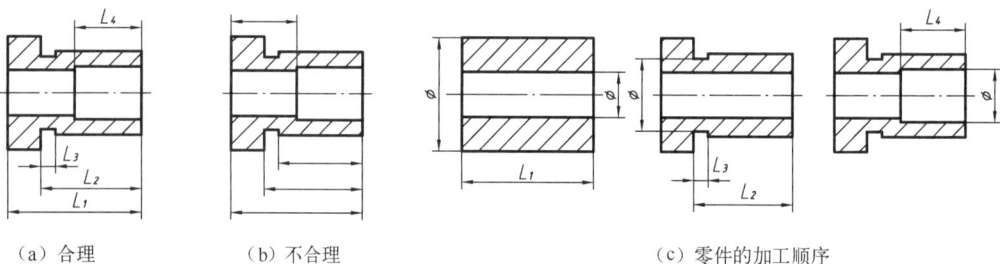

（a）合理　　　（b）不合理　　　（c）零件的加工顺序

图 7-11　标注尺寸要符合加工顺序

（2）要符合测量顺序的要求

如图 7-12 所示，在加工阶梯孔时，一般先加工小孔，然后依次加工出大孔。因此，在标注轴向尺寸时，应从两个端面注出大孔的深度，以便于测量。

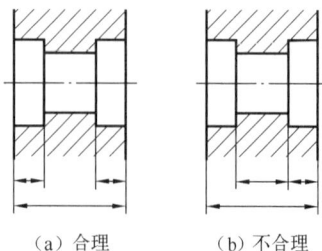

（a）合理　　　（b）不合理

图 7-12　标注尺寸要便于测量

（3）要符合加工要求

不同加工方法所用尺寸应分开标注，便于看图加工。如图 7-13 所示的键槽是铣削出来的，其尺寸集中标注在下方，而车削需要的尺寸标注在上方，把车削与铣削所需要的尺寸分开标注符合加工要求。

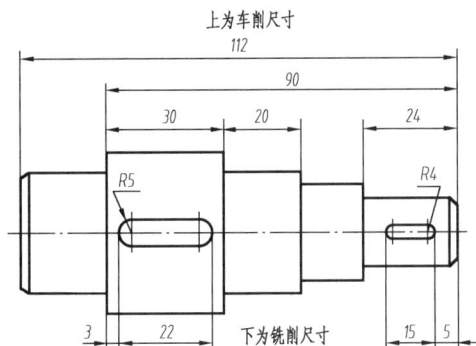

图 7-13　标注尺寸要符合加工要求

7.4　零件图上的技术要求

零件图上除了视图和尺寸外，还需用文字或符号注明对零件在加工工艺、验收标准和材料质量等方面提出的要求。

零件图上所要注写的技术要求包括：零件表面粗糙度、材料表面处理和热处理、尺寸公差、形位公差，以及零件在加工、检验和试验时的要求等内容。

7.4.1　表面结构的图样表示法

所谓表面结构是指零件表面的几何形貌。它是表面粗糙度、表面波纹度、表面纹理、表面缺陷和表面几何形状的总称。本节只介绍常用的表面粗糙度的表示法及识读。本节内容的编写，采用了以下最新标准：

● GB/T 131—2006 产品几何技术规范（GPS）技术产品文件中表面结构的表示法；

● GB/T 1031—2009 产品几何技术规范（GPS）表面结构轮廓法表面粗糙度参数及其数值；

● GB/T 3505—2009 产品几何技术规范（GPS）表面结构轮廓法术语、定义及表面结构参数。

1. 表面粗糙度的概念

零件在加工过程中，由于机床、刀具的震动、材料被切削时产生塑性变形及刀痕等因素的影响，零件的表面不可能是一个理想的光滑表面。这种加工表面上所具有的较小间距和峰谷所组成的微观几何形状特性称为表面粗糙度，如图 7-14 所示。

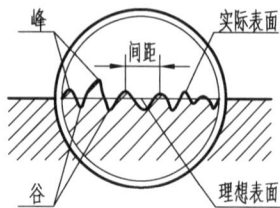

图 7-14　表面粗糙度剖面放大图

表面粗糙度与零件的配合性质、耐磨性、工作精度和抗腐蚀性有着密切的关系，它直接影响到机器的可靠性和使用寿命。

在机械加工过程中，由于机床、工件和刀具系统的振动，在工件表面所形成的间距比表面粗糙度大得多但小于表面几何形状的表面不平度称为波纹度，属于微观和宏观之间的几何误差。

表面粗糙度、表面波纹度以及表面几何形状总是同时生成并存在于同一表面上。

2. 表面粗糙度的评定参数

表面粗糙度的评定参数是评定表面结构要求时普遍采用的主要参数。此参数既能满足常用表面的功能要求，检测也比较方便。

（1）取样长度和评定长度

① 取样长度（lr）　在 X 轴方向判别被评定轮廓不规则特征的参数。

规定取样长度的目的在于限制和减弱其他几何形状误差，特别是表面波纹度对测量的影响。在通常情况下，所选取的取样长度，一定要包含五个以上的峰谷。

② 评定长度（ln）　用于评定被评定轮廓 X 轴方向的长度。

由于零件加工表面的粗糙度不会均匀一致，在每一取样长度内的测得值通常是不等的，为取得表面粗糙度最可靠的值，一般取几个连续的取样长度进行测量，并以各取样长度内测量值的平均值作为测得的参数值，这个长度就是评定长度。标准规定，评定长度默认为 5 个取样长度。

（2）评定参数

国家标准 GB/T 1031—2009 规定的评定表面粗糙度的参数从以下两项中选取。

① 轮廓的算术平均偏差 Ra

它是在一个取样长度内，纵坐标值 $Z(x)$ 绝对值的算术平均值（图 7-15）。

$$Ra = \frac{1}{l} = \int_0^l \left| Z(x) \right| dx$$

式中，$l=lr$

Ra 值越大，表面越粗糙。Ra 能客观、全面地反映表面微观几何形状误差且测量方便。轮廓的算术平均偏差 Ra 的数值见表 7-1。

表 7-1　Ra 的数值

Ra	0.012	0.2	3.2	50
	0.025	0.4	6.3	100
	0.05	0.4	12.5	
	0.1	1.6	25	

② 轮廓最大高度 Rz

它是指在在一个取样长度内，最大轮廓峰高与最大轮廓谷深之和（图 7-15）。其数值见表 7-2。

表 7-2 *Rz 的数值*

Rz	0.025	0.4	6.3	100
	0.05	0.4	12.5	200
	0.1	1.6	25	800
	0.2	3.2	50	1600

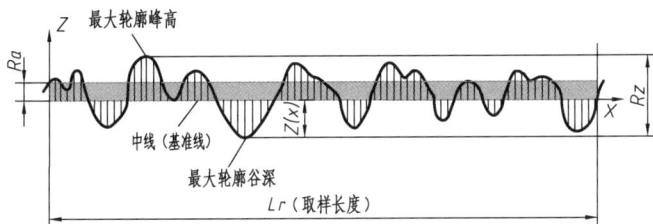

图 7-15 评定表面结构常用的轮廓参数

3. 标注表面结构的图形符号及补充要求

标注表面结构要求时的图形符号种类、名称、尺寸及其含义见表 7-3。

表 7-3 表面结构的图形符号

符 号 名 称	符 号	意义及说明
基本图形符号	符号线宽 d' =0.35mm H_1=3.5mm H_2=7mm	用于未指定工艺方法的表面,当通过一个注释解释时可单独使用
扩展图形符号		用于用去除材料的方法获得的表面,仅当其含义是"被加工表面"时可单独使用
		用于不去除材料的表面;也可用于表示保持上道工序形成的表面,不管这种状况是通过去除或不去除材料形成的
完整图形符号		在以上各种符号的长边上加一条横线,以便注写对表面结构的各种要求

4. 表面结构要求在图样中的注法（图 7-16）

（1）表面结构要求对每一个表面一般只注一次,可标注在轮廓线（或其延长线）上。

（2）表面结构的注写和读取方向与尺寸的注写和读取方向一致。

（3）表面结构要求的符号应从材料外指向并接触表面。必要时,也可用带箭头（或黑点）的指引线引出标法。

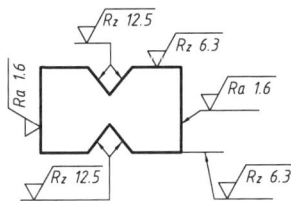

图 7-16 表面结构要求在轮廓线上的标注

（4）如果在工件的大多数（包括全部）表面有相同的表面结构要求时,则其表面结构要求可统一标注在图样的标题栏附近。此时,表面结构要求的符号后面应加圆括号,其内给出无任何其他标注的基本符号,如图 7-17（a）所示;或在圆括号内给出与这些表面不同的表面结构要求,如图 7-17（b）所示。

（5）当多个表面具有相同的表面结构要求或图纸空间有限时，可用带字母的完整符号，以等式的形式，在图形或标题栏附近，对有相同表面结构要求的表面进行简化标注，如图 7-18（a）所示；或仅用表 7-3 中的表面结构图形符号来简化标注，如图 7-18（b）所示。

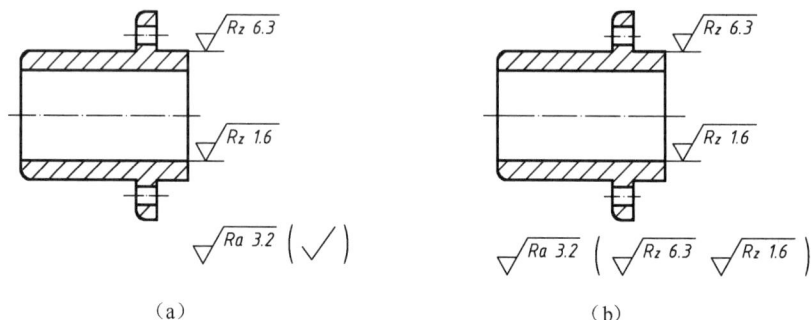

（a）　　　　　　　　　　　　　　　　　（b）

含义：零件上除两个表面的表面结构要求分别为 $\sqrt{Rz\ 6.3}$、$\sqrt{Rz\ 1.6}$ 外，其余表面的表面结构要求均为 $\sqrt{Ra\ 3.2}$

图 7-17　大多数表面有相同表面结构要求的简化注法

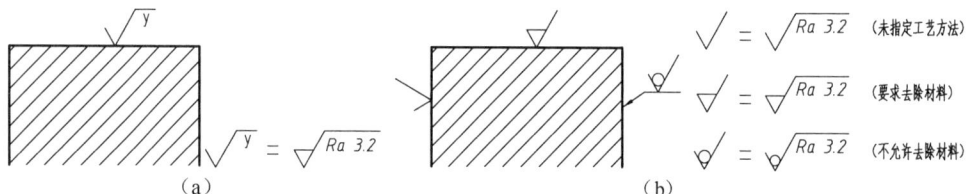

（a）　　　　　　　　　　　　　　　　　（b）

图 7-18　在图纸空间有限时的简化注法

7.4.2　线性尺寸公差 ISO 代号体系

在大批量生产中，为了提高效率，相同的零件必须具有互换性，即在制成的同一规格的一批零件中，不需任何挑选、修配或再调整，就可装在机器（或部件）上，并且达到规定的使用性能要求（如工作性能、零件间配合的松紧程度等）。由于互换性原则在机器制造中的应用，大大简化了零件、部件的制造和装配，使产品的生产周期显著缩短，满足了现代化大规模生产的要求。为满足零件的互换性，就必须制定和执行统一的标准。本节将简要介绍国家标准《产品几何技术规范（GPS）——极限与配合》（GB/T 1800.1～2—2020）的基本内容。

1. 公差和偏差有关术语

（1）公称尺寸　由图样规范确定的理想形状要素的尺寸。

（2）实际尺寸　零件制成后实际测量得到的尺寸。

（3）极限尺寸　允许尺寸变化的两个界限值，两个界限值中较大的一个称为上极限尺寸，较小的一个称为下极限尺寸。

例 7-1 一根轴，设计人员根据其使用性能要求通过计算圆整选取直径为 $\phi40$，考虑到误差因素，规定加工时尺寸的变动范围为 $\phi39.950 \sim \phi39.975$。加工人员加工出该轴后，测量出直径为 $\phi40$。试分别指出以上各尺寸的名称，并判断加工出来的轴尺寸是否合格？

解： $\phi40$（前）为公称尺寸；$\phi39.950$ 为下极限尺寸；$\phi39.975$ 为上极限尺寸；$\phi40$（后）为实际尺寸。

由于实际尺寸不在下极限尺寸与上极限尺寸范围内，该轴尺寸不合格。

（4）尺寸偏差（简称偏差）　某一尺寸与公称尺寸的代数差。极限尺寸与公称尺寸的代数差称为极限偏差，分别为上极限偏差和下极限偏差。

$$上极限偏差＝上极限尺寸-公称尺寸$$
$$下极限偏差＝下极限尺寸-公称尺寸$$

国家标准规定用代号 *ES*、*EI* 分别表示孔的上、下极限偏差，用代号 *es*、*ei* 分别表示轴的上、下极限偏差。偏差的数值可以是正值、负值或零。

上、下极限偏差在图纸上的标注形式——标注极限偏差时，上极限偏差注在公称尺寸的右上方，下极限偏差注在公称尺寸的右下方，偏差的数字大小应比公称尺寸的数字小一号，上、下极限偏差的小数点必须对齐，小数点后的位数也必须相同；当一个极限偏差值为零时，可简写为"0"，并与另一个极限偏差的小数点前的个位数对齐；对不为零的极限偏差，应注出正、负号；若上、下极限偏差数值相同而符号相反，则在公称尺寸的后面加上"±"号，只注出一个极限偏差值，其数字大小与公称尺寸相同。

例如：$\phi35^{+0.039}_{0}$　　$\phi35^{-0.025}_{-0.050}$　　$\phi25\pm0.010$

上例中，$es=39.975-40=-0.025$；$ei=39.950-40=-0.050$

在图纸上的标注形式是：$\phi35^{-0.025}_{-0.050}$

（5）尺寸公差（简称公差）　允许尺寸的变动量。

$$公差＝上极限尺寸-下极限尺寸＝上极限偏差-下极限偏差。$$

上例中，公差为 $-0.025-（-0.050）=0.025$

（6）公差带　由代表上极限偏差和下极限偏差的两条直线所限定的一个区域。为简化起见，一般只画出上、下极限偏差围成的方框简图，称为公差带图。在公差带图中，零线是表示公称尺寸的一条直线。零线上方的偏差为正值，零线下方的偏差为负值。公差带由公差大小及其相对于零线的位置来确定，如图 7-19 所示。

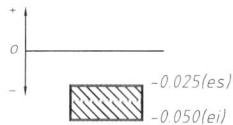

图 7-19　公差带图

（7）标准公差　国家标准规定的用于确定公差带大小的任一公差称为标准公差。标准公差数值由公称尺寸和公差等级所决定。公差等级表示尺寸精确程度。国家标准将公差等级分为 20 级，即 IT01、IT0、IT1、IT2、…、IT18。IT 表示标准公差，后面的阿拉伯数字表示公差等级。从 IT01 至 IT18，尺寸的精度依次降低，而相应的标准公差数值依次增大，标准公差的数值见附表 16。

（8）基本偏差　基本偏差是国家标准规定的用于确定公差带相对于零线位置的上极限偏差或下极限偏差，一般指靠近零线的那个极限偏差。当公差带位于零线上方时，基本偏差为下极限偏差；当公差带位于零线的下方时，基本偏差为上极限偏差，如图 7-20 所示。

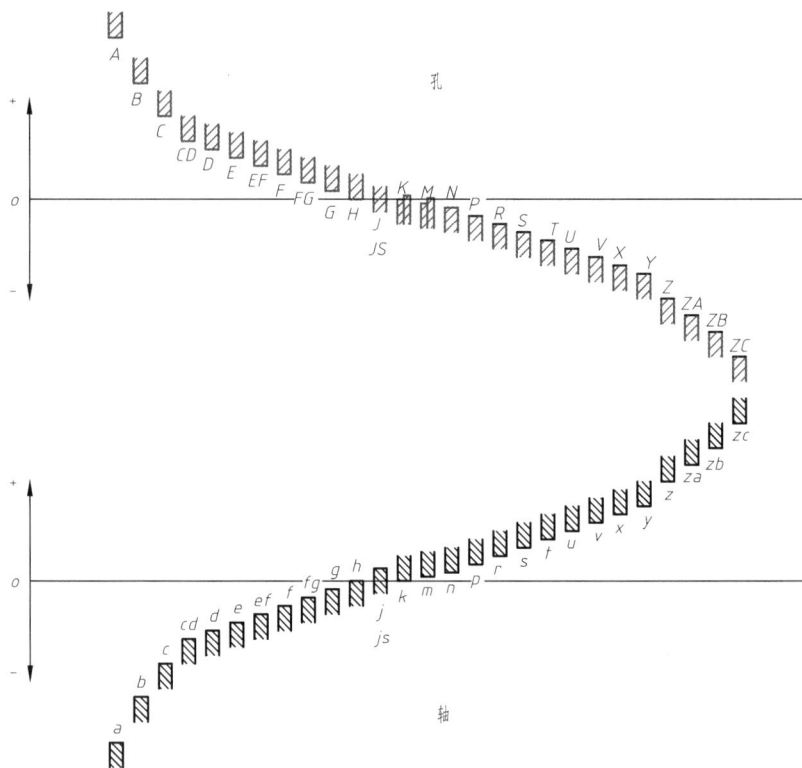

图 7-20　基本偏差系列

国家标准中对孔和轴各规定了 28 个基本偏差，它们的代号用拉丁字母表示，大写字母表示孔；小写字母表示轴。

孔的基本偏差从 A 到 H 为下极限偏差，从 K 到 ZC 为上极限偏差；Js 的上、下极限偏差对称分布在零线的两侧，因此，其上极限偏差为 IT/2 或下极限偏差为 IT/2。轴的基本偏差从 a 到 h 为上极限偏差，从 k 到 zc 为下极限偏差；js 为上极限偏差（IT/2）或下极限偏差（IT/2）。

（9）公差带代号　由基本偏差代号与公差等级代号组成，并且要用同一号字母书写（图 7-21）。

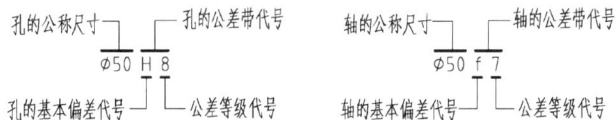

图 7-21　公差带代号的组成

2. 配合的有关术语

类型相同且待装配的外尺寸要素（轴）与内尺寸要素（孔）之间的关系称为配合。由于孔和轴的实际尺寸不同，当孔的尺寸减去与其配合的轴的尺寸所得代数差为"正"时，称为间隙；孔的尺寸减去与其配合的轴的尺寸所得代数差为"负"者，称为过盈。

（1）配合的种类

根据实际需要，国家标准将配合分为间隙配合、过盈配合和过渡配合三种类型。

① 间隙配合。

孔的实际尺寸总是比轴的实际尺寸大，此时孔的公差带完全在轴的公差带之上，如图 7-22 所示。一般来说，装配在一起后，孔和轴之间可做相对运动。间隙配合包括最小间隙为零的配合。

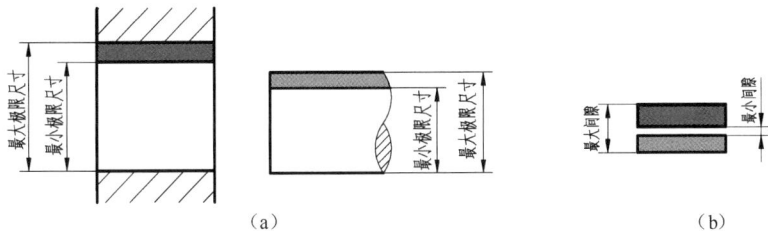

图 7-22　间隙配合

② 过盈配合。

孔的实际尺寸总是比轴的实际尺寸小，此时孔的公差带完全在轴的公差带之下，如图 7-23 所示。装配时需要一定的外力或将孔加热膨胀后才能把轴装入孔中，所以孔和轴之间不能做相对运动。过盈配合包括最小过盈为零的配合。

③ 过渡配合。

孔的实际尺寸比轴的实际尺寸有时大、有时小，此时孔的公差带与轴的公差带有重叠的部分，如图 7-24 所示。孔与轴装配在一起后可能具有间隙，也可能出现过盈。

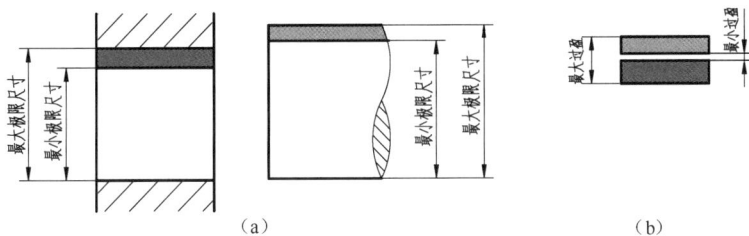

图 7-23　过盈配合

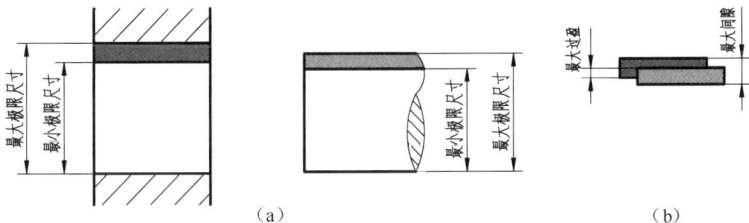

图 7-24　过渡配合

（2）ISO 配合制

改变孔和轴的公差带的位置可以得到很多种配合，为便于现代化生产，简化标准，国家标准对配合规定了两种配合制：即基孔制和基轴制配合。

① 基本偏差为一定的孔的公差带，与不同基本偏差的轴的公差带形成各种配合的一种制度，称为基孔制配合，如图 7-25 所示。

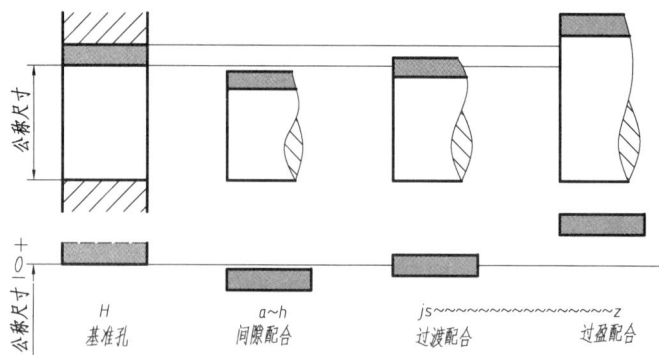

图 7-25　基孔制配合

基孔制配合的孔称为基准孔，基本偏差代号为 H，其下极限偏差为零。与基准孔相配合的轴的基本偏差 a～h 用于间隙配合，js～zc 用于过渡配合或过盈配合。

② 基本偏差为一定的轴的公差带，与不同基本偏差的孔的公差带形成各种配合的一种制度，称为基轴制配合，如图 7-26 所示。

基轴制配合的轴称为基准轴，基本偏差代号为 h，其上极限偏差为零。与基准轴相配合的孔的基本偏差 A～H 用于间隙配合，JS～ZC 用于过渡配合或过盈配合。

一般情况下，优先选用基孔制配合。因为从工艺上看，加工中小尺寸的孔，通常需要价格昂贵的扩孔钻、铰刀、拉刀等定值刀具和量具（如光滑极限量规），而对于轴，用一把车刀或砂轮即可加工不同的尺寸。因此，采用基孔制可以减少定制刀具和量具的规格和数量，降低成本。

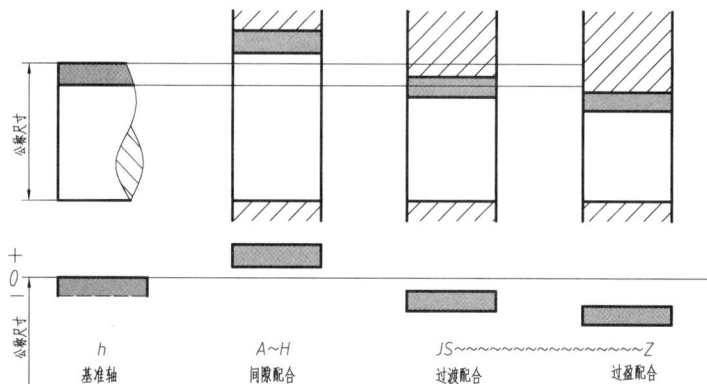

图 7-26　基轴制配合

（3）配合代号

配合代号由孔的公差带代号和轴的公差带代号组成，其格式为：

$$基本尺寸\frac{孔的公差带代号}{轴的公差带低号}\quad 或\quad \boxed{基本尺寸}\,\boxed{孔的公差带代号}\,/\,\boxed{轴的公差带代号}$$

例如：$\phi25\dfrac{H7}{f6}$ 或 $\phi25H7/f6$。

从经济性出发，为避免刀、量具的品种、规格过于繁杂，国家标准 GB/T 1801—2009 规定了公称尺寸至 500mm 的基孔制常用配合共 59 种，其中优先配合 13 种，见附表 19；公称尺寸至 500mm 的基轴制常用配合共 47 种，其中优先配合 13 种，见附表 20。

3. 尺寸及其公差、配合在图样中的标注方法

（1）零件图上尺寸及其公差的标注

用于大批量生产的零件图可只注公差带代号，如图 7-27（a）所示。用于单件小批量生产的零件图，一般可只注出极限偏差，上极限偏差注在右上方，下极限偏差应与公称尺寸注在同一底线上，如图 7-27（b）所示。若生产批量不定，可同时注出公差带代号和对应的极限偏差值，并在极限偏差值上加上圆括号，如图 7-27（c）所示。

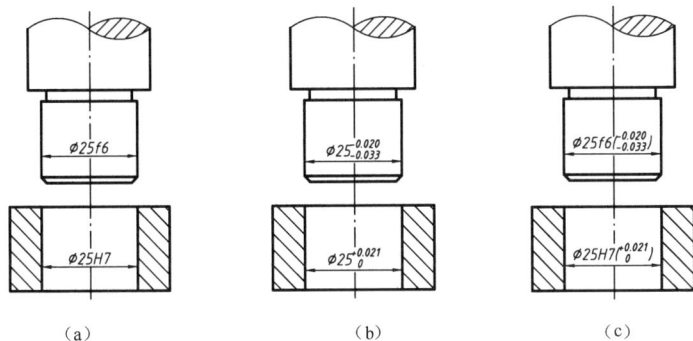

图 7-27　公差带代号、极限偏差在零件图上的标注

（2）装配图上配合的标注

在装配图上标注孔和轴的配合尺寸，其标注形式如图 7-28（a）、（b）所示。当配合的零件之一为标准件时，可只标注出一般零件的公差代号，如图 7-28（c）所示。

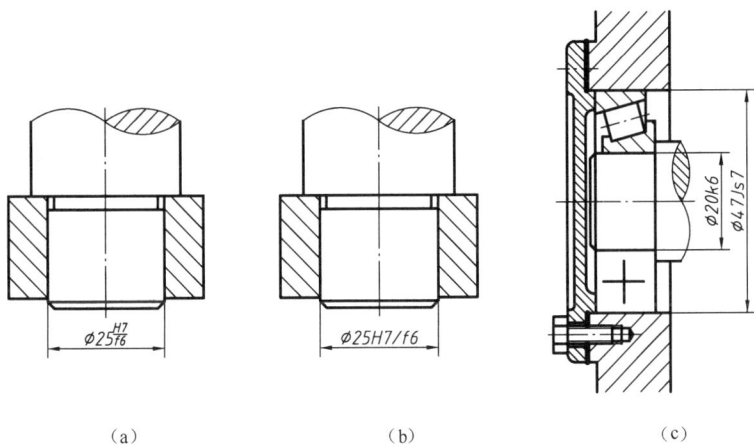

图 7-28　配合标注示例

4. 查表方法

例 7-2 确定 $\phi30H8/k7$ 中孔和轴的上、下极限偏差、公差，并说明其配合制和配合类型。

由式中基本偏差代号中的大写字母 H 可知，此配合为基孔制配合。由孔、轴极限偏差表（见附表 17、18）中基本尺寸栏找到 >24～30，再从表的上行找出公差代号 H7，可查得该孔的上极限偏差为 +0.033，下极限偏差为 0；同样方法得该轴的上极限偏差为 +0.023，

下极限偏差为 + 0.002。孔的公差为 IT = |0.033−0| = 0.033mm，轴的公差 IT = |0.023 − 0.002| = 0.021mm。该配合为过渡配合。

孔和轴的标准公差值也可根据公称尺寸 ϕ30 和标准公差等级 IT7、IT6，由附表 16 的标准公差数值表中查出。优先、常用配合的配合类型也可从附表 19 和附表 20 中查得。

7.4.3 几何公差简介

1. 基本概念

零件在加工过程中不仅产生尺寸误差，也会产生形状或位置等误差。如图 7-29（b）所示的轴颈加工后轴线发生弯曲，不是理想直线，产生的这种误差称为形状误差；而如图 7-29（c）所示的轴颈的轴线与轴肩面不能垂直，这种误差称为位置误差。这两种情况都不能使轴颈与如图 7-29（d）所示的轴承正常装配。为保证产品质量，保证零件之间的可装配性，根据零件的实际需要，在图样上应合理地标出形状和位置误差的允许变动值，即形状和位置公差。形状、方向、位置、跳动公差统称为几何公差。

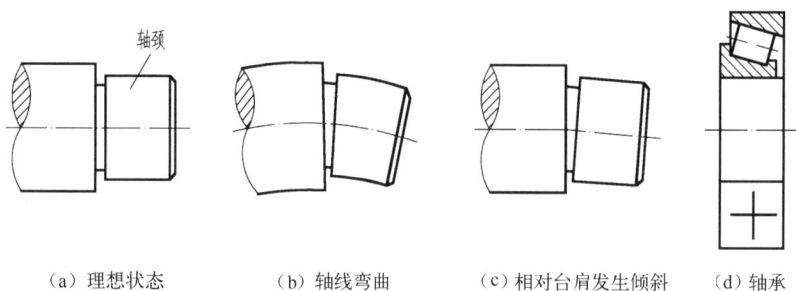

（a）理想状态　　　（b）轴线弯曲　　　（c）相对台肩发生倾斜　　（d）轴承

图 7-29　轴颈加工时产生的的形状误差和位置误差对其装配的影响

2. 几何公差的几何特征及符号

国家标准 GB/T 1182—2018 中规定的几何公差分为形状、方向、位置、跳动公差四大类，共 14 个几何特征，各几何特征名称及对应符号见表 7-4。

3. 几何公差的标注

（1）几何公差代号如图 7-30（a）所示，标注时，带箭头的指引线应指向被测要素。当被测要素为轮廓线或表面时，指引线的箭头应直接指在轮廓线、表面或它们的延长线上，并明显地与其尺寸线的箭头错开，如图 7-31（a）中的直线度公差；当被测要素为轴线、中心平面时，指引线的箭头应与该要素的尺寸线对齐或直接指向轴线，如图 7-31（b）所示。

（2）基准符号如图 7-30（b）所示，应表示在基准要素上，字母应与公差框格内的字母相对应，均水平书写，涂黑的和空白的基准三角形含义相同。当基准要素为轮廓线或表面时，基准符号应标注在该要素的轮廓线、表面或它们的延长线上，基准符号中的细实线与其尺寸线的箭头应明显错开；当基准要素为轴线或中心平面时，基准符号中的细实线与尺寸线对齐，见图 7-31（c）。

表 7-4 几何公差的几何特征符号

分 类	几何特征	符 号	分 类	几何特征	符 号
形状公差	直线度	——	方向公差	平行度	//
	平面度	▱		垂直度	⊥
	圆度	○		倾斜度	∠
	圆柱度	⌭	位置公差	同轴度	◎
形状或方向或位置公差	线轮廓度	⌒		位置度	⊕
				对称度	═
	面轮廓度	⌒	跳动公差	圆跳动	↗
				全跳动	↗↗

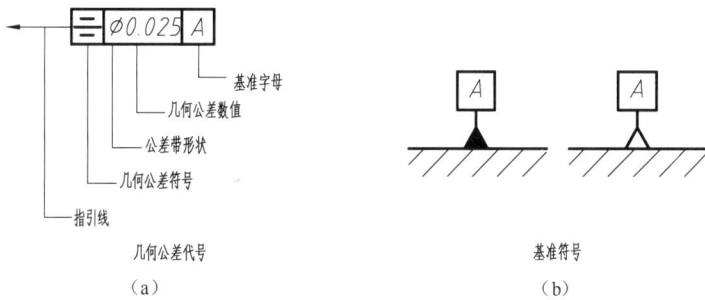

图 7-30 几何公差代号和基准符号

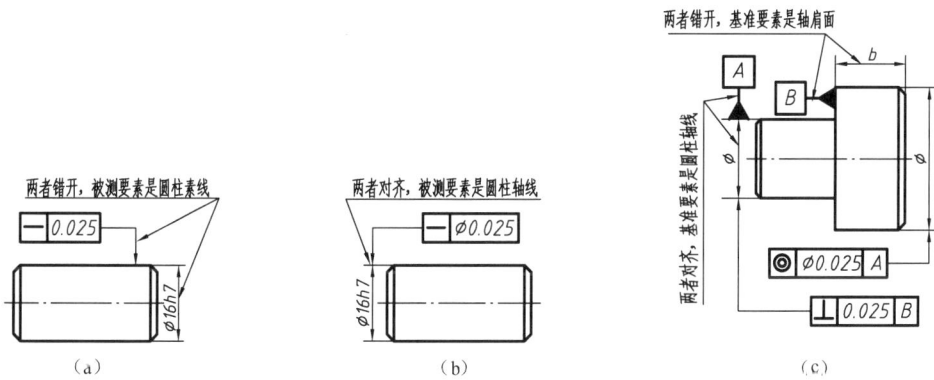

图 7-31 被测要素和基准要素的标注方法

4. 几何公差标注示例

滚轮零件图上几何公差标注含义如图 7-32 所示。

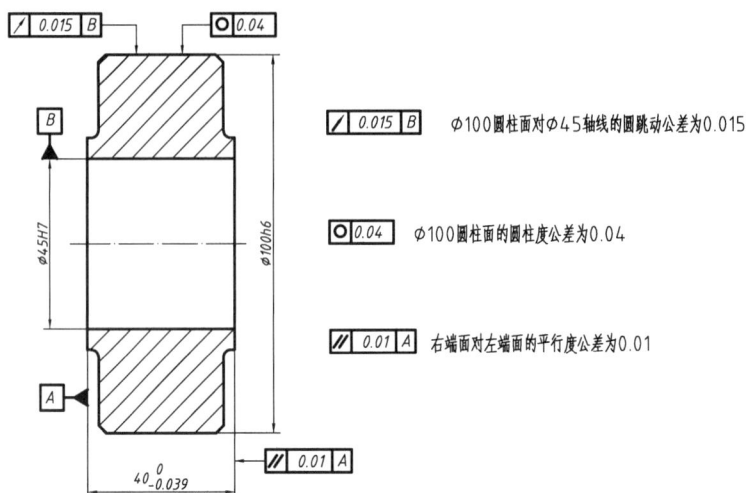

图 7-32　滚轮的几何公差标注示例

| $/$ | 0.015 | B | φ100圆柱面对φ45轴线的圆跳动公差为0.015 |

| $○$ | 0.04 | φ100圆柱面的圆柱度公差为0.04 |

| $//$ | 0.01 | A | 右端面对左端面的平行度公差为0.01 |

7.5　零件上的常见工艺结构

设计零件时，除必须满足零件的工作性能要求外，同时还应考虑到制造和检验工艺的合理性，以有利于加工制造。

7.5.1　铸造工艺结构

1. 起模斜度

如图 7-33 所示，用铸造的方法制造零件毛坯时，为了便于在砂型中取出木模，一般沿木模起模方向做成约 3°～6°的斜度，叫做起模斜度。起模斜度一般按 1：20 选取，也可以用角度表示（木模造型约取 1°～3°）。该斜度在零件图上一般不画、不标。如有特殊要求，可在技术要求中说明。

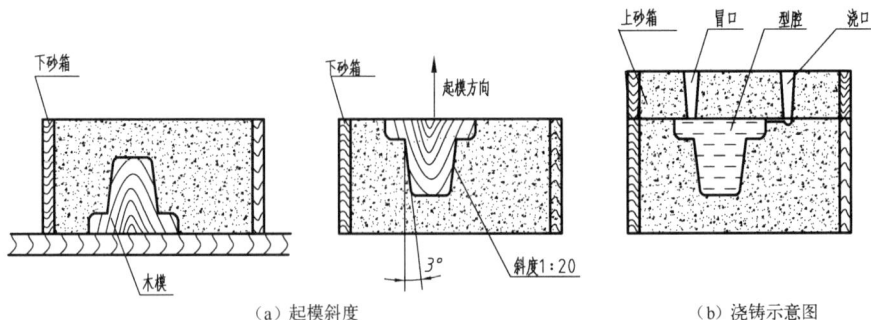

（a）起模斜度　　　　　　　　　　　（b）浇铸示意图

图 7-33　铸件的起模斜度和铸造圆角

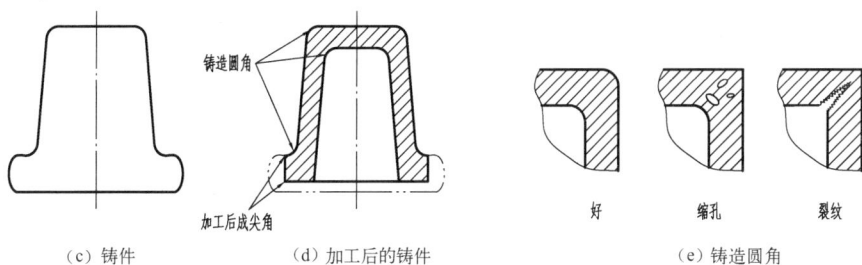

（c）铸件　　（d）加工后的铸件　　（e）铸造圆角

图 7-33　铸件的起模斜度和铸造圆角（续）

2. 铸造圆角

在起模和浇注时，为防止型腔在尖角处产生落砂以及铁水冷却过程中产生缩孔和裂缝，将铸件的各转角处制成圆角，这种圆角称为铸造圆角，如图 7-34 所示。

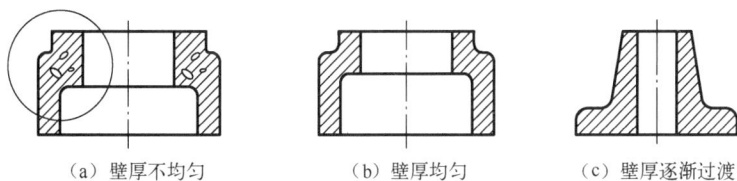

（a）壁厚不均匀　　（b）壁厚均匀　　（c）壁厚逐渐过渡

图 7-34　铸件壁厚

在零件图上，该圆角一般应画出并标注圆角半径。当圆角半径相同时，可统一在技术要求中说明。

3. 铸件壁厚

为了避免浇注后零件各部分因冷却速度不同而产生缩孔或裂纹，铸件的壁厚应保持均匀或逐渐过渡，如图 7-34 所示。

4. 过渡线

由于铸件上有圆角的存在，铸件表面的相贯线就不十分明显了，零件表面为圆角过渡时产生的相贯线称之为过渡线。铸件及锻件两表面相交时，表面交线因圆角的存在而模糊不清，为了方便读图，画图时两表面交线仍按原位置用细实线画出，但交线的两端空出，不宜与轮廓线相交，如图 7-35 所示。

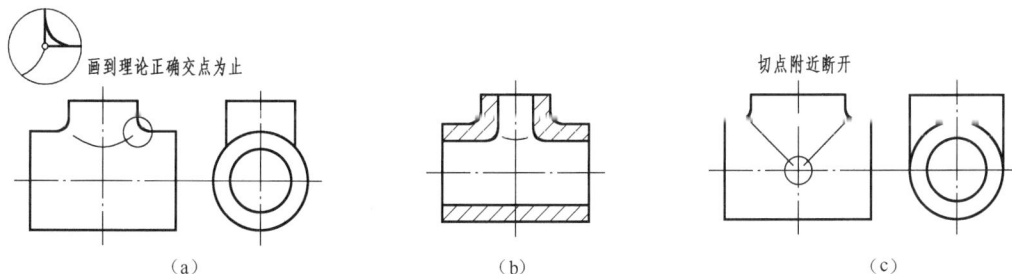

（a）　　（b）　　（c）

图 7-35　过渡线的简化画法（一）

（d）　　　　　　　　　　　　　　（e）

图 7-35　过渡线的简化画法（一）（续）

肋板与圆柱面相交的过渡线，其形状与端面的形状以及肋板与圆柱面相交或相切的情况有关，如图 7-36 所示。

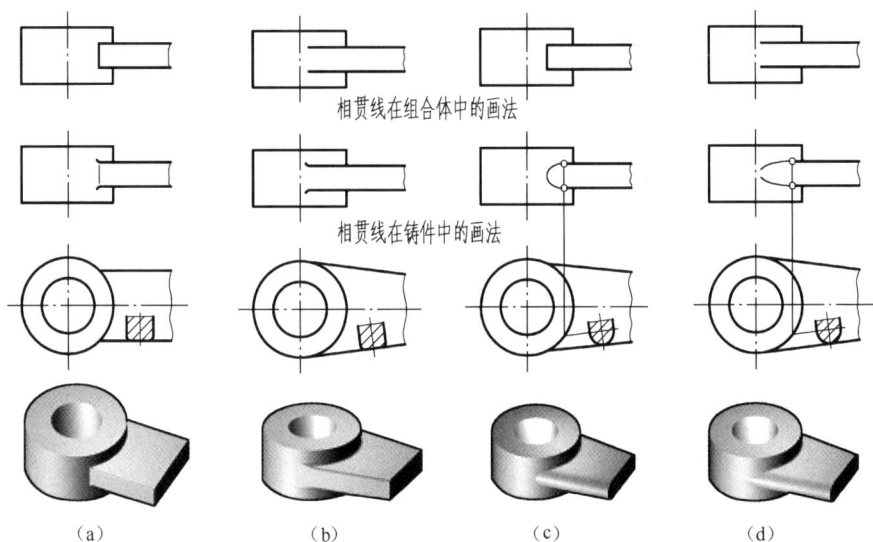

相贯线在组合体中的画法

相贯线在铸件中的画法

（a）　　　　　　　　　（b）　　　　　　　　　（c）　　　　　　　　　（d）

图 7-36　过渡线的简化画法（二）

7.5.2　机械加工工艺结构

1. 倒角和倒圆

为了去除零件加工表面的毛刺、锐边和便于装配，在轴或孔的端部一般加工与水平方向成 45°或 30°、60°的倒角。为了避免阶梯轴轴肩的根部因应力集中而产生的裂纹，在轴肩处加工成圆角过渡，称为倒圆，如图 7-37 所示。

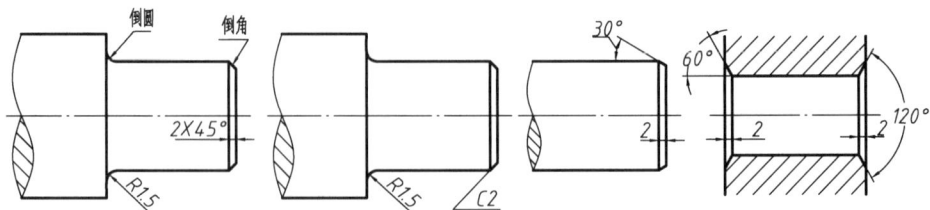

图 7-37　倒角和倒圆

2. 退刀槽和砂轮越程槽

零件在切削（主要是在车螺纹和磨削）加工中，为了便于退出刀具或使砂轮可稍微越过加工面，预先在待加工表面轴肩处制出退刀槽或砂轮越程槽，如图 7-38 所示。退刀槽的尺寸可按"槽宽×槽深"或"槽宽×直径"的形式标注，其中标注槽宽是为了便于选择切槽刀。

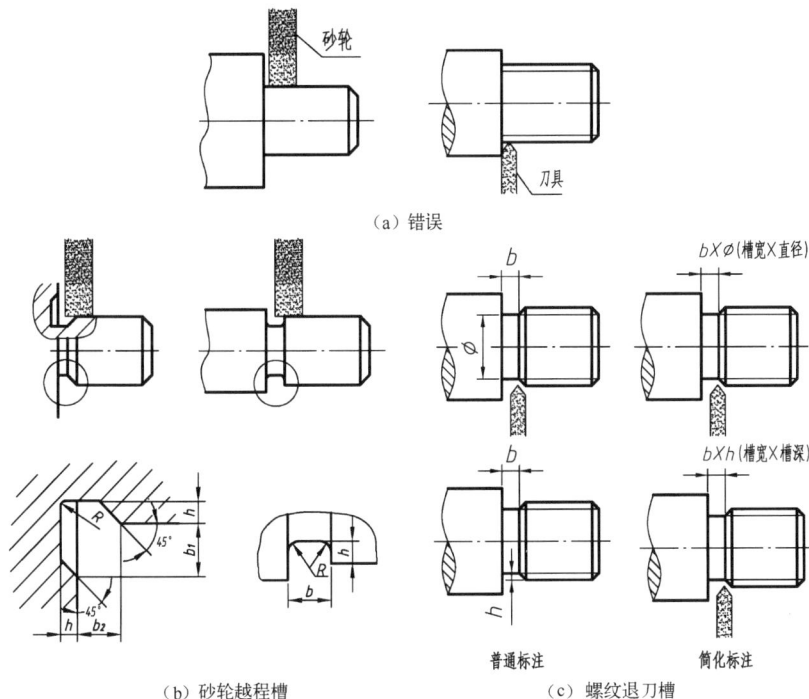

（a）错误

（b）砂轮越程槽　　　　　　　　　　　（c）螺纹退刀槽

图 7-38　砂轮越程槽和退刀槽

3. 钻孔结构

钻孔加工时，钻头应与孔的端面垂直，以保证钻孔精度，避免钻头歪斜、折断。如必须在斜面或曲面上钻孔时，则应先把该表面铣平或预先铸出凸台或凹坑，然后再钻孔，如图 7-39 所示。

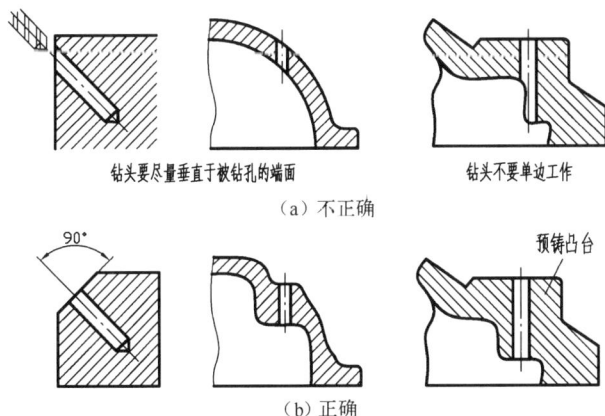

钻头要尽量垂直于被钻孔的端面　　　　钻头不要单边工作

（a）不正确

（b）正确

图 7-39　钻孔结构

4. 凸台和凹坑

为使两个表面接触良好及减少切削加工面积，应将接触部位制成凸台或凹坑、凹槽等结构，如图 7-40 和图 7-41 所示。

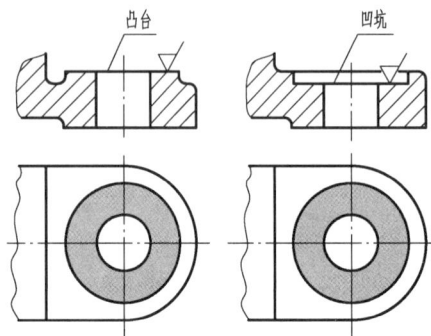

图 7-40　凸台和凹坑

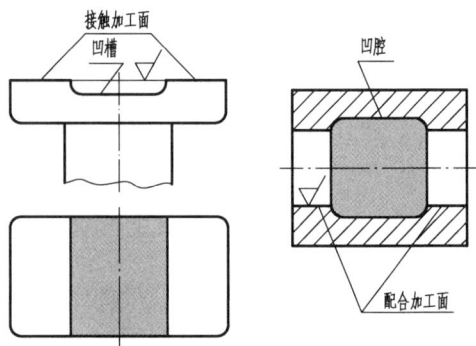

图 7-41　凹槽和凹腔

7.6　读零件图

7.6.1 读零件图的要求、方法与步骤

1. 读零件图的要求

① 了解零件的名称、用途、材料和数量等。
② 了解组成零件各部分结构形状的特点、功用，以及它们之间的相对位置。
③ 了解零件的尺寸标注、制造方法和技术要求。

2. 读零件图的方法和步骤

（1）看标题栏

首先看标题栏，了解零件的名称、材料、比例等，并浏览全图，对零件有个概括了解，如零件属于哪种类型的零件、大致结构等。

（2）分析视图

根据视图布局，首先确定主视图，围绕主视图分析其他视图的配置。对于剖视图、断面图要找到剖切位置及投影方向，对于局部视图和局部放大图要找到投影方向和部位，弄清楚各个图形彼此间的投影关系。利用形体分析法，将零件按功能分解为主体、安装、连接等几个部分，再合起来想整体。

（3）分析尺寸和技术要求

根据零件的形体结构，分析确定长、宽、高各方向的主要基准。分析尺寸标注和技术要求，找出各部分的定形和定位尺寸，明确哪些是主要尺寸和主要加工面，进而分析制造方法等，以便保证质量要求。

（4）综合考虑

综上所述，将零件的结构形状、尺寸标注及技术要求综合起来，就能比较全面地阅读这张零件图。在实际读图过程中，上述步骤常常是穿插进行的。

7.6.2 轴套类零件

1. 读阀杆（以如图 7-1 所示零件为例，其轴测图如图 7-42 所示）

（1）看标题栏

由标题栏可知，零件名称叫阀杆，一般阀杆的作用是通过扳手使阀芯转动，以开启或关闭球阀和控制流量。该零件按 1:1 绘制，与实物大小一致。材料为 40Cr，它属于合金结构钢，与相同含碳量的碳素结构钢比较而言，具有更好的综合力学性能。

（2）分析视图

阀杆零件图采用了一个主视图和一个断面图表达，主视图按加工位置将阀杆水平放置。从图 7-1 中可以看出，阀杆

图 7-42　阀杆轴测图

由回转体经切削加工而成，为轴套类零件。阀杆左端是由圆柱经切割形成的四棱柱，与扳手上的四方孔配合；阀杆右端的凸榫与阀芯上部的凹槽配合。

（3）分析尺寸和技术要求

阀杆以水平轴线作为径向尺寸基准，同时也是高度和宽度方向的尺寸基准。由此注出径向各部分尺寸 $\phi14$、$\phi11$、$\phi14c11$（$^{-0.095}_{-0.205}$）和 $\phi18c11$（$^{-0.095}_{-0.205}$）。尺寸数字后面注写公差代号或偏差值，说明零件该部分与其他零件有配合关系，如 $\phi14c11$（$^{-0.095}_{-0.205}$）和 $\phi18c11$（$^{-0.095}_{-0.205}$）分别与球阀中的填料压紧套和阀体有配合关系，所以表面粗糙度要求较严，Ra 值为 3.2μm。

选择表面粗糙度为 $Ra12.5$ 的端面作为阀杆的轴向尺寸基准,也是长度方向的尺寸基准。由此注出尺寸 12，以右端面作为轴向的第一辅助基准，注出尺寸 7、55±0.5，以左端面作为轴向的第二辅助基准，标注尺寸 14。

阀杆应经过调质处理（220～250）HBS，以提高材料的韧度和强度。调质是淬火后高温回火的热处理工艺。

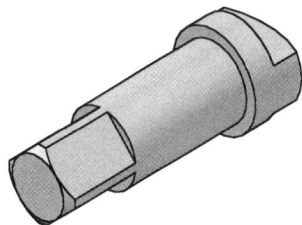

2. 轴套类零件分析（图 7-43，表 7-5）

图 7-43　实物图

表 7-5　轴套类零件特点

用　途	轴类零件一般起支承转动零件、传递动力的作用；而套类零件则是装在轴上起轴向定位等作用
结 构 特 点	一般是由不同直径的同轴回转体叠加而成，且轴向尺寸大于径向尺寸，常带有键槽、轴肩、螺蚊及退刀槽或砂轮越程槽等结构
主要加工方法	毛坯一般用棒料，主要加工方法是车削、镗削和磨削
视图的选择	1. 主视图的选择　轴套类零件主要在车床或磨床上加工，故按加工位置摆放，即轴线水平放置。主视图投射方向应选择非圆视图的方向 2. 其他视图选择　一般采用移出断面图表达轴上的键槽、销孔等结构；主视图上没有表达清楚的细小结构则用局部放大图来表达
尺 寸 标 注	以回转轴线作为径向尺寸基准，以重要的端面作为轴向尺寸基准
技 术 要 求	有配合要求的表面，其表面粗糙度参数值较小；有配合要求的轴颈尺寸公差等级较高、公差较小；有配合要求的轴颈和重要的端面应有形位公差的要求

7.6.3　轮盘类零件

1. 读阀盖（以如图 7-44 所示的零件为例，其轴测图如图 7-45 所示）

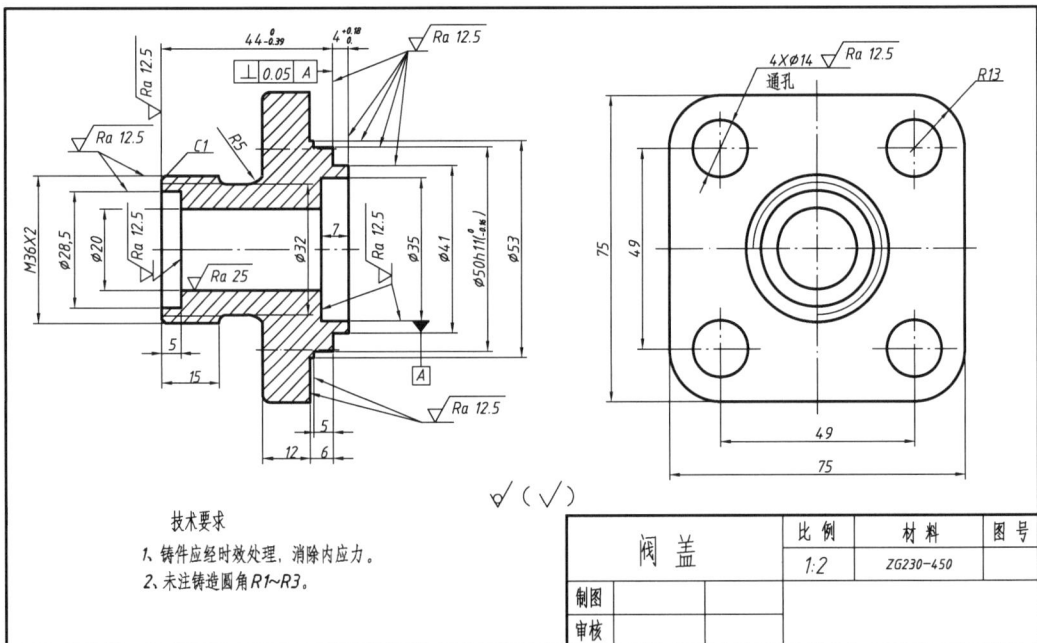

图 7-44　阀盖零件图

（1）看标题栏

从标题栏可知，零件名称为阀盖，一般用来与阀体相配合起密封作用。该零件按 1∶1 绘制，与实物大小一致。材料为铸钢，表示零件制造过程是先铸造毛坯后切削加工。

（2）分析视图

阀盖零件图采用两个视图，主视图按加工位置将阀盖水平放置，符合加工位置和在装配图中的工作位置。主视图采用全剖视，表达了阀盖左、右两端的阶梯孔和中间通孔的形状及其相对位置，同时表达了右端的圆形凸缘和左端的外螺纹。左视图用外形视图清晰地表达了带圆角的方形凸缘、四个通孔的形状和位置及其他的可见轮廓形状。

（3）分析尺寸和技术要求

● 阀盖以轴线作为径向尺寸基准，由此分别注出各部分同轴线的直径尺寸。

● 以该零件的上下、前后对称平面为基准分别注出方形凸缘高度方向和宽度方向的尺寸 75，以及四个通孔的定位尺寸 49。

● 以阀盖右端 $\phi 41$ 的台肩面作为轴向尺寸基准，即长度方向的尺寸基准。由此注出 4、44、5、6 等尺寸。

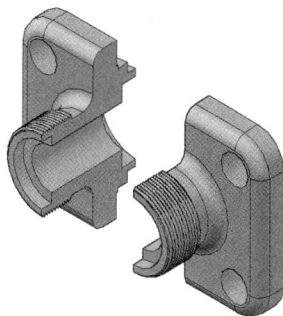

图 7-45　阀盖轴测图

● 因为阀盖是铸件，需进行时效处理，以消除内应力。$R1 \sim R3$ 表示不加工的过渡圆角。

● 注有公差代号和偏差值的 $\phi 50 h 11$（$^{\ 0}_{-0.16}$），说明该零件与阀体有配合要求。由于该两表面之间没有相对运动，所以表面粗糙度要求不严，Ra 值为 12.5μm。

● 对作为长度方向主要基准的台肩面提出了垂直度要求：要求其对 $\phi 35$ 孔的轴线的垂直度公差为 0.05。

2. 轮盘类零件分析（图 7-46，表 7-6）

图 7-46　实物图

表 7-6　轮盘类零件特点

用　途	轮盘类零件在装配体中主要起支承、连接、轴向定位和密封等作用，一般包括各种齿轮、端盖、皮带轮、手轮、法兰盘、阀盖等
结 构 特 点	它们的主要部分大多由共轴线的回转体组成，轴向尺寸较小，而径向尺寸较大。这类零件上常有键槽、凸台、退刀槽、均匀分布的光孔、肋、轮辐等结构
主要加工方法	毛坯多为铸件，主要在车床上加工，较薄时采用刨床或铣床加工
视图的选择	1. 主视图的选择　轮盘类零件的主要加工面通常是在车床上加工的。选择盘盖类零件的主视图时，与轴套类零件相同，将轴线水平摆放，并取适当剖视，以表达其内部结构 2. 其他视图的选择　盘盖类零件上常设有沿圆周分布的孔、槽和轮辐等结构，应选择适当的剖视图或断面图来表达；除此之外，还需选择左视图或右视图，以表达这些结构的形状和分布情况
尺 寸 标 注	以回转轴线作为径向尺寸基准，轴向主要尺寸基准是重要的结合面；对于圆周上的均布孔一般采用"$n \times \phi$EQS"形式标注，角度定位尺寸不必标注
技 术 要 求	1. 有配合的孔和轴及端面尺寸精度较高，且一般都有形位公差要求，如同轴度、垂直度、平行度和端面跳动等 2. 配合的内、外表面及轴向定位端面的表面有较高的表面粗糙度要求 3. 材料多为铸件，有时效处理和表面处理等要求

7.6.4 叉架类零件

1. 读扳手（以如图 7-47 所示的零件为例，其轴测图如图 7-48 所示）

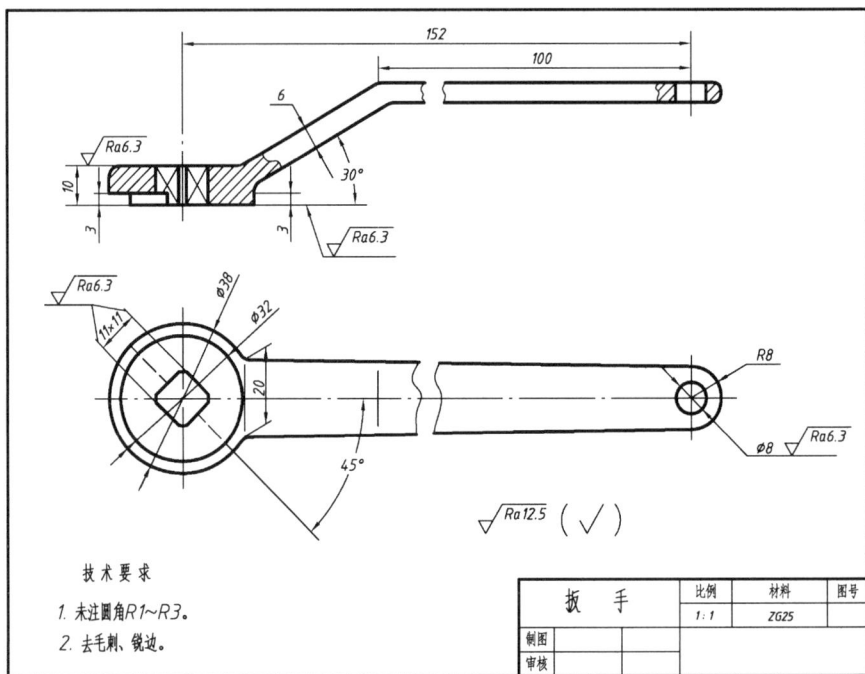

图 7-47　扳手零件图

（1）看标题栏

扳手是阀体上操纵阀杆转动的零件。从标题栏可知，扳手按 1∶1 绘制，材料为铸钢。

（2）分析视图

本例采用了主视图和俯视图两个基本视图，其中主视图有两处局部剖表达左端四方孔和右端圆孔；俯视图主要表达了扳手的外形。由于扳手尾部较长，故主、俯视图均采用了折断画法。

由图 7-47 中可看出，扳手右端为上翘的扁窄方板，左端外形为圆柱体，内开四方孔与阀杆上四棱柱相配合。圆柱体

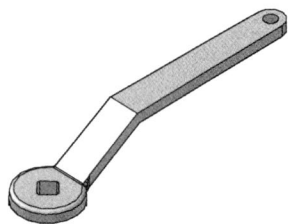

图 7-48　扳手轴测图

底部沿与水平成 45°的方向切槽，该槽与阀体顶端 90°扇形限位凸块相作用，限制了扳手的转动范围。

（3）分析尺寸和技术要求

● 扳手以方孔轴线为长度方向尺寸基准，由此注出长度方向重要的定位尺寸 152 及 $\phi32$、$\phi38$、11×11 等。

● 以下底面为高度方向尺寸基准，由此注出 3、10、30°等尺寸。

● 以前后对称中心平面为宽度方向尺寸基准，由此注出 20、45°、$\phi8$ 等尺寸。

● 主要接触面或配合面有较高的表面粗糙度要求，如与阀体顶端接触的下底面及与阀杆相配合的方孔，其 Ra 值为 6.3μm。

● 因扳手是铸造成形的，故其上有铸造圆角，圆角尺寸为 $R1\sim R3$。

● 为防止扳手切削加工后产生毛刺、锐边割伤人手，技术要求中做了处理说明。

2. 叉架类零件分析（图 7-49，表 7-7）

图 7-49　实物图

表 7-7　叉架类零件特点

用 途	叉架类零件包括杠杆、连杆、拨叉、支架等，一般在机器中起操纵、调速和支承等作用
结 构 特 点	零件的结构较复杂，大致可分为工作、安装固定和连接三个部分。为满足零件的各种功能，常设有肋板、杆、筒、座、凸台、凹坑等结构
主要加工方法	毛坯多为铸件或锻件，经车、镗、铣、刨、钻等多种工序加工而成
视图的选择	1. 主视图的选择　叉架类零件的毛坯一般为铸件或锻件，机械加工时的装夹位置随工序的不同而改变，选择主视图时一般不考虑加工位置，而是按工作位置摆放，并选择最能反映其形状特征的方向作为主视图的投射方向 2. 其他视图的选择　叉架类零件常常需要两个或两个以上的视图，并配有局部视图和断面图等，以表达某些局部结构及肋、板的断面形状
尺 寸 标 注	尺寸基准一般为安装基面、孔的轴线和对称中心平面
技 术 要 求	1. 定位尺寸较多，一般要标注出孔轴线间的距离，或孔轴线到平面的距离，或平面到平面的距离 2. 支撑部分、运动配合面及安装面均有较严格的尺寸公差、形位公差和表面粗糙度要求

7.6.5　箱体类零件

1. 读阀体（以如图 7-50 所示的零件为例，其轴测图如图 7-51 所示）

（1）看标题栏

从零件图的标题栏可知，零件名称为阀体，一般阀体起容纳的作用。它按 1：2 绘制，材料为铸钢。

（2）分析视图

阀盖零件图采用了主、俯、左三个视图。主视图采用全剖视，主要表达其内部结构，俯视图用来表达外部结构；半剖视的左视图，补充表达了内部结构及安装部分的形状。

阀体左端是方形凸缘，通过螺柱和螺母与阀盖进行连接，形成容纳阀芯的 $\phi43$ 空腔。左端的 $\phi50H11^{+0.16}_{0}$ 台阶孔与阀盖的圆柱形凸缘相配合。阀体空腔右侧 $\phi35^{+0.16}_{0}$ 台阶孔用来放置密封圈，以保证在球阀关闭时不泄漏流体。

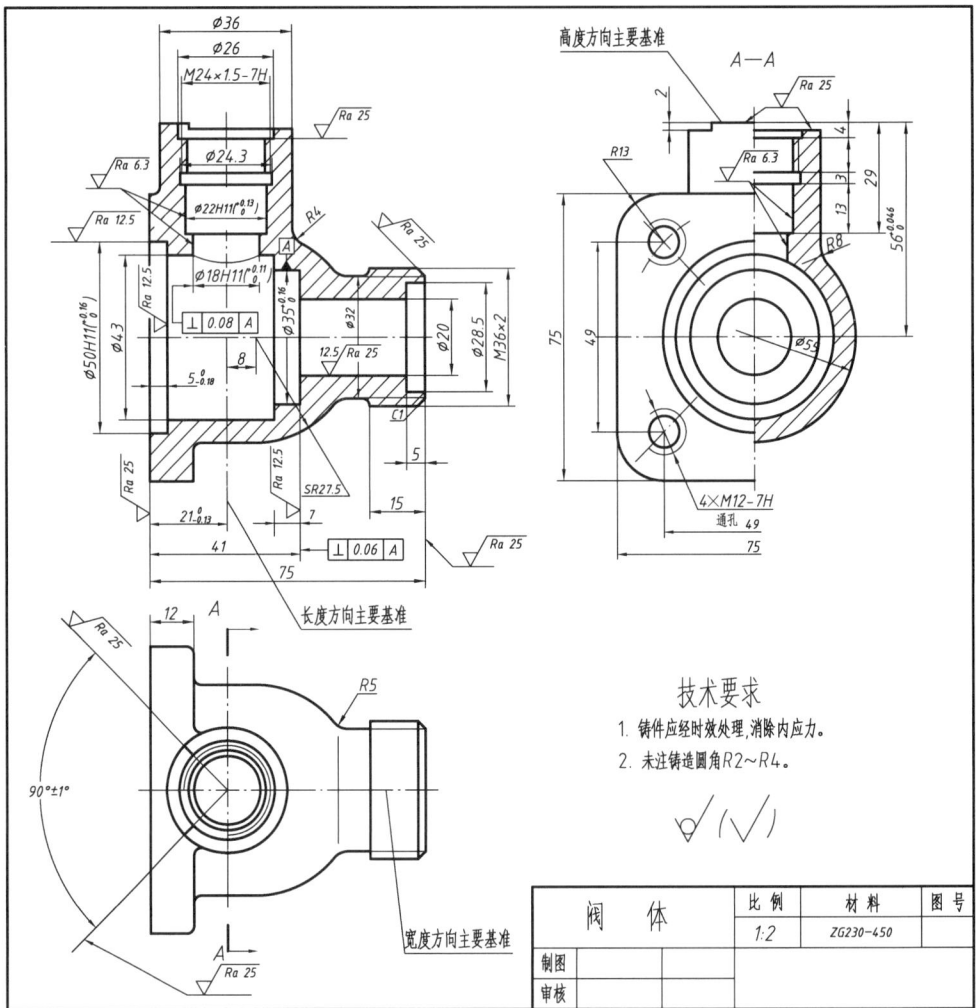

图 7-50　阀体零件图

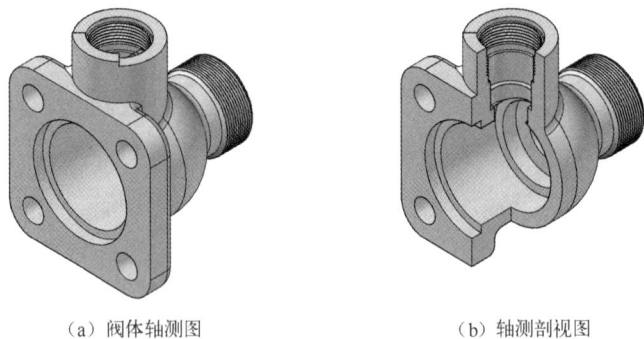

（a）阀体轴测图　　　　　　　　　（b）轴测剖视图

图 7-51　阀体轴测图

　　阀体右端有用于连接管道系统的外螺纹 M36×2；内部有 ϕ28.5、ϕ20 阶梯孔与空腔相通。上部 ϕ36 的圆柱体中，有 ϕ26、ϕ22H11 和 ϕ18H11 的阶梯孔与空腔相通，在阶梯孔内容纳阀杆、填料压紧套、填料等。

　　通过俯视图可看出，阶梯孔的顶端有一个 90°扇形限位凸块，用来控制扳手和阀杆的旋转角度。在阶梯孔$\phi22H11$的上端作出具有退刀槽的内螺纹$M24\times1.5$-7H，与填料压紧套的外螺纹旋合，将填料压紧。

（3）分析尺寸和技术要求

以阀体水平轴线为高度方向尺寸基准，注出直径尺寸$\phi50^{+0.16}_{0}$、$\phi35^{+0.16}_{0}$、$\phi20$ 和 $M36\times2$ 等；在左视图上注出水平轴线到顶端的高度尺寸 $56^{+0.046}_{0}$。

以阀体垂直孔的轴线为长度方向尺寸基准，注出直径尺寸$\phi36$、$M24\times1.5$、$\phi22^{+0.13}_{0}$、$\phi18^{+0.11}_{0}$，以及该轴线到左端面的距离 $21^{0}_{-0.13}$。

以阀体前后对称平面为宽度方向尺寸基准，注出阀体的圆柱体外形尺寸$\phi55$、左端面方形凸缘外形尺寸 75×75，以及四个螺纹孔的定位尺寸 49；俯视图上 $90°\pm1°$ 为扇形限位块的角度定位尺寸。

通过上述尺寸分析可以看出，阀体中的一些主要尺寸多数都标注了公差代号或极限偏差数值，如上部阶梯孔$\phi22H11^{+0.13}_{0}$与填料压紧套有配合关系、$\phi18H11^{+0.11}_{0}$与阀杆有配合关系，与此对应的表面粗糙度要求也较高，Ra 的最大允许值为 $6.3\mu m$。阀体左端和空腔右端的阶梯孔$\phi50H11^{+0.16}_{0}$、$\phi35^{+0.16}_{0}$分别与密封圈有配合关系。因为密封圈的材料是塑料，所以相应的表面粗糙度要求稍低，Ra 值为 $12.5\mu m$。零件上不太重要的加工表面的表面粗糙度 Ra 值为 $25\mu m$。

主视图中对于阀体的形位公差要求是：空腔右端与对水平轴线的垂直度公差为 0.06；$\phi18^{+0.11}_{0}$圆柱孔对$\phi35^{+0.16}_{0}$圆柱孔的垂直度公差为 0.08。

在图 7-50 中还用文字补充说明了有关热处理和未注圆角 $R1\sim R3$ 的技术要求。

2. 箱体类零件分析（图 7-52，表 7-8）

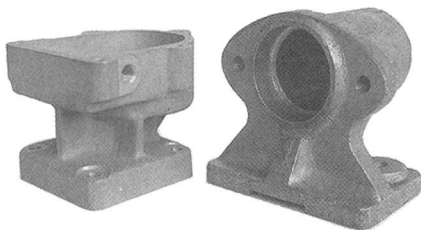

图 7-52　实物图

表 7-8　箱体类零件分析

用　途	箱体类零件包括泵体、阀体、减速箱箱体、液压缸体等，箱体类零件主要用来支承、包容和保护运动零件或其他零件
结构特点	一般由支承、安装固定和连接包容三个部分组成，其内部有空腔、轴承孔、凸台等结构
视图的选择	1. 主视图的选择　箱体类零件多为铸件，内外结构比较复杂，加工工序亦较多，故一般不考虑加工位置，而按工作位置摆放，并以反映其形状特征最明显的方向作为主视图的投射方向 2. 其他视图的选择　完整表达箱体零件，一般需要三个或三个以上的基本视图，根据零件的结构特点，选用基本视图、剖视图、断面图、局部视图等多种表达形式
尺寸标注	长、宽、高三个方向的主要基准常选用孔的轴线、对称平面、重要结合面和较大的加工平面
技术要求	1. 重要的箱体孔和重要的表面，应该有尺寸公差和形位公差的要求，其表面粗糙度有较严的要求 2. 常有保证铸件质量的要求，如进行时效处理，不允许有砂眼、裂纹等

第 **8** 章

装 配 图

教学目标

1. 理解装配图的视图选择、基本画法、简化画法及尺寸注法。
2. 熟悉识读装配图的方法和步骤，能识读简单的装配图。

怎样读懂装配图呢
（图8-1、图8-2）？

图 8-1　水龙头实物图

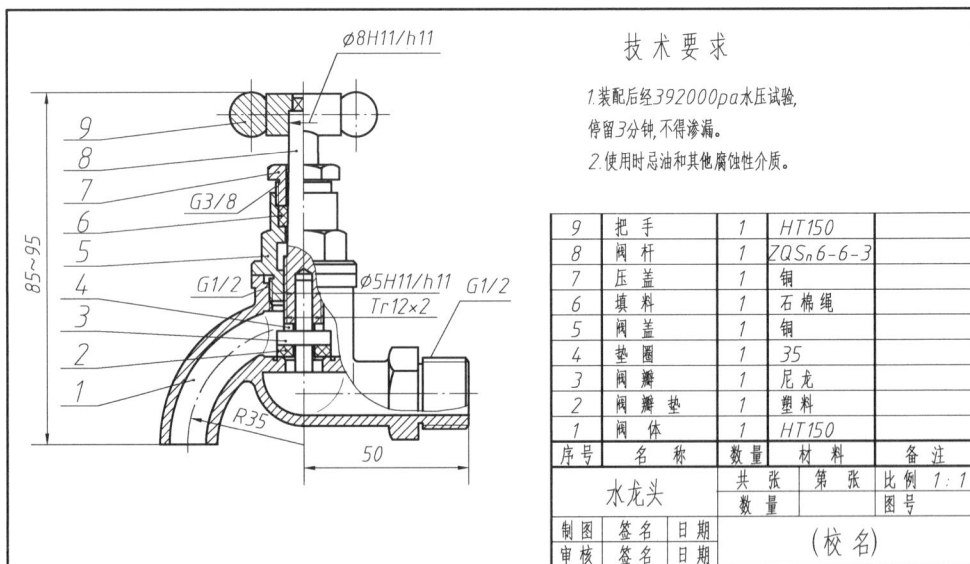

图 8-2　水龙头装配图

表达机器或部件的工作原理及零、部件间的装配、连接关系的技术图样称为装配图。表示一台完整机器的图样，称为总装配图；表示一个部件的图样称为部件装配图。

在机器或部件的设计过程中，一般先根据设计要求画出装配图以表达机器或部件的工作原理、传动路线、零件之间的装配关系以及零件的主要结构形状，然后按照装配图设计零件并绘制零件图。在生产过程中，装配图又是制定机器或部件装配工艺规程、装配、检验、安装和维修的依据。因此，装配图是生产和技术交流中重要的技术文件。

8.1 装配图的内容

一台机器或一个部件，都是由许多零件按一定的装配关系和技术要求装配而成的。如图 8-1 所示的水龙头由 9 种共 9 个零件所组成。如图 8-2 所示的水龙头装配图，它表达了水龙头的装配关系和工作原理。

由图 8-2 可知，一张完整的装配图应具备以下几方面内容。

1. 一组视图

视图用来表达机器或部件的工作原理、零件间的装配关系、零件的连接方式以及零件的主要结构形状等。

2. 必要的尺寸

装配图的作用与零件图不同，因此装配图中不必注出零件的全部尺寸。为了进一步说明机器或部件的性能、工作原理、装配关系和安装要求，需要标注必要的尺寸，一般分为以下几类尺寸：

（1）性能和规格尺寸

性能和规格尺寸是表示机器或部件工作性能和规格的尺寸。它是在设计时就确定的尺寸，也是设计和选用该机器或部件的依据，如图 8-2 中的 $G1/2$ 为水龙头的规格尺寸。

（2）装配尺寸

装配尺寸是表示机器或部件中零件之间装配关系和工作精度的尺寸。它由配合尺寸和相对位置尺寸两部分组成。

① 配合尺寸　在机器或部件装配时，零件间有配合要求的尺寸，如图 8-2 中阀杆 8 底部与阀瓣 3 的配合尺寸 $\phi5H11/h11$。

② 相对位置尺寸　在机器或部件装配时，需要保证零件间相对位置的尺寸，如图 8-2 中的 50。

（3）安装尺寸

安装尺寸是表示将部件安装到机器上或将整机安装到基座上所需的尺寸，如图 8-2 中的 $G1/2$ 是与外部水管相连接所需的尺寸。

（4）外形尺寸

外形尺寸是表示机器或部件外形的总体尺寸，即总长、总宽和总高。它为机器或部件在包装、运输和安装过程中所占空间提供数据，如图 8-2 中水龙头的总高 85～95。

（5）其他重要尺寸

它是在设计中经计算确定的尺寸，而又不包括在上述几类尺寸中，如运动零件的极限尺寸、主体零件的一些重要尺寸等。

上述几类尺寸之间并不是互相孤立无关的，实际上有的尺寸往往同时具有多种作用。此外，在一张装配图中，也并不一定需要全部注出上述尺寸，而是要根据具体情况和要求来确定。

3. 技术要求

技术要求是在装配图中用文字或符号说明的机器或部件的性能、装配、检验和使用等方面的要求。

4. 零件序号、明细栏和标题栏

根据生产组织和管理工作的需要，应对装配图中的组成零件编写序号，并填写明细栏和标题栏，说明机器或部件的名称、图号、图样比例以及零件的名称、材料、数量等一般概况。

8.2 装配图的表达方法

8.2.1 装配图的规定画法

1. 接触面和配合面的画法（图 8-3）

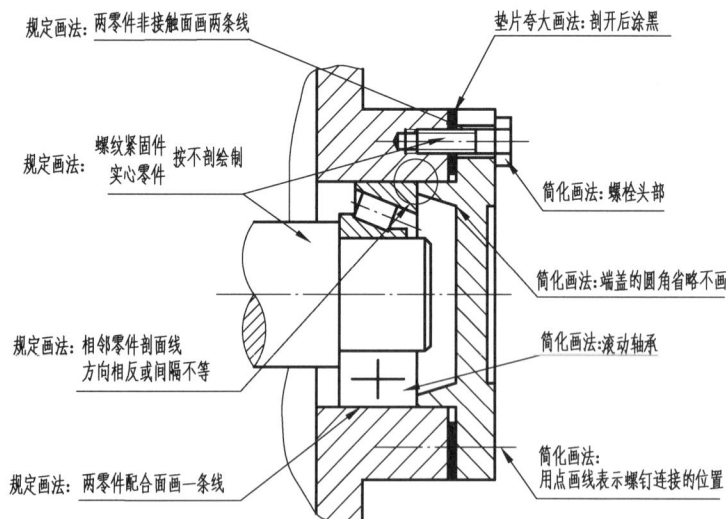

图 8-3　装配图的画法

两个相邻零件的接触面和配合面只画一条线,而基本尺寸不同的非配合面和非接触面,即使间隙很小,也必须画成两条线。

2. 剖面线的画法

在剖视图和断面图中,同一个零件的剖面线倾斜方向和间隔应保持一致;相邻两个零件的剖面线方向应相反,或者方向一致、间隔不同。

注意　同一个零件在各个视图中的剖面线方向与间隔必须一致。

3. 实心零件和螺纹紧固件的画法

在剖视图中,当剖切平面通过实心零件(如轴、连杆等)和螺纹紧固件(如螺栓、螺母、垫圈等)的基本轴线时,这些零件按不剖绘制。

8.2.2　装配图的特殊画法

1. 拆卸画法

当一个或几个零件在装配图的某一个视图中遮住了要表达的大部分装配关系或其他零件时,可假想拆去一个或几个零件后再绘制该视图,这种画法称为拆卸画法,如后文图 8-14 球阀装配图左视图中拆去零件 13 扳手。需要说明时,可在图上加注"拆去零件 XX 等"。

注意　拆卸画法是一种假想的表达方法,所以在其他视图上,仍需完整地画出它们的投影。

2. 假想画法

在装配图中,当需要表达该部件与其他相邻零、部件的装配关系时,可用双点画线画出相邻零、部件的轮廓,如图 8-4 左视图中的主轴箱。

当需要表明某些零件的运动范围和极限位置时,可以在一个极限位置上画出该零件,而在另一个极限位置用双点画线画出其轮廓,如图 8-4 中手柄的极限位置画法。

3. 夸大画法

在装配图中,一些薄片零件、细丝弹簧、小的间隙和锥度等,按其实际尺寸很难画出或难以表示时,均可不按比例而适当地夸大画出以使图形清晰。对于厚度、直径不超过 2mm 的被剖切薄、细零件,其剖面线可以涂黑表示,如图 8-3 中垫片的画法。

4. 简化画法(图 8-3)

① 在装配图中,螺栓头部和螺母允许采用简化画法。对若干相同的零件组如螺栓、螺钉连接等,在不影响理解的前提下,允许详细地画出一处或几处,其余只需用点画线表示其中心位置。

② 滚动轴承只需表达其主要结构时,可采用简化画法。

③ 在装配图中,零件的一些工艺结构,如小圆角、倒角、退刀槽和砂轮越程槽等可以不画。

5. 展开画法

为了表达某些重叠的装配关系，可假想将空间轴系按其传动顺序展开在一个平面上，然后沿轴线剖切画出剖视图，这种画法称为展开画法，如图8-4所示。

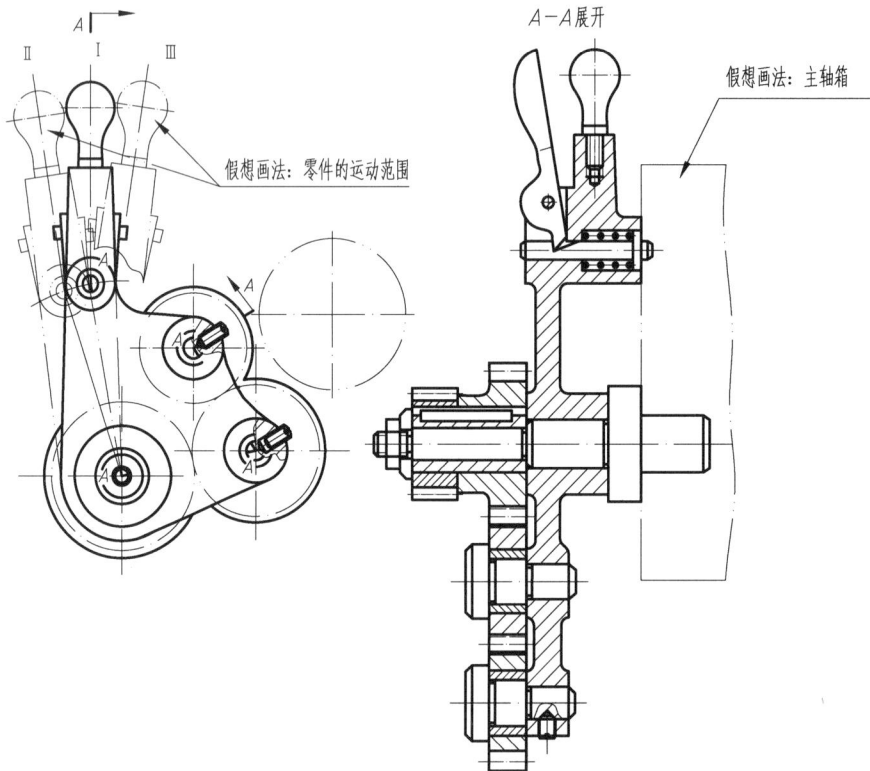

图 8-4　装配图的特殊画法

8.3　装配图的零、部件序号和明细栏

为了便于看图、图样管理和组织生产，必须对装配图中的所有零、部件进行编号，列出零件的明细栏，并按编号在明细栏中填写该零、部件的名称、数量和材料等。

1. 零、部件序号

① 装配图中所有的零、部件都必须编写序号。相同的多个零、部件应采用一个序号，一个序号在图中只标注一次，图中零、部件的序号应与明细栏中零、部件的序号一致，如图8-2中的阀杆。

② 序号应注写在指引线一端用细实线绘制的水平线上方、圆内或在指引线端部附近，序号字高要比图中尺寸数字大一号或两号，如图8-5（a）所示。序号编写时应按水平或垂直方向排列整齐，并按顺时针或逆时针方向顺序编号，如图8-2所示。

③ 指引线用细实线绘制，应自所指零件的可见轮廓内引出，并在其末端画一个圆点，

如图 8-5（a）所示，若所指的部分不宜画圆点，如很薄的零件或涂黑的剖面等，可在指引线的末端画出箭头，并指向该部分的轮廓，如图 8-5（b）所示。

如果是一组紧固件，以及装配关系清楚的零件组，可以采用公共指引线，如图 8-5（d）所示。

指引线应尽可能分布均匀且不要彼此相交，也不要过长。指引线通过有剖面线的区域时，要尽量不与剖面线平行，必要时可画成折线，但只允许折一次，如图 8-5（c）所示。

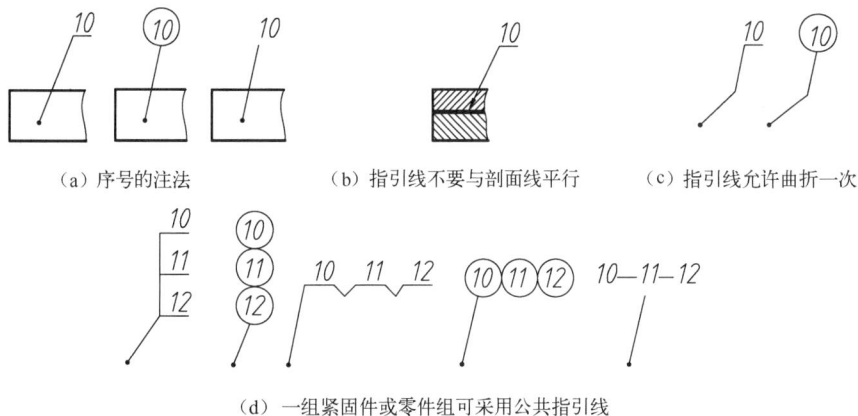

(a) 序号的注法   (b) 指引线不要与剖面线平行   (c) 指引线允许曲折一次

(d) 一组紧固件或零件组可采用公共指引线

图 8-5　序号的编写形式

2. 明细栏

明细栏是机器或部件中全部零、部件的详细目录。明细栏位于标题栏的上方，外框粗实线，内框细实线，零、部件的序号自下而上填写。如图幅受限制时，可移至标题栏的左边继续编写，标题栏及明细栏的格式如图 8-2 所示。

在实际生产中，明细栏也可不画在装配图内，按 A4 幅面作为装配图的续页单独绘出，编写顺序是从上往下，并可连续加页，但在明细栏下方应配置与装配图完全一致的标题栏。

8.4　常见的装配结构

在机器或部件的设计中，应该考虑装配结构的合理性，以保证机器或部件的工作性能可靠、安装和维修方便。下面介绍几种常见的装配工艺结构。

8.4.1　接触面和配合面的合理性

（1）两个零件在同一个方向上一般只宜有一个接触面，这既保证了零件接触良好，又降低了加工要求，否则就会给加工和装配带来困难，对于锥面配合，锥体顶部与锥孔底部之间必须留有空隙，如图 8-6 所示。

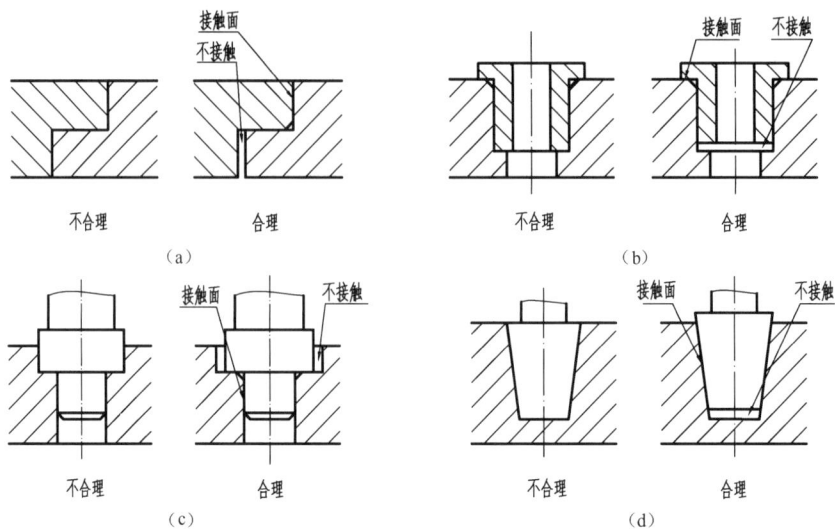

图 8-6　同一个方向上一般只有一个接触面

（2）轴肩面和孔端面接触时，应将孔边倒角或将轴的根部切槽，以保证接触面之间的良好接触，如图 8-7 所示。

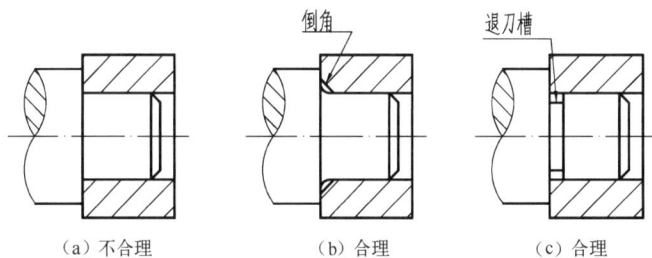

图 8-7　轴肩面和孔端面接触的结构

（3）为了保证接触良好，接触面需经机械加工。因此，合理地减少加工面积，不但可以降低加工费用，而且可以改善接触情况。如图 8-8 所示，为了保证连接件（螺栓、螺母、垫圈）和被连接件间的良好接触及减少加工面积，在被连接件上做出沉孔、凸台等结构。

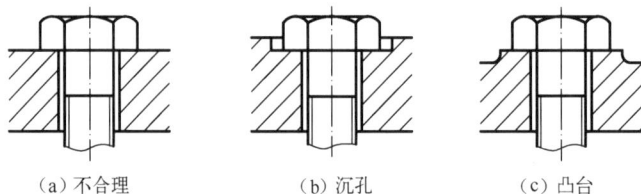

图 8-8　连接件与被连接件接触面的结构

8.4.2　密封装置

在一些机器或部件中，对外露的旋转轴和管路接口等，常需要采用密封装置，以防止机器内部的液体或气体外流，也防止灰尘等进入机器。

如图 8-9（a）所示为泵和阀上的常见密封结构。填料密封通常用浸油的石棉绳或橡胶作为填料，拧紧压盖螺母，通过填料压盖可将填料压紧，起到密封作用。

如图 8-9（b）所示为滚动轴承的常见密封结构，采用密封圈（毡圈）密封。

各种密封方法所用的零件，有些已经标准化，其尺寸要从有关手册中查取，如毡圈。

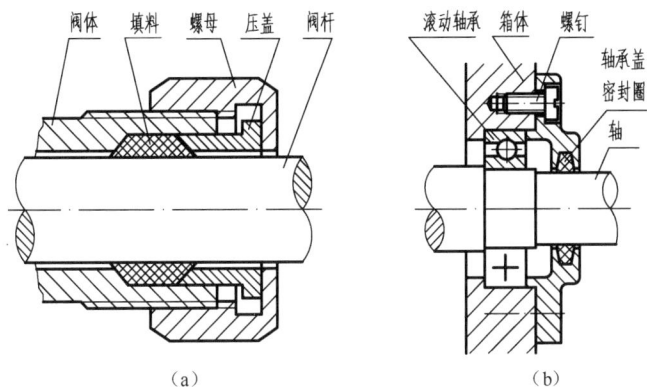

（a）　　　　　　　　　　　　　　（b）

图 8-9　密封装置

8.4.3　防松装置

机器运转时，由于受到振动或冲击，螺纹连接件可能发生松动，有时甚至造成严重事故。因此，在某些机构中需要用到防松装置。

（1）用双螺母锁紧　它依靠两个螺母在拧紧后，螺母之间产生的轴向力，使螺母牙与螺栓牙之间的摩擦力增大而防止螺母自动松脱，如图 8-10（a）所示。

（2）用弹簧垫圈锁紧　当螺母拧紧后，垫圈受压变平，依靠这个变形力，使螺母牙与螺栓牙之间的摩擦力增大，及通过垫圈开口的刀刃阻止螺母转动而防止螺母松脱，如图 8-10（b）所示。

（3）用开口销防松　开口销直接锁住了六角开槽螺母，使之不能松脱，如图 8-10（c）所示。

（4）用止动垫片锁紧　螺母拧紧后，弯倒止动垫片的止动边即可锁紧螺母，如图 8-10（d）所示。

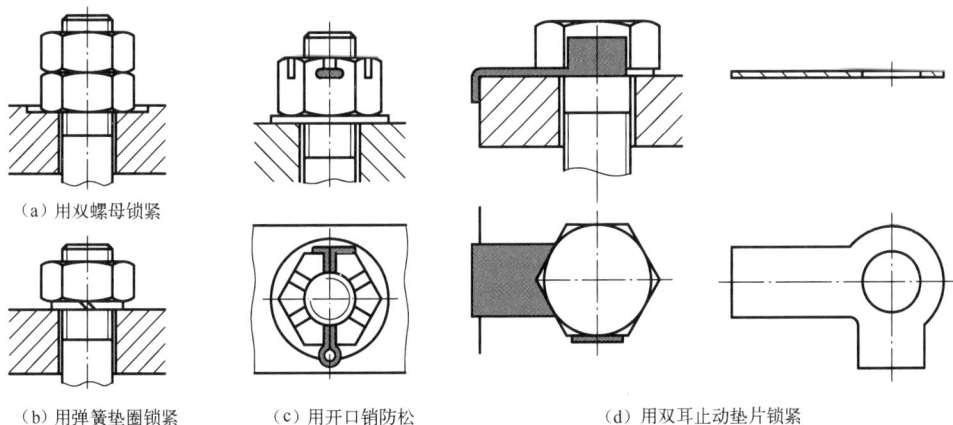

（a）用双螺母锁紧

（b）用弹簧垫圈锁紧　　　　（c）用开口销防松　　　　（d）用双耳止动垫片锁紧

图 8-10　防松装置

8.5 读装配图

在机器或部件的设计、制造、使用、维修和技术交流等实际工作中，经常要看装配图。通过看装配图可以了解机器或部件的工作原理、各零件间的装配关系和零件的主要结构形状及作用等。

读装配图的要求：

- 了解装配体的名称、用途、性能、结构和工作原理；
- 读懂各主要零件的结构形状及其在装配体中的功用；
- 了解各零件之间的装配关系、连接方式和装、拆顺序。

现以如图 8-11 所示球阀装配图为例来说明读装配图的方法和步骤。

1. 概括了解

① 从标题栏中了解机器或部件的名称、用途及比例等。

球阀是阀的一种，是安装在管道系统中的一个部件，用于开启和关闭管路，并能调节流体流量。

② 从零件序号及明细栏中，了解零件的名称、数量、材料及在机器或部件中的位置。由明细栏可知球阀由 13 种零件组成，其中标准件有两种。

③ 分析视图，了解各视图的作用及表达意图。

球阀装配图用了三个基本视图来表达：

- 主视图采用全剖视，表达各零件之间的装配关系；
- 左视图采用拆去扳手的半剖视图，表达球阀的内部结构及阀盖凸缘的外形；
- 俯视图采用局部剖视，主要表达扳手与阀杆上部、阀体限位凸块的装配关系。另外还采用了假想画法，表达扳手的另一极限位置。

2. 了解工作原理

工作原理：球阀的阀芯处于图中位置时，阀门全部开启，管道畅通，管路中流体的流量最大；当扳手沿顺时针方向旋转时，阀门逐渐关闭，流量逐渐减少，旋转到 90°时（图 8-11 中俯视图中双点画线所示的位置），阀芯便将通孔全部挡住，阀门全部关闭，管道断流。球阀的轴测装配图如图 8-12 所示，轴测分解图如图 8-13 所示。

3. 分析零件间的装配关系

（1）连接和固定方式

阀体 1 和阀盖 2 的凸缘部分相贴，并用四个双头螺柱和螺母连接。阀芯定位于阀体内腔，阀芯上的凹槽与阀杆下部的凸榫配合，阀杆上部的四棱柱与扳手的方孔结合。通过转动扳手带动阀芯旋转，以控制球阀的开启和关闭。

A-A

拆去扳手13

技术要求

装配后阀芯转动灵活,密封处无泄漏。

序号	代号	名称	数量	材料	备注
11		填料压紧套	1	35	
10		上填料	2	聚四氟乙烯	
9		中填料	1	聚四氟乙烯	
8		填料座	1	40Cr	
7	GB/T6170-2015	螺母 M12	4	Q235	
6	GB/T1897-1988	螺柱 M12X30	4	Q235	
5		调整垫	1	聚四氟乙烯	
4	01-03	阀芯	1	40Cr	
3	01-02	密封圈	2	聚四氟乙烯	
2		阀盖	1	ZG230-450	
1		阀体	1	ZG230-450	

设计		比例	球阀
校核			(单位)
审核		共 12 张 第 张	01-00

| 13 | | 扳手 | 1 | ZG230-450 | |
| 12 | | 阀杆 | 1 | 40Cr | |

M36×2
ⲫ20

ⲫ14 H11/C11
ⲫ18 C11/H11

ⲫ50 H11/f11

54

115±11

160

84

1215

B-B

75

M36×2

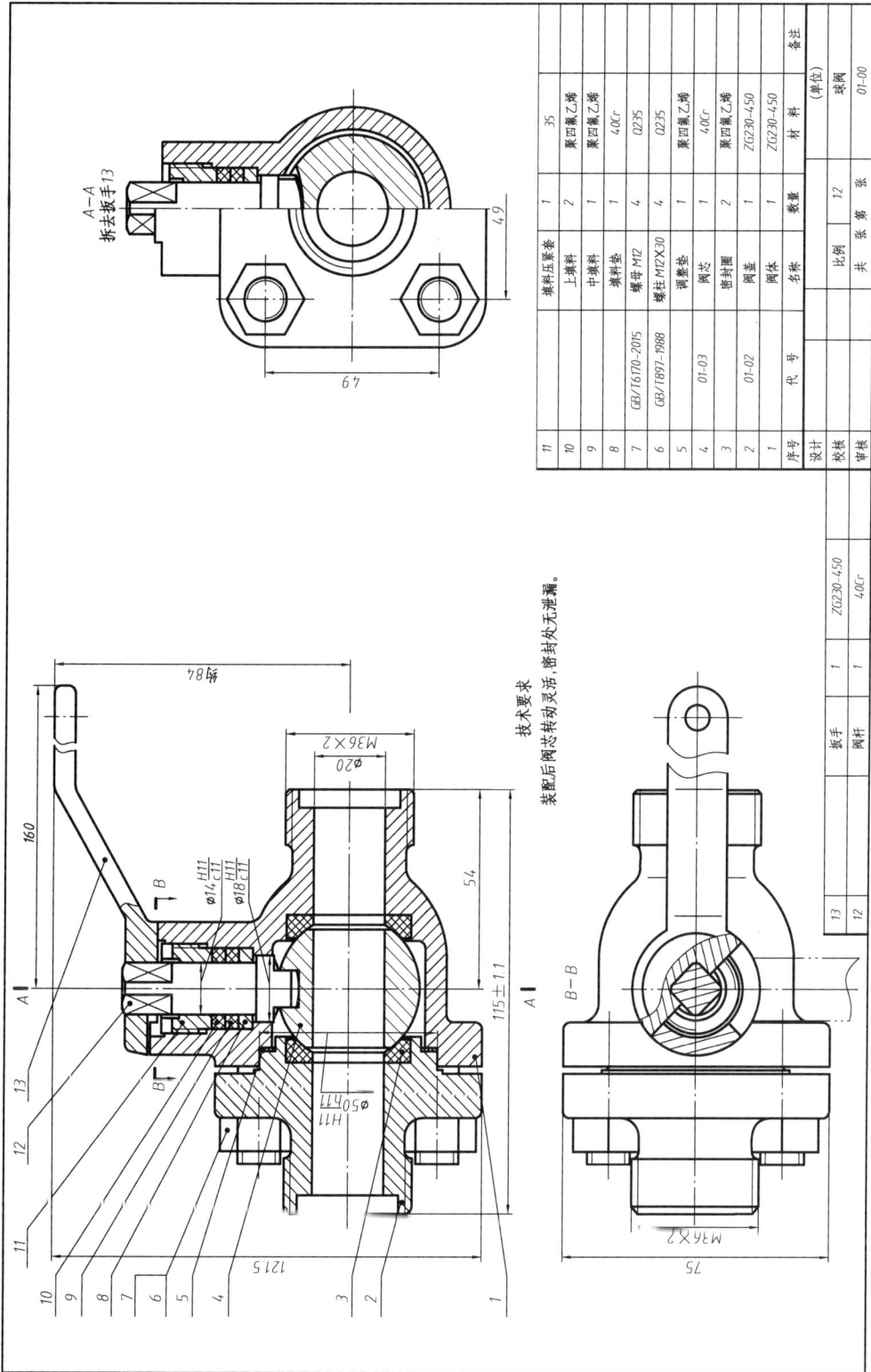

图8-11　球阀装配图

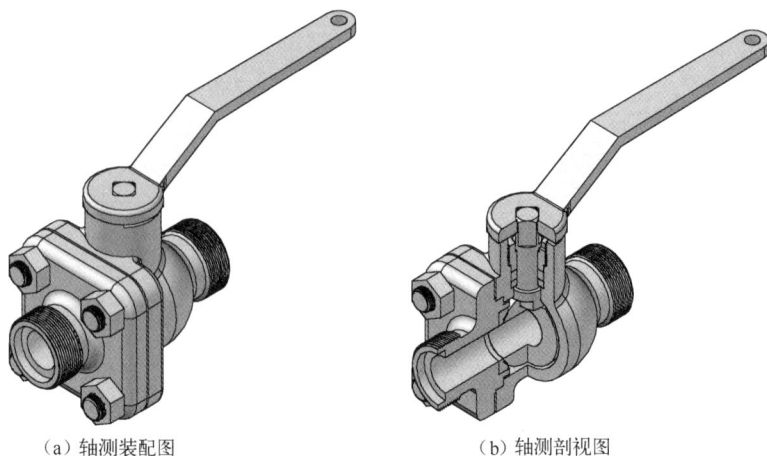

（a）轴测装配图　　　　　　　　　　（b）轴测剖视图

图 8-12　球阀的轴测装配图

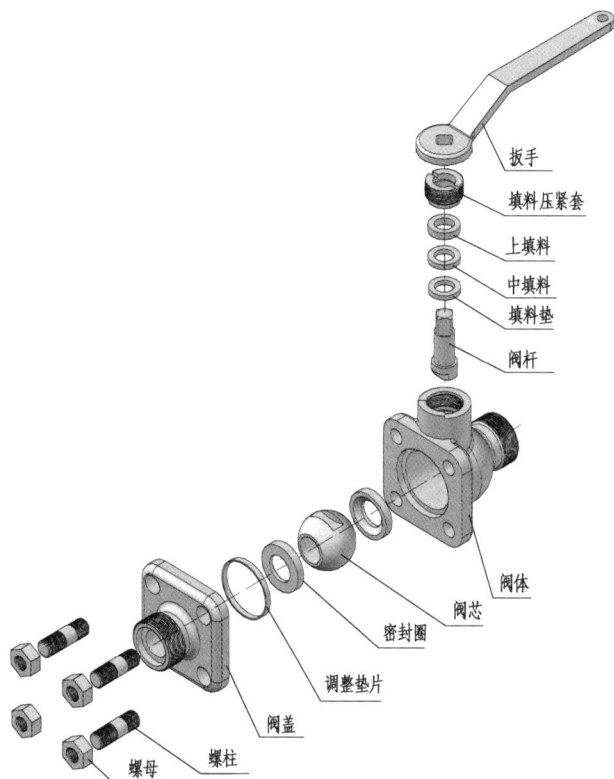

图 8-13　球阀的轴测分解图

（2）密封关系

阀芯 4 通过两个密封圈 3 和调整垫 5 密封，阀体与阀杆之间通过填料垫 8 和填料 9、10 密封，并用填料压紧套 11 压紧。

（3）拆卸顺序

拆卸时，可先拆下扳手 13、拧开填料压紧套 11、取出阀杆 12 及上填料 10、中填料 9 及填料垫 8。然后拆下四个螺母 7，将阀盖 2 与阀体 1 分离，并拿掉调整垫 5，即可将球阀解体。装配时和上述顺序相反。

4. 分析零件结构

分析时一般从主要零件开始，再看次要零件。首先对照明细栏，在编写零件序号的视图上确定该零件的位置和投影轮廓，按投影关系及"同一个零件在各视图中剖面线方向和间隔应一致"的原则来确定该零件在其他视图中的投影。然后分离其投影轮廓，先推想出因其他零件的遮挡或因表达方法的规定而未表达清楚的结构，再按形体分析的方法，弄清零件的结构形状。

例如球阀的阀芯，从装配图的主、左视图中，根据方向和间隔相同的剖面线，将阀芯的投影轮廓分离出来，由于在装配图中，阀芯被阀杆遮挡，所以分离出来的图形是不完整的，必须补全。对照主、左视图，想象出阀芯的整体形状如图 8-14 所示。

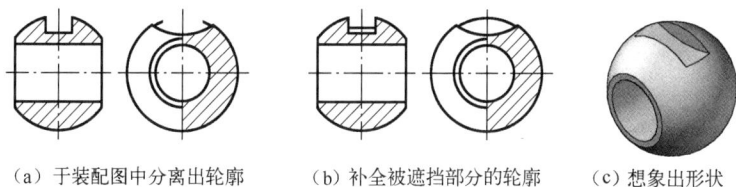

（a）于装配图中分离出轮廓　　（b）补全被遮挡部分的轮廓　　（c）想象出形状

图 8-14　阀芯投影轮廓的分离及其形状

5. 分析尺寸，了解技术要求

读懂装配图中的必要尺寸，分析装配过程中或装配后达到的技术要求，以及对装配体的工作性能、调试与检验等的要求。

例如，球阀装配图中的必要尺寸：$\phi20$ 为阀的管径，是规格性能尺寸；115±1.1、75、121.5 为总体尺寸；球阀两侧管接头尺寸 M36×2 为安装尺寸；$\phi50H11/h11$ 是阀体与阀盖的配合尺寸，$\phi14H11/c11$ 是阀体与填料压紧套的配合尺寸，$\phi18H11/c11$ 是阀杆与阀体的配合尺寸，为了便于装拆，三处均采用基孔制间隙配合。

例 8-1 识读拆卸器装配图（图 8-15）。

1. 概括了解

从标题栏可知该装配体是拆卸器，是用来拆卸紧固在轴上的零件的。从绘图比例和图中尺寸看，这是一个小型的拆卸工具。它由八种零件组成，其中标准件有两种。

该拆卸器用了主、俯两个视图来表达，主视图主要反映了整个拆卸器的外形结构，并采用了全剖视图来表达，但压紧螺杆 1、把手 2、抓子 7 等紧固件或实心零件按规定均未剖，为了表达它们与其相邻零件的装配关系，又作了三个局部剖。而轴与套本不是该装配体上的零件，用细双点画线画出其轮廓（假想画法），以体现其拆卸功能。为了节省图纸幅面，较长的把手则采用了折断画法。

俯视图采用了拆卸画法（拆去了把手 2、沉头螺钉 3 和挡圈 4），并取了一个局部剖视，以表示销轴 6 与横梁 5 的配合情况，以及抓子与销轴和横梁的装配情况。同时，也将主要零件的结构形状表达得很清楚。

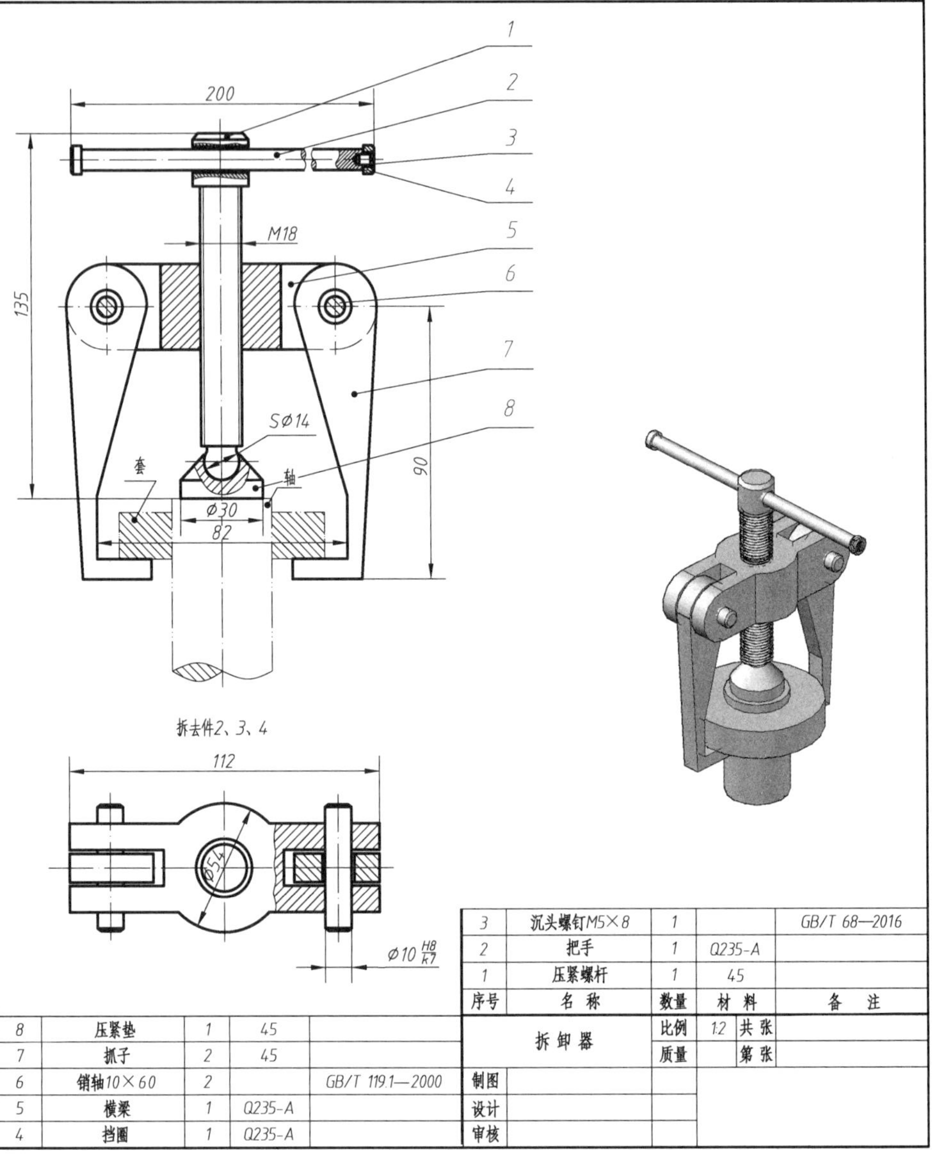

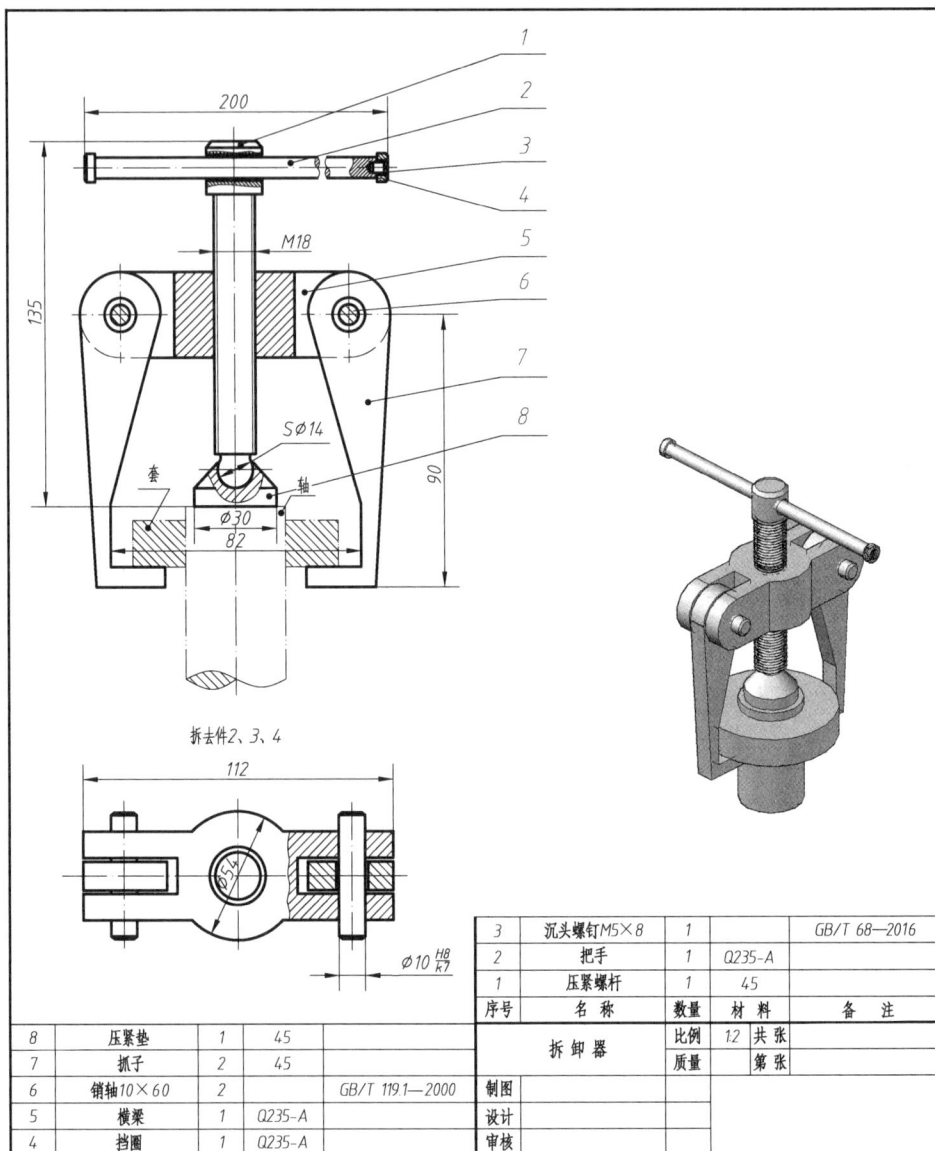

序号	名称	数量	材料	备注
3	沉头螺钉M5×8	1		GB/T 68—2016
2	把手	1	Q235-A	
1	压紧螺杆	1	45	
8	压紧垫	1	45	
7	抓子	2	45	
6	销轴10×60	2		GB/T 119.1—2000
5	横梁	1	Q235-A	
4	挡圈	1	Q235-A	

拆卸器	比例	1:2	共 张	
	质量		第 张	
制图				
设计				
审核				

图 8-15 拆卸器装配图

2. 了解工作原理

使用该拆卸器时，将手作用在把手上，当顺时针转动把手时，压紧螺杆做原位旋转运动，横梁则沿螺杆做向上的直线运动，其两端用销轴所连接的两个抓子上提，勾住的套类零件缓缓上升，直到从轴上拔出。

利用拆卸器，不需敲打就可拆卸轴上零件，故不会对零件造成任何损害，同时避免了敲打引起的振动对机器设备的损害。

3. 分析零件间的装配关系

（1）连接和固定方式

横梁 5 与压紧螺杆 1 通过螺纹连接，横梁 5 与两个抓子 7 间通过销轴 6 连接，挡圈 4

与把手 2 通过沉头螺钉 3 连接，压紧垫 8 与压紧螺杆 1 通过球头与球窝装配在一起。

（2）装配顺序

由图 8-15 中可分析出，整个拆卸器的装配顺序是：先把压紧螺杆 1 拧过横梁 5，压紧垫 8 固定在压紧螺杆的球头上，在横梁 5 的两旁用销轴 6 各穿上一个抓子 7，最后穿上把手 2，再将把手的穿入端用沉头螺钉 3 将挡圈 4 拧紧，以防止把手从压紧螺杆上脱落。

4. 分析零件结构

以零件 5 横梁为例，从装配图中分离出其投影轮廓（图 8-16（a）），然后补全在装配图中被挡住部分的投影（图 8-16（b））。对照主、左视图，想象出横梁的整体形状如图 8-16（c）所示。

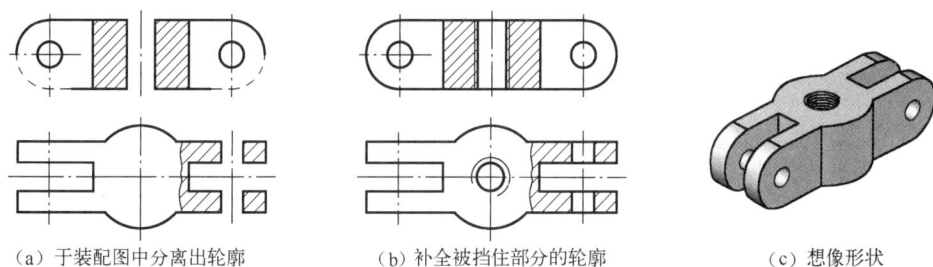

（a）于装配图中分离出轮廓　　　（b）补全被挡住部分的轮廓　　　（c）想像形状

图 8-16　横梁投影轮廓的分离及其形状

5. 分析尺寸，了解技术要求

尺寸 82 是规格尺寸，表示此拆卸器能拆卸零件的最大外径不大于 82mm。尺寸 112、200、135、ϕ54 是外形尺寸。尺寸 ϕ10H8/k7 是销轴与横梁孔的配合尺寸，是基孔制，过渡配合。

第二部分　综合实践模块

★ 典型零部件测绘

第 **9** 章

典型零部件测绘

1. 知识目标:
进一步掌握零件测绘的方法。
2. 能力目标:
① 能理论联系实际,综合运用机械专业知识与技能,解决实际需求。
② 利用测绘,提高学生的观察力。
3. 情感目标:
① 通过小组合作共同完成零件工作图的测绘任务,培养学生的团队合作精神。
② 增强学生展示自我的意识。

教学目标

怎样测绘零部件呢
（图9-1）?

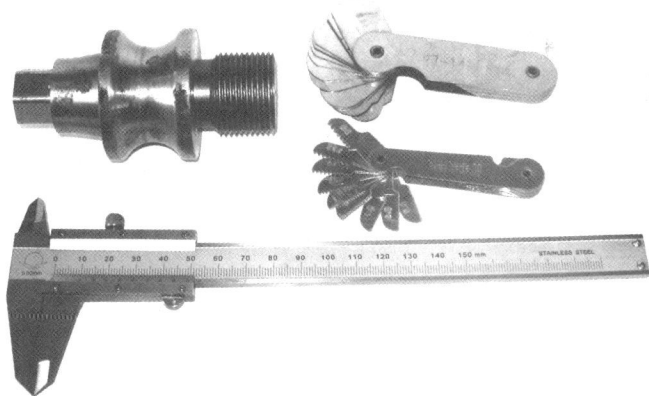

图 9-1　零件测绘

9.1　零部件测绘的基础知识

零件的测绘就是根据实际零件凭目测,徒手画出零件草图,然后测量出零件的各部分尺寸并确定技术要求,再根据该草图画出零件工作图。在仿造和修配机器部件以及技术改造时，常常要进行零件测绘，因此，它是工程技术人员必备的技能之一。

9.1.1 常用测量工具

测量尺寸的常用工具有：钢直尺、内外卡钳、游标卡尺、千分尺等，其中内外卡钳须借助直尺才能获得被测零件的尺寸。

对于精度要求不高的尺寸，一般用直尺、内外卡钳等即可，精确度要求较高的尺寸，一般用游标卡尺、千分尺等精确度较高的测量工具。特殊结构一般要用特殊工具，如螺纹规、圆弧规。

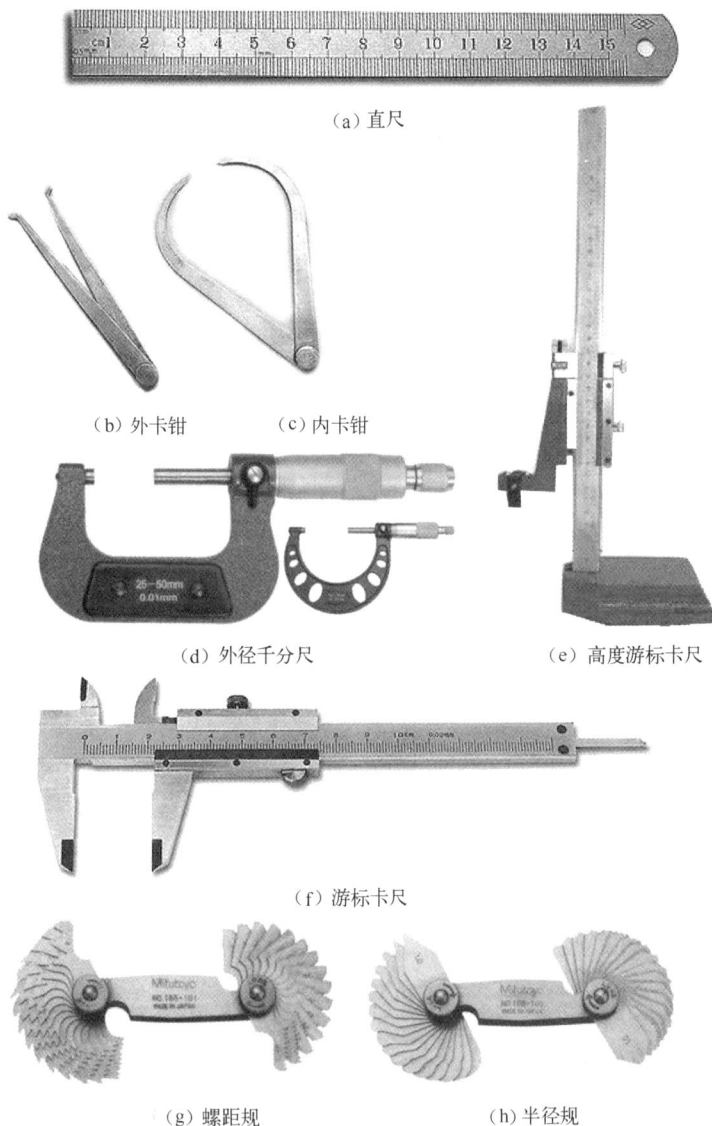

（a）直尺

（b）外卡钳　　　（c）内卡钳

（d）外径千分尺　　　　（e）高度游标卡尺

（f）游标卡尺

（g）螺距规　　　　（h）半径规

图 9-2　测量工具

9.1.2　常用的测量方法

1. 测量长度

长度一般可用直尺或游标卡尺直接量得读数，如图 9-3 所示。

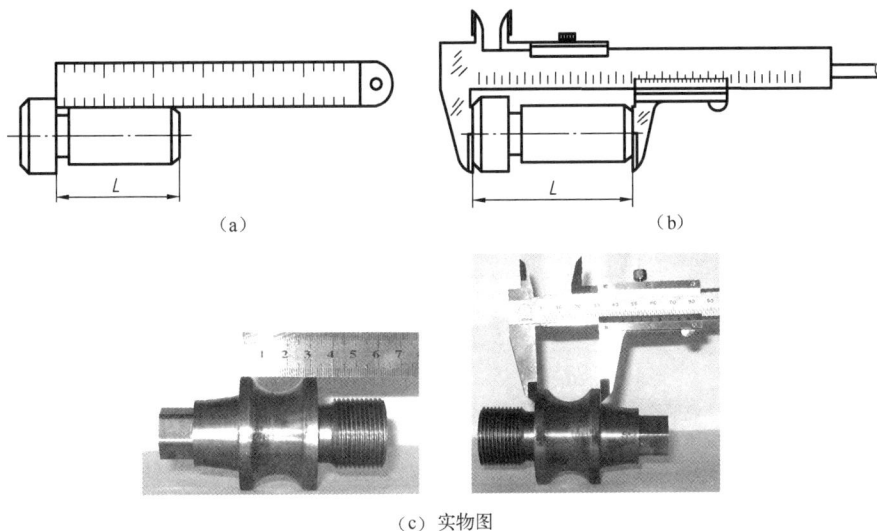

（a）　　　　　　　　　　　（b）

（c）实物图

图 9-3　长度的测量

2. 测量直径

直径一般用内、外卡钳和直尺配合测量即可，如图 9-4 所示。

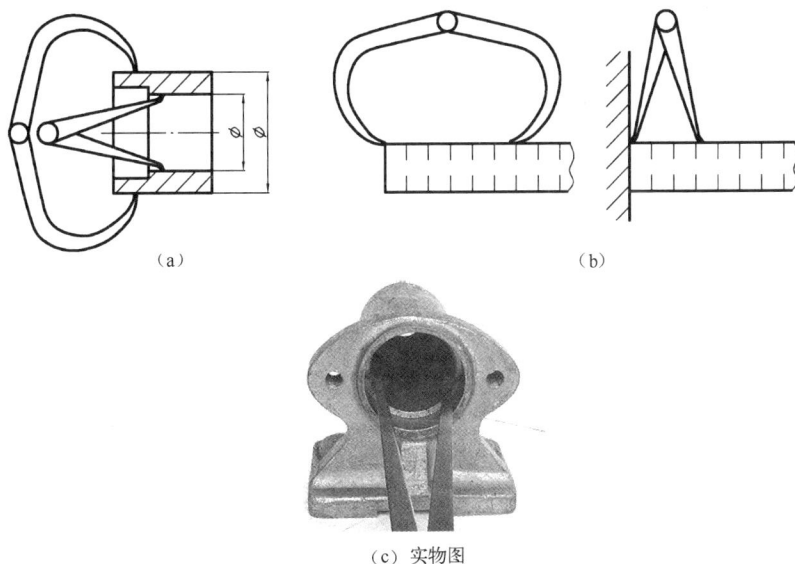

（a）　　　　　　　　　　　（b）

（c）实物图

图 9-4　直径的测量（一）

较精确的直径尺寸，多用游标卡尺或内、外千分尺测量，如图 9-5 所示。

（a）　　　　　　　　　　　　　　　　（b）

（c）实物图

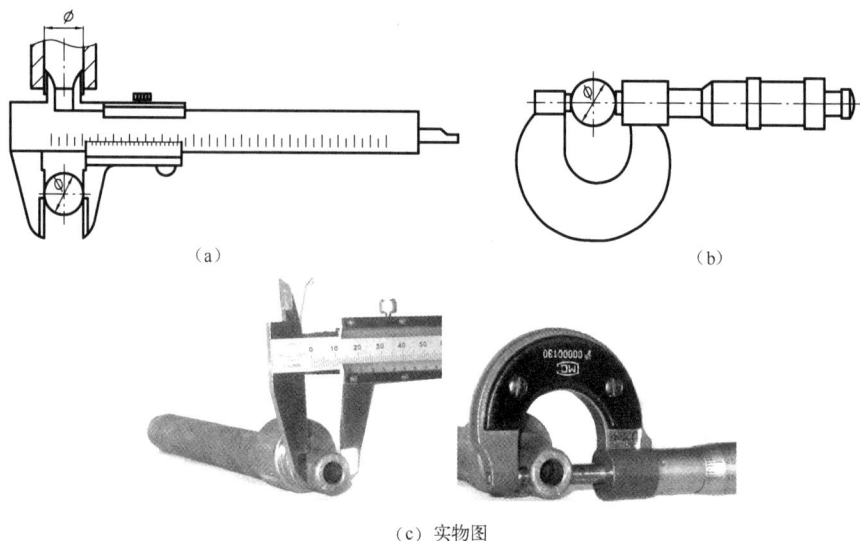

图 9-5　直径的测量（二）

3．测量壁厚

壁厚一般用直尺测量，如图 9-6（a）所示。若遇到用直尺无法测量的壁厚时，可采用卡钳来测量，如图 9-6（b）、（c）所示。

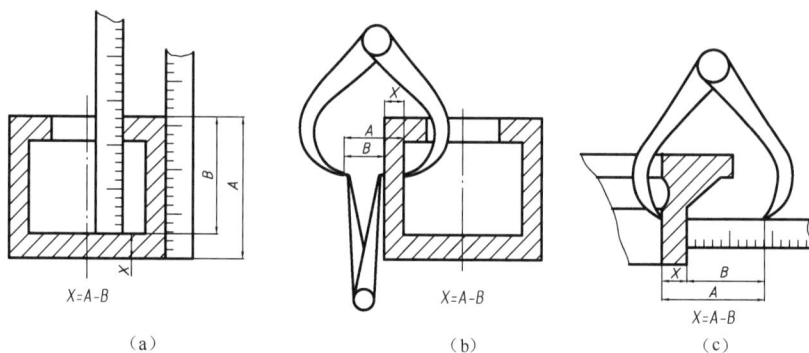

$X=A-B$　　　　　　　　　$X=A-B$　　　　　　　　$X=A-B$

（a）　　　　　　　　　　（b）　　　　　　　　（c）

图 9-6　壁厚的测量

4．测量深度

深度可用游标卡尺或直尺进行测量，如图 9-7 所示。

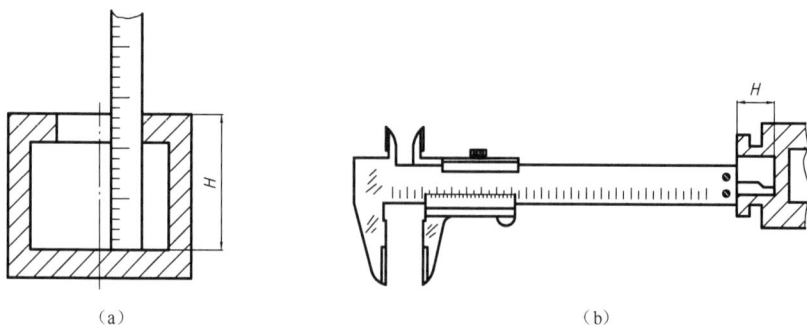

（a）　　　　　　　　　　　　　　　　（b）

图 9-7　深度的测量

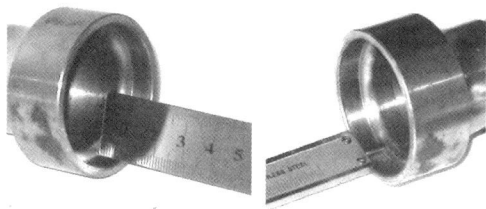

（c）实物图

图 9-7　深度的测量（续）

5. 测量孔距及中心高

孔距可用游标卡尺、卡钳或直尺测量，如图 9-8（a）、（b）所示。对于中心高，可用如图 9-8（c）所示的方法测量。

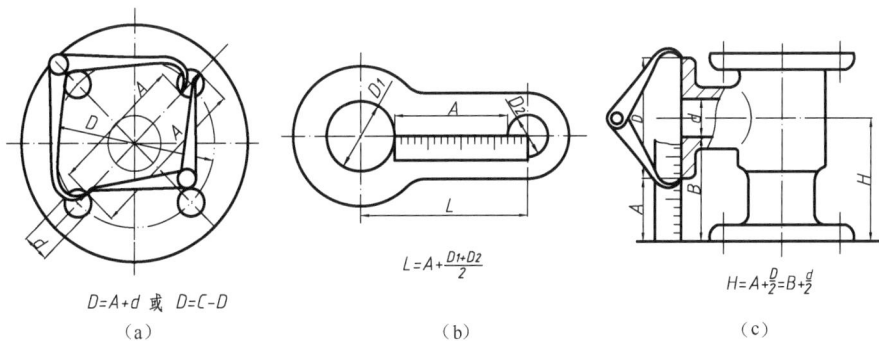

$$D=A+d \text{ 或 } D=C-D$$
（a）

$$L=A+\frac{D_1+D_2}{2}$$
（b）

$$H=A+\frac{D}{2}=B+\frac{d}{2}$$
（c）

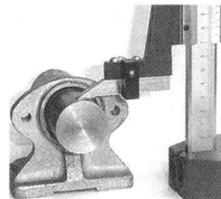

（d）测量孔距实物图　　　　　　　　（e）测量中心高实物图

图 9-8　孔距及中心高的测量

6. 测量圆角半径及螺距

测量圆角半径一般用半径规。每套半径规有很多片，一半测量外圆角，一半测量内圆角，每片刻有圆角半径的大小。测量时，只要在半径规中找到与被测部分相吻合的一片，从该片上的数值即可知圆角半径的大小，如图 9-9（a）所示。测量螺距可用螺纹规直接测量，如图 9-9（b）所示。

7. 测量曲线及曲面

曲线和曲面要求测得很准确时，必须用专门量仪进行测量。要求不太准确时，常采用下面三种方法测量：

① 拓印法　对于柱面部分的曲率半径的测量，可用纸拓印其轮廓，得到如实的平面曲线，判断该曲线的圆弧连接情况，再测量其半径，如图 9-10（a）所示。

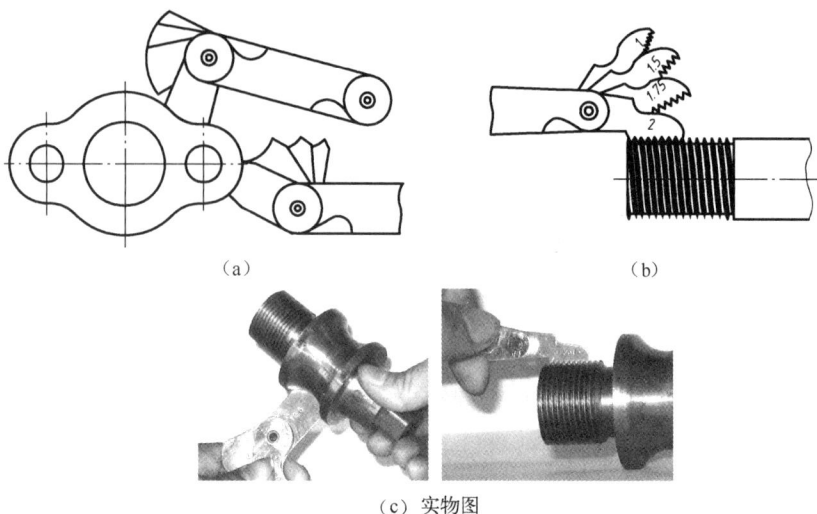

（a）

（b）

（c）实物图

图 9-9　圆角半径及螺距的测量

② 铅丝法　测量曲线回转面的母线，可用铅丝弯成与其曲面相贴的实形，得平面曲线，再用中垂线法求各段圆弧的中心，测量其半径，如图 9-10（b）所示。

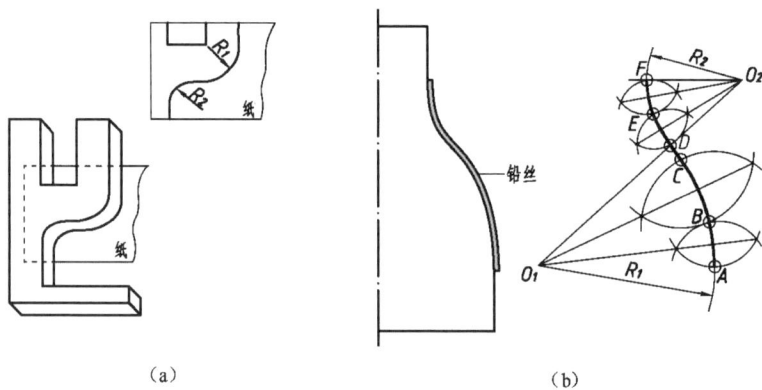

（a）

（b）

图 9-10　曲线及曲面的测量（一）

③ 一般的曲线和曲面都可用直尺和三角板定出曲线或曲面上各点的坐标，作出曲线再测出其形状尺寸，如图 9-11 所示。

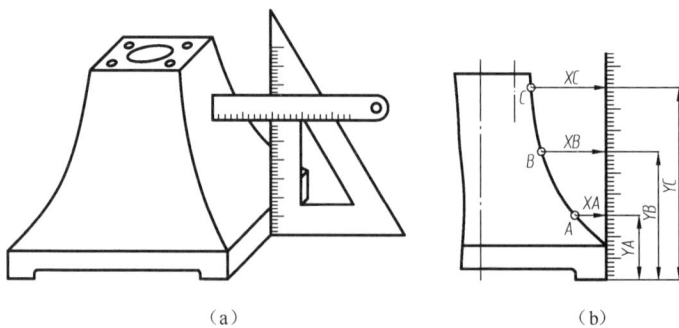

（a）

（b）

图 9-11　曲线及曲面的测量（二）

9.2　零件测绘的方法和步骤

如图 9-12 所示是球阀的填料压紧套轴测图。下面以该零件为例介绍零件测绘的方法步骤，如图 9-13 所示。

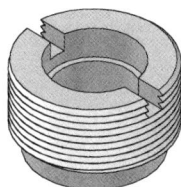

图 9-12　填料压紧套轴测图

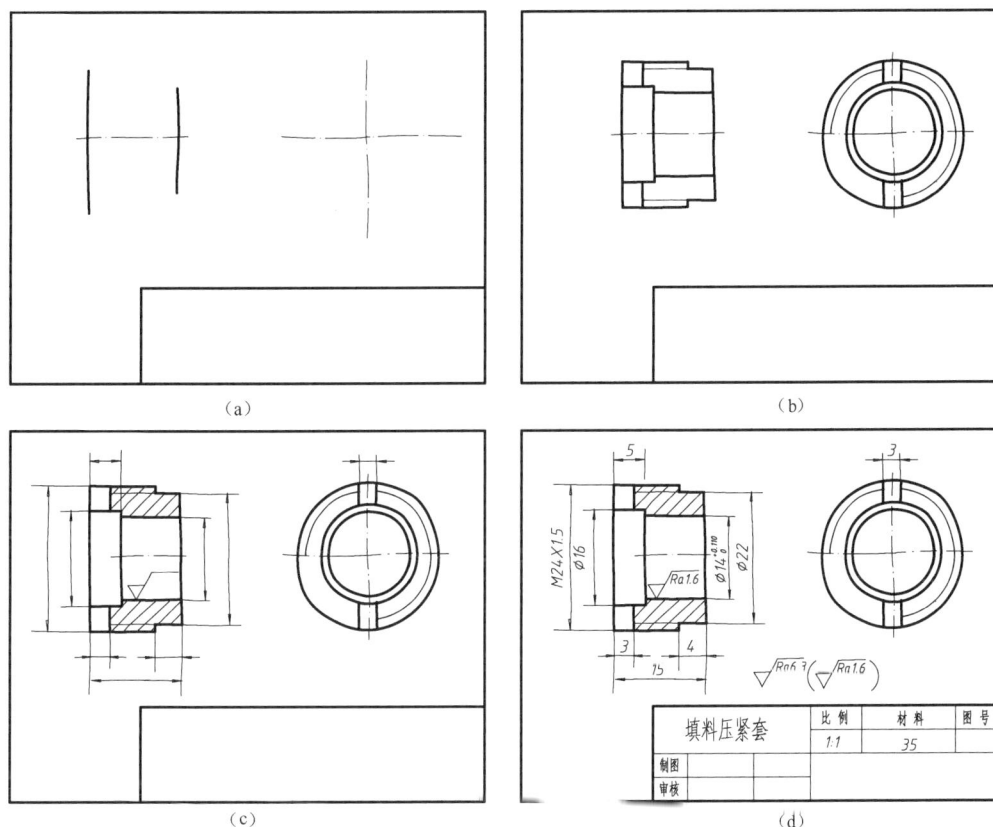

（a）　　　　　　　　　　　　　　　　　　　　　（b）

（c）　　　　　　　　　　　　　　　　　　　　　（d）

图 9-13　零件测绘的作图步骤

1. 了解分析零件

① 了解零件的名称，功用以及它在部件或机器中的位置和装配连接关系。

填料压紧套在球阀中起压紧填料的作用，它与填料组成的密封装置可以防止阀体的泄漏。它位于阀体的上部，套于阀杆上，通过螺纹与阀体相连。

② 对零件进行形体分析和结构分析。

填料压紧套属轴套类零件，其上有通孔，以容纳阀杆；外表面开有螺纹与阀体孔上内螺纹相配合，以起到压紧填料的作用；一端开有凹槽便于工具的装拆。

2. 确定零件表达方案

① 选择主视图。

填料压紧套的主视图，考虑其属于轴套类零件，按加工位置安放；为反映其上通孔和凹槽，采用全剖视图来表达。

② 选择其他视图。

为反映填料压紧套上凹槽的外形，另选用一个左视图。

3. 画零件草图

（1）画零件草图的要求

① 内容俱全。

零件草图是画零件工作图的重要依据，有时也直接用以制配零件，因此，必须具有零件工作图的全部内容，包括一组图形、齐全的尺寸、技术要求和标题栏。

② 目测徒手。

零件草图是不使用绘图工具，只凭目测零件实际形状、大小和大致比例关系，用铅笔徒手画出图形，然后集中测量标注尺寸的技术要求。切不可边画、边测、边注。

③ 草图不草。

草图决不能理解为"潦草之图"。画出的零件草图应做到图形正确、比例匀称、尺寸齐全、线型分明、字体工整。为提高绘图质量和速度，可在方格纸上画零件草图。

（2）画零件草图的步骤

① 在图纸上定出各视图的位置。画出各视图的基准线、中心线，如图 9-13（a）所示。安排各视图的位置时，要考虑到各视图间应留出标注尺寸的位置及右下角放置标题栏的位置。

② 详细地画出零件的结构形状，如图 9-13（b）所示。

③ 选择标注尺寸基准并画尺寸线、尺寸界线及箭头。经过仔细校核后，描深轮廓线，画好剖面线，如图 9-13（c）所示。

④ 测量尺寸，定出技术要求，并将尺寸数字、技术要求记入图中，如图 9-13（d）所示。

4. 绘制零件工作图

零件草图完成后，应对草图进行校核、整理，进行必要的修改和补充，最后画出零件工作图。零件工作图的绘图步骤与零件草图类似，不同的是要在图纸上用尺规按比例绘制，或根据零件草图在计算机上绘制，如图 9-14 所示。

零件测绘时的注意事项

① 零件的制造缺陷（如砂眼、气孔、刀痕）和零件在工作中造成的磨损等，都不应画出。

② 零件上因制造、装配需要而形成的工艺结构，如铸造圆角、倒角等必须画出。

③ 有配合关系的尺寸（如配合的孔与轴的直径），一般只要测出它的公称尺寸，其配合性质和相应的公差值，应在进行综合分析后，查阅有关手册确定。没有配合关系的尺寸或不重要的尺寸，允许将测量所得尺寸作适当调整。

④ 对螺纹、键槽、沉头孔、轮齿等标准结构的尺寸，应把测量的结果与标准值对照，采用标准的结构尺寸。

⑤ 零件测绘对象主要指一般零件。凡属标准件，不必画它的零件草图和零件工作图，只需测量主要尺寸，查有关标准写出规定标记，并注明材料、数量。

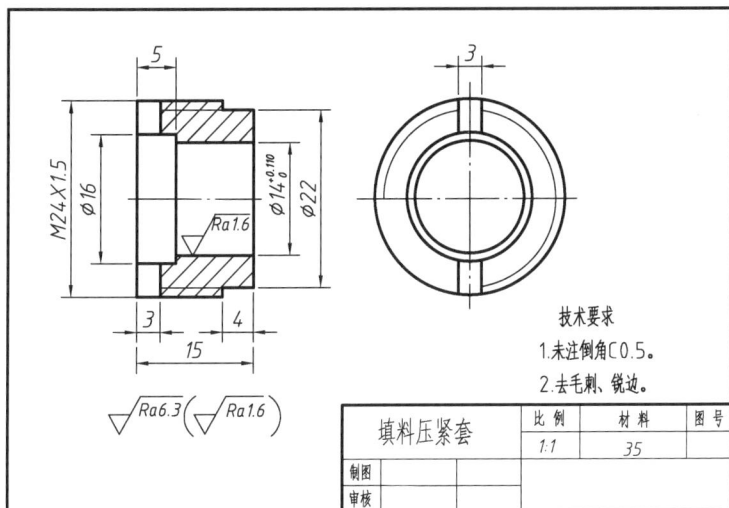

图 9-14　绘制零件工作图

9.3　部件测绘的方法与步骤

1. 了解、分析部件

绘制部件装配图之前，应对所画的对象有全面的认识，即了解部件的功用、性能、结构特点和各零件间的装配关系等。

现以如图 9-15 所示旋阀为例介绍部件测绘的方法和步骤。

在管道系统中，旋阀是用于启闭和调节流体流量的部件。该旋阀的装配干线处于竖直方向。其装配关系是：阀体和阀杆通过圆锥面配合；为了密封，在阀体与阀杆之间加进垫圈、填料，压入填料压盖后通过螺钉锁紧。

旋阀的工作原理是：将扳手（图中未画出）的方孔套进阀杆上部的四棱柱，当阀杆处于如图所示的位置时，则阀门全部开启，管道畅通；当转动扳手90°时，则阀门全部关闭，管道断流。

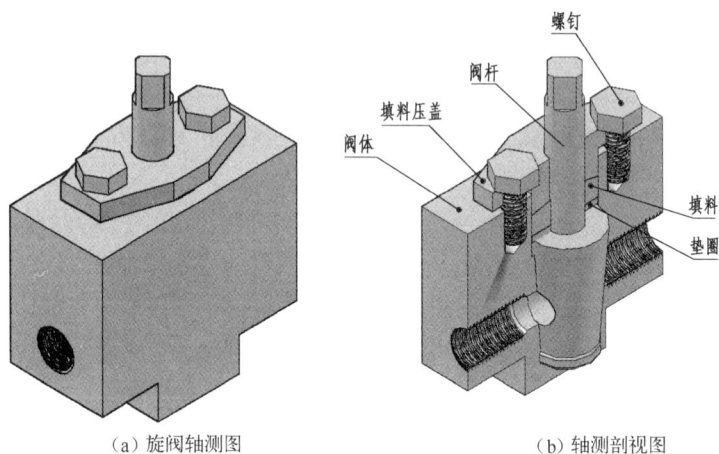

（a）旋阀轴测图　　　　　　　　　　（b）轴测剖视图

图 9-15　旋阀轴测图

2. 画装配示意图

装配示意图一般是用简图或符号画出机器或部件中各零件的大致轮廓，以表示其装配位置、装配关系和工作原理等。国家标准《机械制图 机构运动简图符号》（GB/T 4460—1984）中规定了一些基本符号和可用符号，一般情况采用基本符号，必要时允许使用可用符号，画图时可以参考使用。

旋阀装配示意图如图9-16所示。

3. 确定表达方案

在对所画机器或部件全面了解和分析的基础上，运用装配图的表达方法，选择一组恰当的视图，清楚地表达机器或部件的工作原理、零件间的装配关系和主要零件的结构形状。在确定表达方案时，首先要合理选择主视图，再选择其他视图。

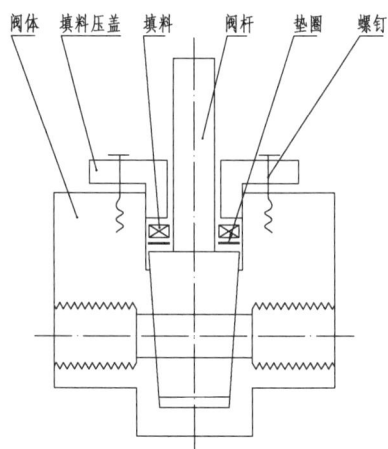

图 9-16　旋阀装配示意图

（1）选择主视图

主视图的选择应符合它的工作位置，尽可能反映机器或部件的结构特点、工作原理和装配关系，这样对于设计和指导装配都会带来方便。主视图通常采用剖视图以表达零件的主要装配干线。

图 9-15 中的旋阀工作位置情况多变，但一般是将其通路放成水平位置，故表达旋阀时按图 9-16 装配示意图的放置位置和投射方向采用全剖视图表达旋阀的两条装配干线。

（2）选择其他视图

分析主视图尚未表达清楚的机器或部件的工作原理、装配关系和其他主要零件的结构形状，再选择其他视图来补充主视图尚未表达清楚的结构。

如图 9-17 所示，旋阀沿前后对称面剖开的主视图，虽清楚地反映了各零件间的主要装配关系和旋阀工作原理，可是阀体和填料压盖的外形还没有表达清楚，于是选取俯视图，补充反映它们的外形结构。

4. 画装配图的步骤

确定了部件的视图表达方案后，根据视图表达方案以及部件的大小与复杂程度，选取适当比例，安排各视图的位置，从而选定图幅，便可着手画图。在安排各视图的位置时，要注意留有供编写零、部件序号、明细栏，以及注写尺寸和技术要求的位置。

画图时，应先画出各视图的主要轴线（装配干线）、对称中心线和作图基线（某些零件的基面或端面）。由主视图开始，几个视图配合进行。

为避免图线不必要的"先画后擦"，本章中的旋阀采用了由内向外的画图顺序，即从各装配线的核心零件开始，"由内向外"，按装配关系逐层向外扩展画出各个零件，最后画壳体、箱体等支撑、包容零件的部分。具体作图步骤如下：

① 画图框、标题栏和明细栏，画出各视图的主要基准线，如阀杆轴线、阀体底平面及其上通孔轴线等，画出装配干线上阀杆的视图，如图 9-17（a）所示。

② 画出主体零件的主要结构。通常先从主视图开始，先画基本视图，后画其他视图。画图同时应注意各视图间的投影关系，如图 9-17（b）所示。

③ 画其他零件及各部分的细节，如图 9-17（c）所示。

④ 检查底稿，绘制标题栏及明细栏并加深全图，如图 9-17（d）所示。

⑤ 标注尺寸，编写零件序号，填写明细栏和标题栏，注明技术要求等。

⑥ 仔细检查完成全图，如图 9-17（e）所示。

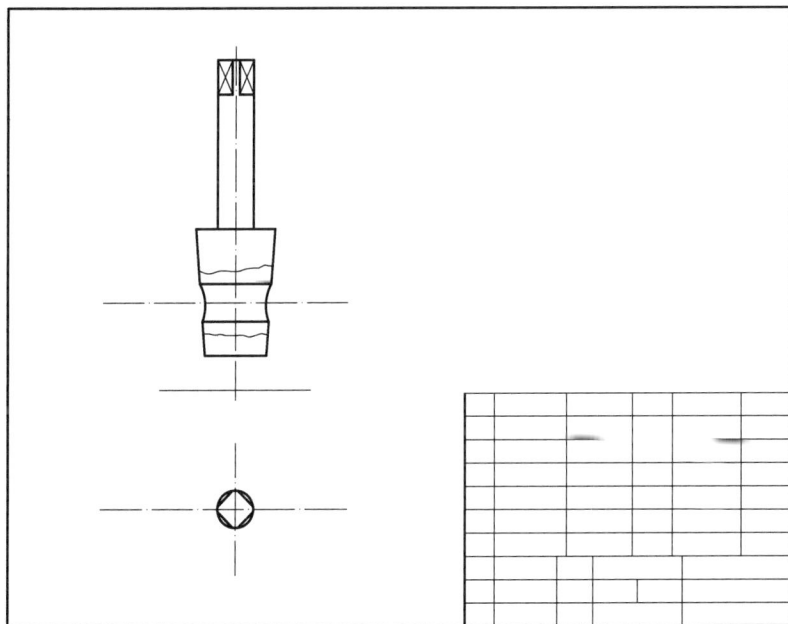

（a）

图 9-17　画球阀装配图的步骤

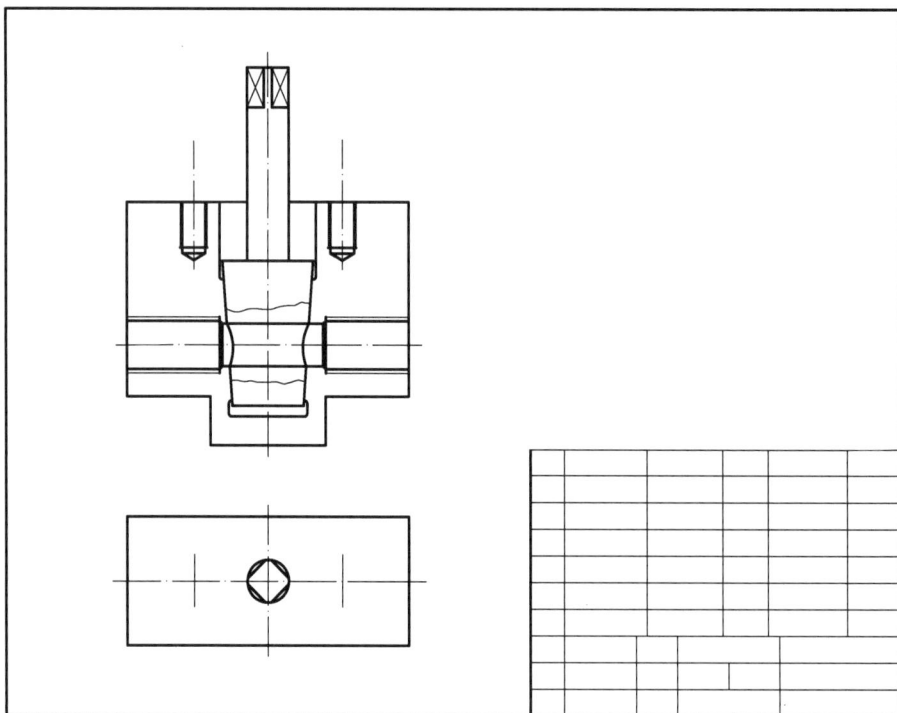

（b）

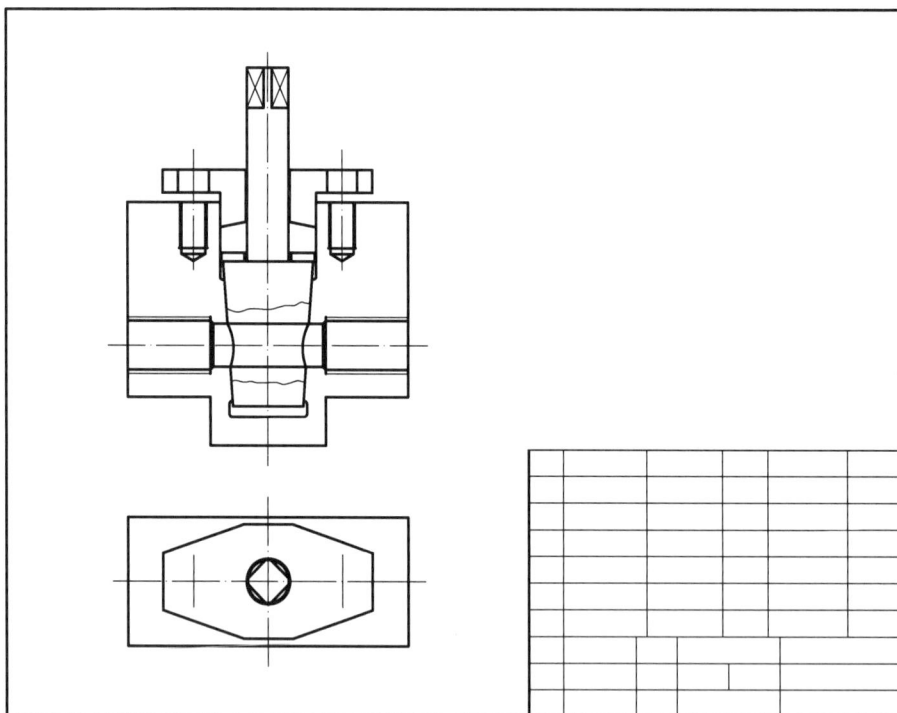

（c）

图 9-17　画球阀装配图的步骤（续）

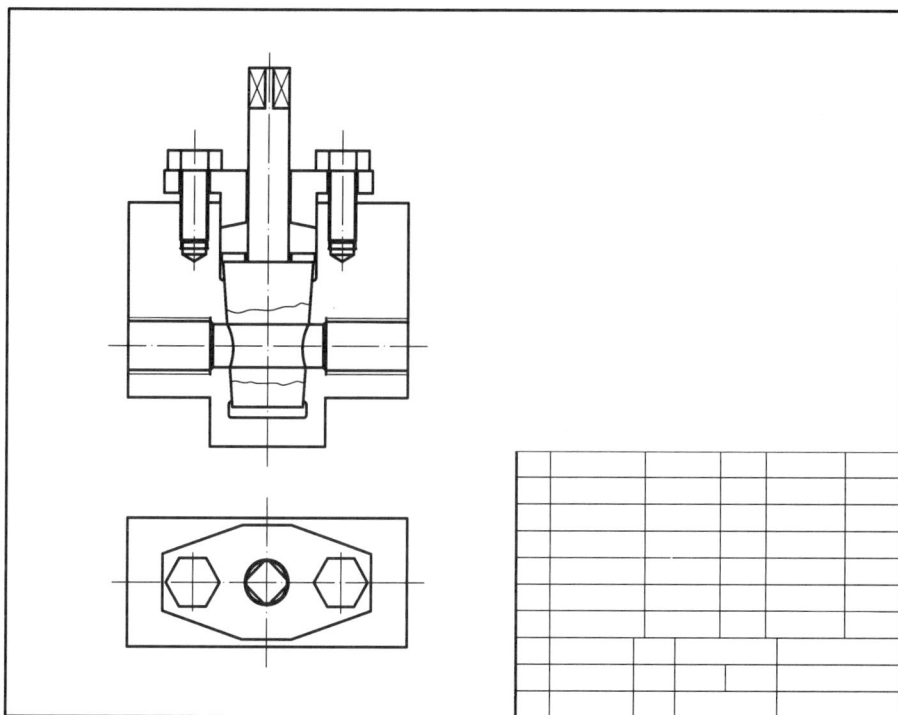

（d）

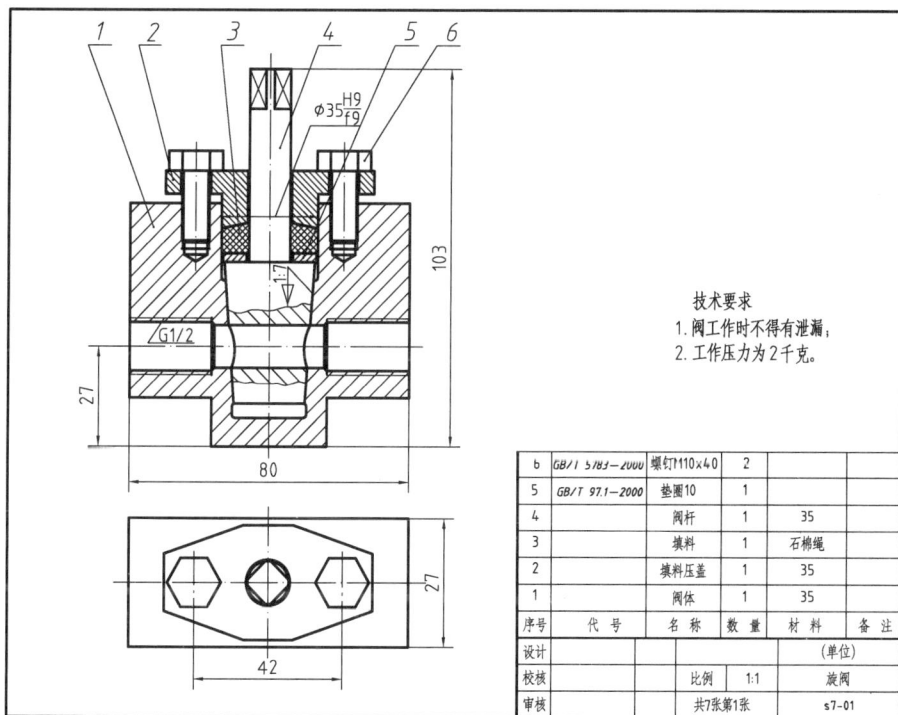

技术要求
1. 阀工作时不得有泄漏；
2. 工作压力为2千克。

6	GB/T 5783-2000	螺钉M10×40	2		
5	GB/T 97.1-2000	垫圈10	1		
4		阀杆	1	35	
3		填料	1	石棉绳	
2		填料压盖	1	35	
1		阀体	1	35	
序号	代 号	名 称	数 量	材 料	备 注
设计				（单位）	
校核			比例	1:1	旋阀
审核			共7张第1张		s7-01

（e）

图 9-17　画球阀装配图的步骤（续）

第三部分 选学模块

- ★ 专用图样识读
- ★ 第三角画法

第**10**章

专用图样识读

怎样识读如图10-1所示的其他行业的图纸呢？

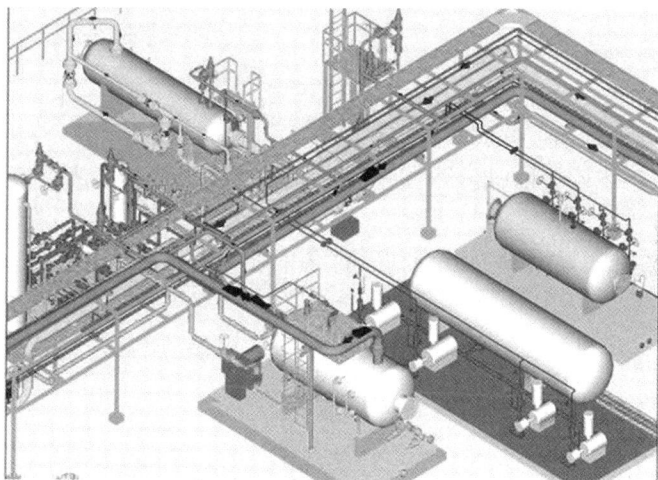

图 10-1　某集气站模型图

10.1　展　开　图

将物体表面按其实际形状依次摊平在同一个平面上，称为物体的表面展开。

展开后所得到的图形，称为物体的表面展开图，简称展开图。

在生产和生活中经常遇到由金属板材制成的产品（图10-2），如抽油烟机的外壳、生产中的变形料斗、超市中的通风管路、吸尘罩、分离筒等，制造这类产品时，先要画出相应的展开图（即常说的放样），然后根据图样下料，经过弯、卷成形，最后将其焊接或铆接而成。

10.1.1 柱面的展开

由于柱面各棱线或素线互相平行，当柱面的底面垂直其棱线或素线时，柱面的展开图是一个矩形，其高度是柱面的高，长度是柱底面的周长，因此柱面的展开常采用平行线法，其展开图有下列特点：

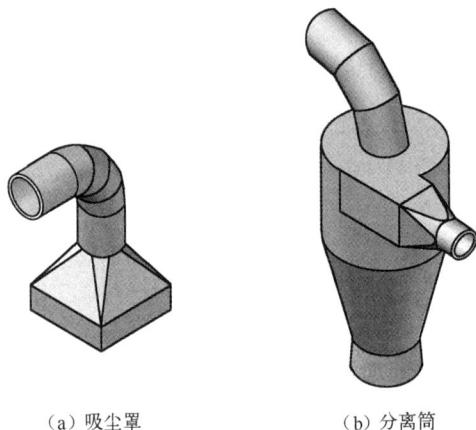

（a）吸尘罩　　　　　　（b）分离筒

图 10-2　金属板材制品示例

- 底面的周边展开成一条直线段；
- 各棱线或素线在展开图中都和底面周边展开成的直线段相互垂直。

例 10-1 求作截头六棱柱面的展开图。

分析

如图 10-3（a）所示为截头六棱柱管的立体图。由于从两面投影图（图 10-3（b））中可直接量得各表面实形的边长，因此作图较简单。

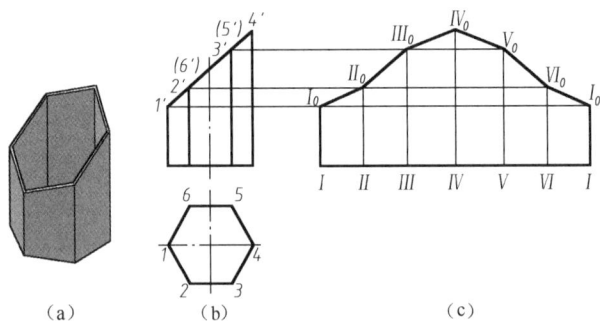

（a）　　　　　（b）　　　　　　　　（c）

图 10-3　截头六棱柱面展开图

作图步骤

① 按各底边的实长展开成一条水平线，标出 I、II、III、IV、V、VI、I 各点;

② 过这些点作铅垂线，在其上分别量取各棱线的实长，即得诸端点 I_0、II_0、III_0、IV_0、V_0、VI_0、I_0。

③ 用直线依次连接各端点，即可得展开图，如图 10-3（c）所示。

例 10-2 求作斜口圆管表面的展开图。

分析

如图 10-4 所示，圆管被斜切以后，表面每条素线的高度有了差异，但仍互相平行，且与底面垂直，其正面投影反映实长，斜口展开后成为曲线。

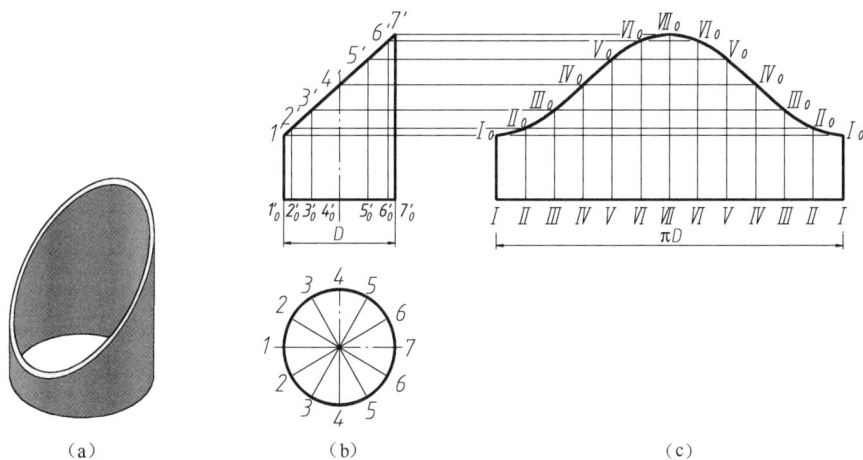

（a）　　　　　　　　（b）　　　　　　　　（c）

图 10-4　斜口圆管表面的展开图

作图步骤

① 在俯视图上，将圆周分成若干等分（图中为 12 等分），得分点 1、2、3、…，过各分点在主视图上作相应素线投影 $1'1'_0$、$2'2'_0$、$3'3'_0$、…。

② 展开底圆得一条水平线，其长度为 πD，并将其分成同样等分，得 I、II、… 分点，如准确程度要求不高时，各分段长度可以底圆分段各弧的弦长近似代替。

③ 过 I、II、…各分点作铅垂线，并截取相应素线高度（实长）$1'1'_0 = I\,I_0$，$2'2'_0 = II\,II_0$，$3'3'_0 = III\,III_0$，…，得 I_0、II_0、III_0、…各端点。

④ 光滑连接 I_0、II_0、III_0、…各点，即可得到斜口圆管表面的展开图，如图 10-4（c）所示。

10.1.2　锥面的展开

由于锥面各棱线或素线都相交于一点，因此可将锥面看作由三角形平面组成或者将锥面相邻两素线间的曲面用三角形平面近似代替。

例 10-3 求作吸气罩的展开图（图 10-5（a））。

分析

从图中可知，吸气罩是由四个梯形平面围成的，其前后、左右对应相等，在其投影图上并不反映实形。为求梯形平面实形，可先求四条等长棱线的实长，以此为半径画出扇形，再在扇形内作四个等腰梯形。

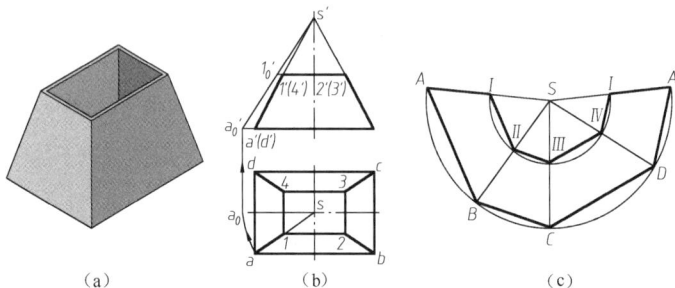

图 10-5 吸气罩的展开图

作图步骤

① 在俯视图中以 s 为圆心，将 a 旋转至水平线上得交点 a_0，然后在主视图找到 a'_0 及锥顶的投影 s'，则 $s'a'_0$ 为棱线 SA 的实长。过 $1'$ 作水平线交 $s'a'_0$ 于点 $1'_0$，则 $s'1'_0$ 为棱线 $S\,I$ 的实长。

② 以 S 为圆心，$s'1'_0$ 和 $s'a'_0$ 为半径画弧，在圆弧上截取 $AB = ab$、$BC = bc$、$CD = cd$、$DA = da$，然后过 A、B、C、D、A 各点向 S 连线，与小圆弧交于 I、II、III、IV、I 五个点，连接各点，即可得吸气罩的展开图。

例 10-4 求作斜口锥管的展开图（图 10-6（a））。

分析

由斜口锥管的视图可以看出，锥管轴线是铅垂线，故其正面投影的轮廓线 $a'1'$ 和 $e'5'$ 反映了最左、最右素线的实长，其他位置素线的实长需通过作图得出。

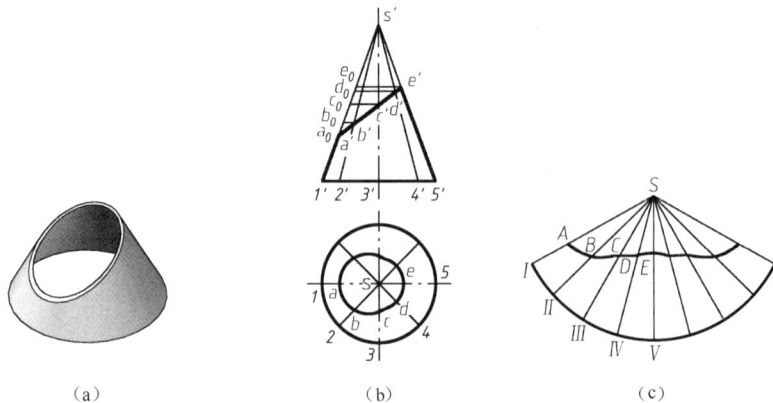

图 10-6 斜口锥管的展开图

作图步骤

① 把 H 面投影圆周 12 等分，在 V 面投影图上作出相应素线投影 $s'1'$、$s'2'$、…。

② 过 V 面投影图上各条素线与斜顶面交点 a'、b'、…，分别作水平线，与圆锥最左素线 $s'1'$ 分别交于 a'_0、b'_0、…各点，则 $1'a'_0$、$1'b'_0$、…为斜口锥管上相应素线的实长。

③ 作出完整圆锥表面的展开图。在相应棱线上截取 $IA = 1'a'_0$、$IIB = 1'b'_0$、…，得 A、B、…各端点。

④ 用光滑曲线连接 A、B、…各点，得到斜口锥管的表面展开图，如图 10-6（c）所示。

10.1.3 应用举例

例 10-5 求作三通管的展开图（图 10-7（a））。

分析

如图 10-7 所示，异径直角三通管的大、小两个圆管的轴线垂直相交，作展开图关键是在大、小圆管的展开图上准确地画出两个圆管的相贯线。

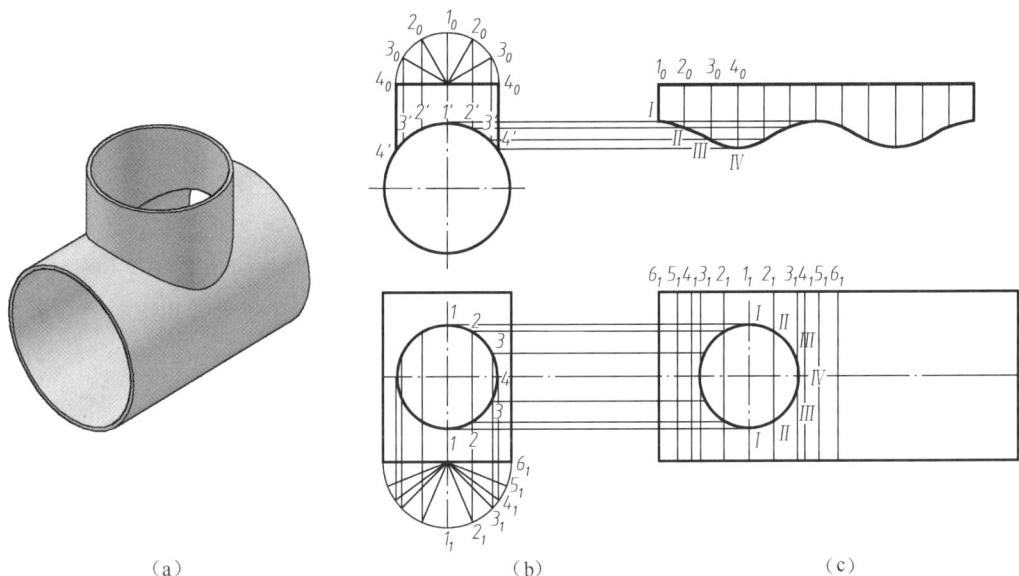

(a)　　　　　　(b)　　　　　　(c)

图 10-7　三通管的展开图

作图步骤

1. 小圆管的展开

① 主视图中，将小圆管的半圆分成六等份，交 1_0、2_0、3_0、4_0 各点，然后作小圆管相应的等分素线交大圆管的圆于点 $1'$、$2'$、$3'$、$4'$ 各点。

② 展开小圆管顶圆得一条水平线，其长度为 πD，将其分 12 等分，得 1_0、2_0、…分点，再从各分点作垂线，在各条垂线上分别量取对应素线的长度，得点 I、II、…。

③ 用光滑曲线连接各点，即为小圆管的展开图。

2. 大圆管的展开

① 先将大圆管展开成一个矩形，其边长分别为大圆管的长度和周长。

② 在俯视图中，利用小圆上的各分点 1、2、3、4 在大圆管的半圆上截 6_1、5_1、4_1、3_1、2_1、1_1 各点。

③ 在矩形的水平线上截取 6_1、5_1、4_1、3_1、2_1、1_1，并过各点作垂线，与水平投影面上 1、2、3、4 各点向右的水平线相交，得相应交点 I、II、III、IV。光滑连接这些点，即得相贯线展开后的图形，如图 10-7 所示。

在实际生产中，常常只将小圆管展开，弯成圆管后，定位在大圆管上划线开口，最后把两管焊接起来。

例 10-6 求作方圆变形接头表面的展开图（图 10-8（a））

分析

本例为一个上连圆形管口，下连方形管口的上圆下方变形接头，它由四个相同的等腰三角形和四个相同的 1/4 局部斜锥面组成，将这些组成部分依次展开画在同一个平面上，即得该方圆变形接头的展开图。

作图步骤

① 在水平投影图上，将圆口的 1/4 圆弧分成三等份，得分点 1、2、3、4。则连线 a1、a2、a3、a4 分别为斜圆锥面上素线 $A\,I$、$A\,II$、$A\,III$、$A\,IV$ 的 H 面投影，其中素线 $A\,I = A\,IV$，$A\,II = A\,III$。

② 用旋转法得素线 $A\,I$、$A\,II$ 的实长 $A\,I = A\,IV = a'1_0'$，$A\,II = A\,III = a'2_0'$。

③ 在展开图上，取 $AB = ab$，分别以 A、B 为圆心，$A\,I$ 为半径作圆弧，交于点 IV，得三角形 $AB\,IV$，为三角形的实形。再分别以 IV、A 为圆心，以 34 的弧长（近似作图用弦长代替）和 $A\,II$ 为半径作圆弧，交于 III 点，得三角形 $A\,III\,IV$。同理依次作出三角形 $A\,II\,III$、$A\,I\,II$，用光滑曲线连接 I、II、III、IV 各点，即可得 1/4 斜锥面的展开图。

④ 以完全相同的方法继续作图，即得方圆变形接头表面的展开图。

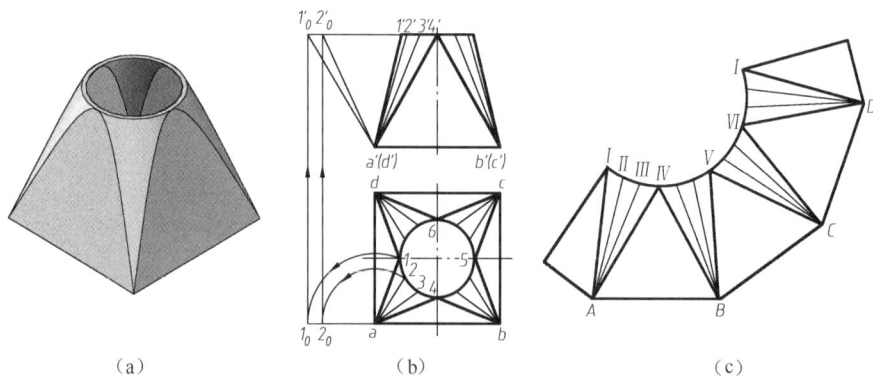

(a) (b) (c)

图 10-8　方圆变形接头表面的展开图

10.2 焊 接 图

焊接是将零件的连接处加热熔化，或者加热加压熔化（用或不用填充材料），使连接处熔合为坚固的整体的制造工艺。焊接是一种不可拆连接。

焊接图是焊接加工时要求的一种图样。焊接图应将焊接件的结构和焊接有关的技术参数表示清楚。国家标准中规定了焊缝的种类、画法、符号、尺寸标注方法以及焊缝标注方法。本节主要介绍常见的焊缝符号及其标注方法。

10.2.1 焊缝符号

零件经焊接所形成的接缝称为焊缝。在技术图样中，一般按 GB/T 324—2008 规定的焊缝符号表示焊缝。

完整的焊缝符号包括基本符号、指引线、补充符号、尺寸符号及数据等。为了简化，在图样上标注焊缝时，通常只采用基本符号和指引线，其他内容一般在有关的文件中（如焊接工艺规程等）明确。

1. 基本符号

基本符号为表示焊缝横截面的基本形状和特征的符号，见表 10-1。

表 10-1 基本符号（摘自 GB/T 324—2008）

焊缝名称	焊缝示意图	符号	焊缝名称	焊缝示意图	符号
I 形		‖	带钝边 U 形		Y
V 形		∨	角焊缝		◿
单边 V 形		⋁	点焊缝		○
带钝边 V 形		Y			

2. 基本符号的组合

标注双面焊缝和接头时，基本符号可以组合使用，见表 10-2。

表 10-2　基本符号的组合

焊 缝 名 称	焊缝示意图	符号的组合
双面 V 形焊缝 （X 焊缝）	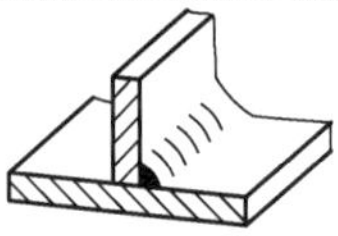	X
双面单 V 形焊缝 （K 焊缝）	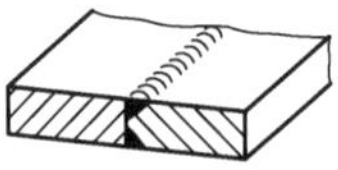	K
带钝边的双面 V 形焊缝	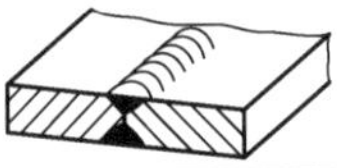	 X
带钝边的双面单 V 形焊缝	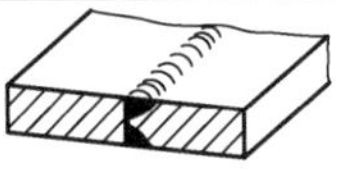	 K
双面 U 形焊缝	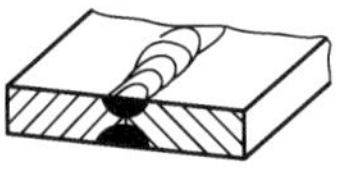	 Ⅹ

3. 补充符号

补充符号用来补充说明有关焊缝或接头的某些特征（如表面形状、衬垫、焊缝分布、焊接地点等）。补充符号见表 10-3。

表 10-3　补充符号

名　称	符　号	说　明
平面	 ———	焊缝表面通常经过加工后平整
凹面	 ⌣	焊缝表面凹陷
凸面	 ⌢	焊缝表面凸起
圆滑边渡	 ⌣	焊趾处过渡光滑
永久衬垫	 M	衬垫永久保留
临时衬垫	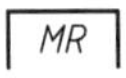 MR	衬垫在焊接后拆除
三面焊缝	⊏	三面带有焊缝
周围焊缝	○	沿着工件周边施焊的焊缝
现场焊缝	▶	在现场焊接的焊缝
尾部	 <	可以表示所需的信息

4. 焊缝尺寸符号

焊缝尺寸符号用来表示坡口及焊缝尺寸,如图 10-9 所示。焊缝尺寸符号含义见表 10-4。

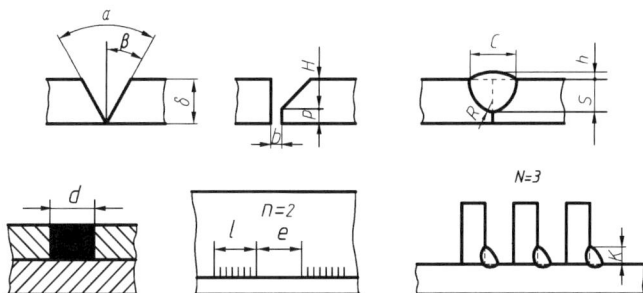

图 10-9　焊缝尺寸符号

表 10-4　焊缝尺寸符号

符　号	名　称	符　号	名　称	符　号	名　称	符　号	名　称
δ	工件厚度	p	钝边	c	焊缝宽度	l	焊缝长度
α	坡口角度	R	根部半径	K	焊脚尺寸	e	焊缝间距
β	坡口面角度	H	坡口深度	d	点焊：熔核直径 塞焊：孔径	N	相同焊缝数量
b	根部间隙	S	焊缝有效厚度	n	焊缝段数	h	余高

5. 指引线

指引线由箭头线和基准线（实线和虚线）组成，如图 10-10 所示。

基准线一般应与图样的底边平行，必要时也可与底边垂直。

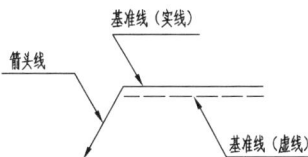

图 10-10　指引线

10.2.2　焊缝的标注方法

在焊缝符号中，基本符号和指引线为基本要素。焊缝的准确位置通常由基本符号和指引线之间的相对位置决定。

1. 基本符号与基准线的相对位置

① 基本符号在实线侧时，表示焊缝在箭头侧，如图 10-11（a）所示；基本符号在虚线侧时，表示焊缝在非箭头侧，如图 10-11（b）所示。

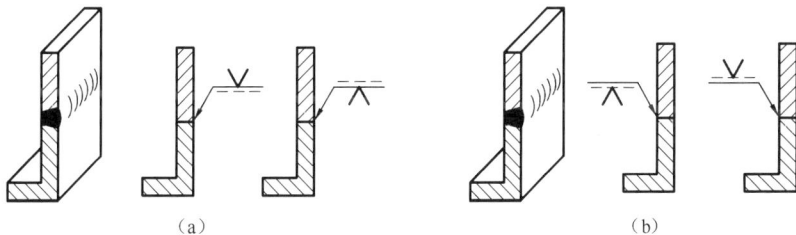

（a）　　　　　　　　　　　　　　　　（b）

图 10-11　基本符号与基准线的相对位置（一）

② 对称焊缝允许省略虚线，如图 10-12（a）所示；在明确焊缝分布位置的情况下，有些双面焊缝也可省略虚线，如图 10-12（b）所示。

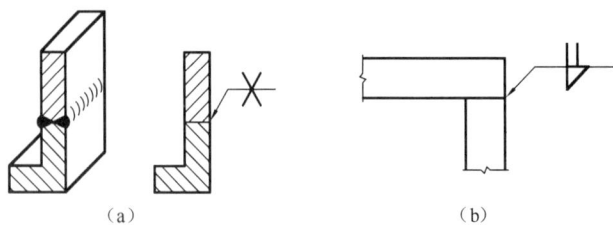

图 10-12　基本符号与基准线的相对位置（二）

2. 焊缝尺寸的标注

焊缝尺寸的标注方法如图 10-13 所示。

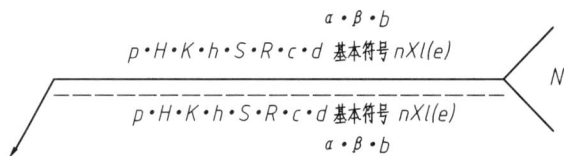

图 10-13　焊缝尺寸的标注

横向尺寸（如钝边 p、坡口深度 H、焊角尺寸 K 等）标注在基本符号的左侧，若左侧无任何尺寸标注又无其他说明时，表示对接焊缝要完全焊透。

纵向尺寸（焊缝段数 n、焊缝长度 l、焊缝间距 e）标注在基本符号的右侧，若右侧无任何尺寸标注且又无其他说明时，意味着焊缝在工件的整个长度上是连续的。

坡口角度 α、坡口面角度 β、根部间隙 b 标注在基本符号的上侧或下侧，相同焊缝数量标注在尾部。

3. 焊缝标注实例（表 10-5）

表 10-5　焊缝标注实例

焊缝示意图	标 注 实 例		说　明
			箭头所指的一侧为表面平整的 V 形焊缝，坡口角度为 60°，非箭头侧为封底焊缝
			连续双面角焊缝，表面凹陷，焊角高度 3mm，焊接方法为手工电弧焊
			角焊缝，焊角高度 4mm，在现场围绕工件周边焊接

10.2.3　读焊接图举例

如图 10-14 所示的支架为一个焊接组合件。焊接图采用的表达方法与零件图相同，也需要标注完整的尺寸，还需对各构件进行编号以及填写明细栏，这一点与装配图相同，不同之处是各构件的剖面线方向应相反。

主视图上的焊缝代号表明：竖板 2 与底板 1 之间为双面角焊缝，焊脚尺寸为 10mm，这样的焊缝有两处（竖板有两件，左右各有两条焊缝）。焊缝右侧无任何的标注和说明，意味着焊缝在竖板 2 的全长上是连续的。

左视图上的焊缝代号表明：扁钢 3 与支架左侧竖板 2 也采用焊接，此处焊接在现场装配焊接，选用焊角尺寸为 6mm 的单面角焊缝，进行三面焊接。三面焊缝的开口方向与焊缝实际方向一致，说明扁钢 3 与销轴 4 之间没有焊缝。

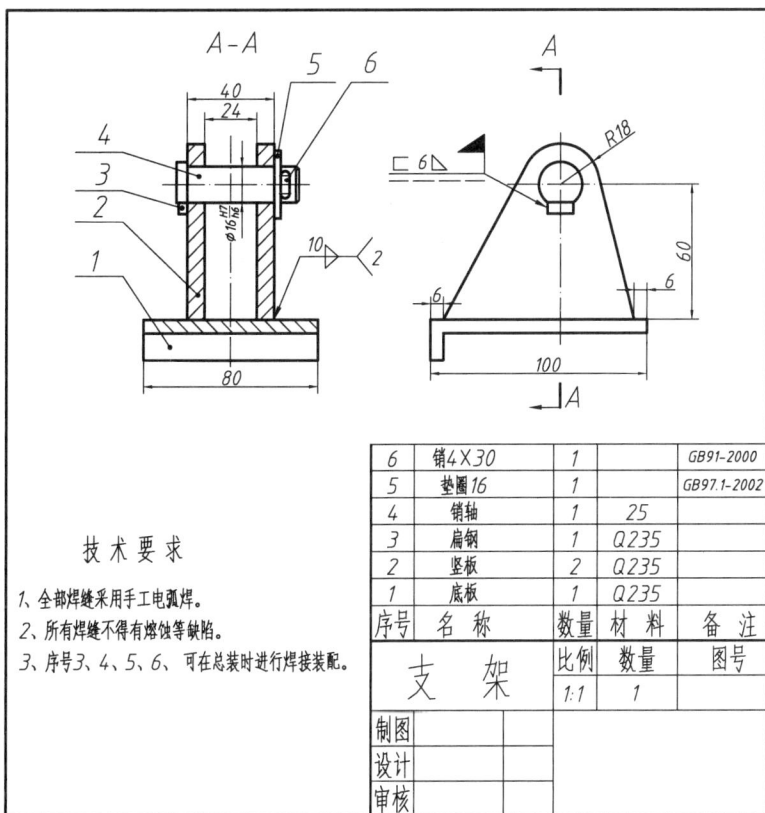

图 10-14　支架焊接图

10.3　管　路　图

现代化的石油、天然气的生产与输送，炼油、化工产品的生产与储存，建筑工程中的供水与供气等，都需要通过管路来实现。因此，管路工程的设计与施工，已成为现代化生产建设中一个重要的组成部分。

以管路与管件为主体，用来指导生产与施工的工程技术图样，称为管路图。

10.3.1 管路系统的图示方法（GB/T 6567.1 ~ 5—2008）

管路图是用标准所规定的各种图形符号和代号绘制而成的。管路图示符号包含管路、管件、阀件、连接等图示符号和物料代号。

1. 管路图形符号（表 10-6）

管路工程中的管线一般用单线表示，对大径或重要管线也可用双线表示。由于所观察（投影）的方向不同，管线多由平面和立面两种图示符号表示。

表 10-6 常用的管路图形符号

名 称	符 号	名 称	符 号
可见管路 不可见管路 假想管路	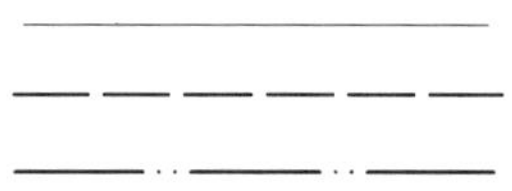	交叉管	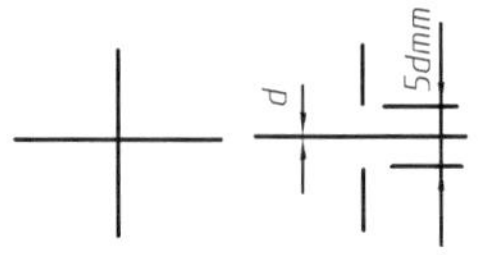
挠性管、软管		相交管	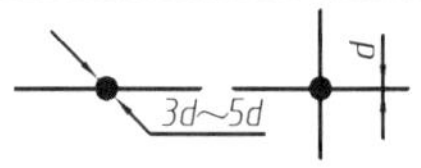
保护管	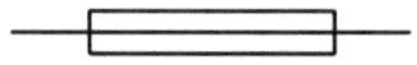	弯折管	
保温管			
夹套管	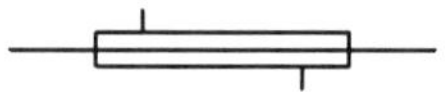	介质流向	
蒸汽伴热管			
电伴热管		管路坡度	

2. 管件与阀门图形符号（表 10-7）

在工程管路中的管件与阀件起着控制流向、流量等重要的作用。

表 10-7 管路的管件与阀门图形符号

名 称	符 号	名 称	符 号
弯头（管）		截止阀	
		闸阀	
三通	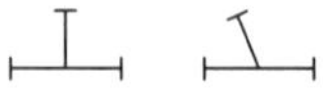	节流阀	
		球阀	
四通		碟阀	
		隔膜阀	

续表

名　称	符　号	名　称	符　号
活接头		旋塞阀	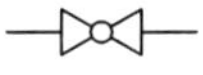
外接头		止回阀	
内外螺纹接头	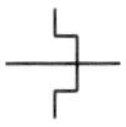	安全阀　弹簧式	
同心异径管接头		安全阀　重锤式	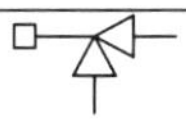
偏心异径管接头　同底	止回阀	减压阀	
偏心异径管接头　同顶	名　称	疏水阀	
双承插管接头	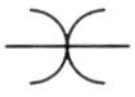	角阀	
快换接头	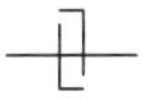	三通阀	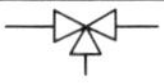
		四通阀	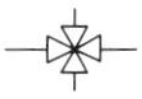

3. 管路的连接符号（表 10-8）

通常管路需要使用连接件将其连接起来，根据情况可选择不同的连接方式。

表 10-8　管路的连接符号

管路连接形式	图示符号	管路与阀门连接	管路连接形式	图示符号	管路与阀门连接
螺纹连接			承插连接		
法兰连接	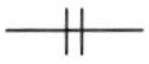		焊接连接		

4. 控制元件图形符号（表 10-9）

表 10-9　控制元件图形符号

名　称	符　号	名　称	符　号
手动（含脚动）元件		电动元件	
自动元件		弹簧元件	
带弹簧薄膜元件		浮球元件	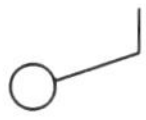
不带弹簧薄膜元件		浮球元件	
活塞元件	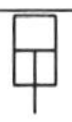	重锤元件	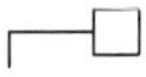
电磁元件		遥控	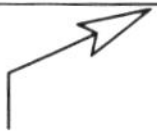

5. 管路的物料代号（表 10-10）

在管路工程图样中，为了区别不同用途和物料的管线，常需要标明管路物料代号。

表 10-10　常用的管路物料代号

类　别	代　号	英 文 名 称
空气	A	Air
蒸汽	S	Steam
油	O	Oil
水	W	Water

管路中的其他物料代号，可用相应的英文名称的第一位大写字母表示。若类别代号重复时，则用前两位大写字母表示，也可采用该介质化合物分子式符号表示。

6. 管路的标注

（1）管径

① 对无缝钢管或有色金属管路，应采用"外径×壁厚"标注，如$\phi 104 \times 4$，其中允许ϕ省略。

② 对输送水、煤气的钢管、铸铁管、塑料管等其他管路应采用公称通径"DN"标注。

（2）标高

① 标高符号一般采用如图 10-15（a）所示的形式。当注写位置不够时，也可采用如图 10-15（b）所示的形式。

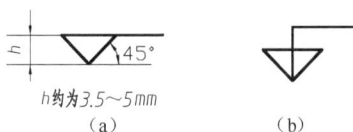

（a）　　　　　　　（b）

图 10-15　标高符号

② 标高的单位一律为 m。

③ 管路一般标注管中心的标高。必要时，也可标注管底的标高。

④ 标高一般标注至小数点后二位。

⑤ 零点标高标注成±0.00，正标高前可不加正号（+），但负标高前必须加负号（-）。

⑥ 标高一般应标注在管路的起始点、末端、转弯及交点处。

10.3.2　管路布置图的作用与内容

管路布置图是表达车间（或装置）管路及其所附管件、阀、仪表控制点等空间位置的图样，是进行管路安装施工的重要依据。其内容包括：

（1）一组视图　用于表达管路在厂房内外的布置，以及与设备的连接情况。

（2）尺寸标注　建筑物应标注定位轴线和轴线间的尺寸，地面、楼板、平台面、梁顶应有标高尺寸；设备应标注位号和名称（与流程图一致），以及支承点的标高；管路上方标注与流程图一致的管路代号，下方标注管路标高。

（3）方位标　表示管路安置的方位基准（与设备布置图中一致）。

（4）标题栏 注写图名、图号、比例、责任人签字等。

10.3.3 读管路布置图

管路布置图是进行管路审查设计、安装施工、维修改造的重要依据，它反映了管路、管件、阀门、仪表、设备等的具体布置安装情况。现以如图 10-16 所示某工段的局部管路布置图为例，说明阅读管路布置图的大致步骤。

1. 概括了解

图中包括平面图和 *A—A* 剖面图，其中平面图相当于机械制图中的俯视图，剖面图的名称注写在图形的下方且托一条粗实横线，剖面图与平面图按投影关系配置。

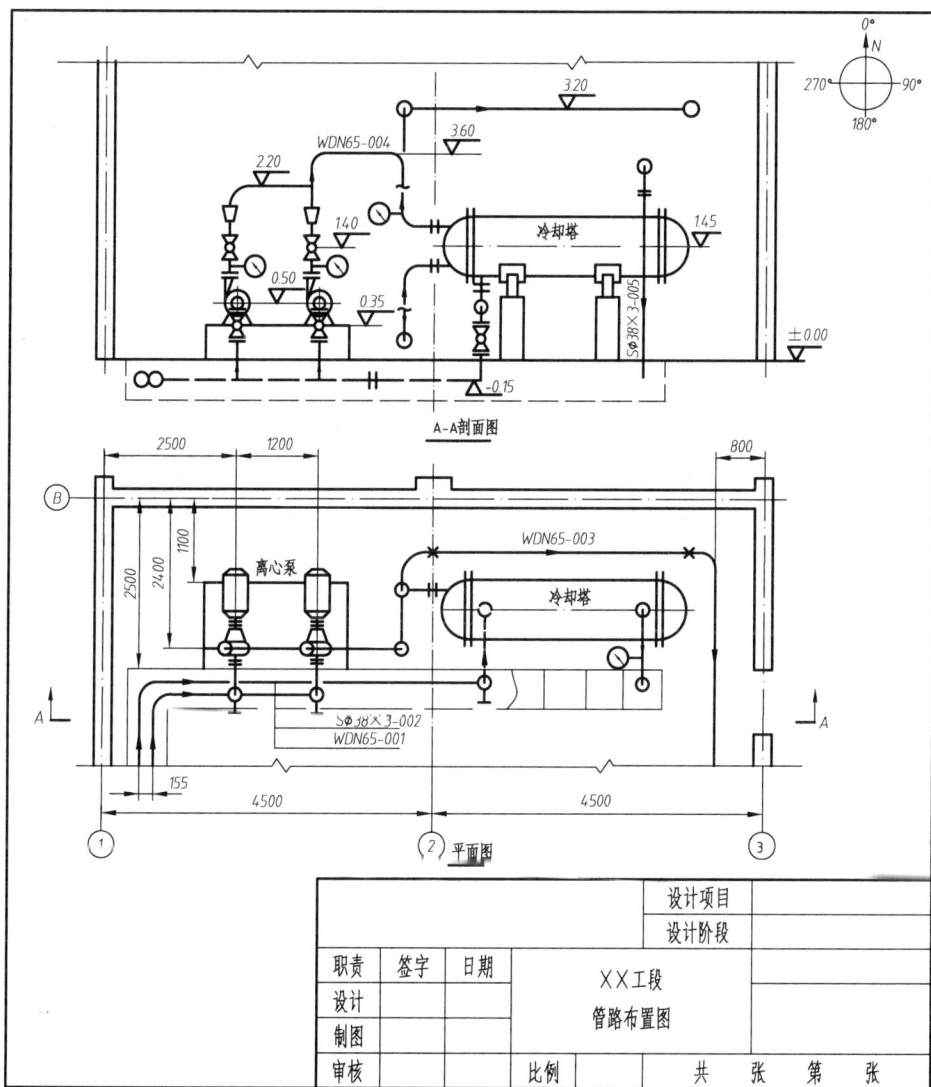

图 10-16 管路布置图

2. 详细分析

（1）了解厂房及设备布置情况。

图中厂房横向定位轴线①、②、③，其间距为 4.5m，纵向定位轴线为 B，离心泵基础标高 0.35m，冷却塔中心线标高 1.45m。

（2）分析管路走向。

图中离心泵有进、出两部分管路，一段是从地沟中出来的原料管路，代号为 WDN 65-001，分别进入两台离心泵；另一段从泵出口出来后汇集在一起，经过代号为 WDN 65-004 的管路，从冷却塔左端下部进入管程，由左上部出来后，向上在标高为 3.2 处向后拐，再向右至冷却塔右上方，最后向前离去。代号为 $S\phi38\times3$-005 的循环上水管路从地沟向上出来，再向后、向上进入冷却塔底部入口。代号为 $S\phi38\times3$-002 的循环回水管路，从冷却塔上部出来向前、再向下进入地沟。

（3）了解管路上的阀门、管件、管架安装情况。

两台离心泵的入口和出口，分别安装有四个阀门，在泵出口阀门后的管路上，还有同心异径管接头。在冷却塔物料出口的管路 WDN 65-003 两端，装有托架。

（4）了解仪表、取样口、分析点的安装情况。

在离心泵出口处，装有流量指示仪表。在冷却塔物料出口及循环回水出口处，分别装有温度指示仪表。

3. 归纳总结

对上述分析进行综合归纳，建立一个完整的空间概念。

10.3.4 管路轴测图

管路轴测图即管段图，又称空视图。它也是管路布置设计中需提供的一种图样。

1. 管路轴测图的内容

管路轴测图是按轴测投影原理绘制的，能全面、清晰地反映管路布置的设计和施工细节，如图 10-17 所示。

管路轴测图包括以下内容：

（1）图形　管路按正等轴测图绘制，管件、阀门等的图形符号按规定画出。

（2）尺寸及标注　标注管路编号、所接设备的位号、管口序号和安装尺寸等。

（3）方位标　安装方位的基准。

（4）技术要求　有关焊接、试压等方面的要求。

（5）材料表　列表说明管路所需要的材料名称、尺寸、规格、数量等。

（6）标题栏　填写图名、图号、责任人签字等。

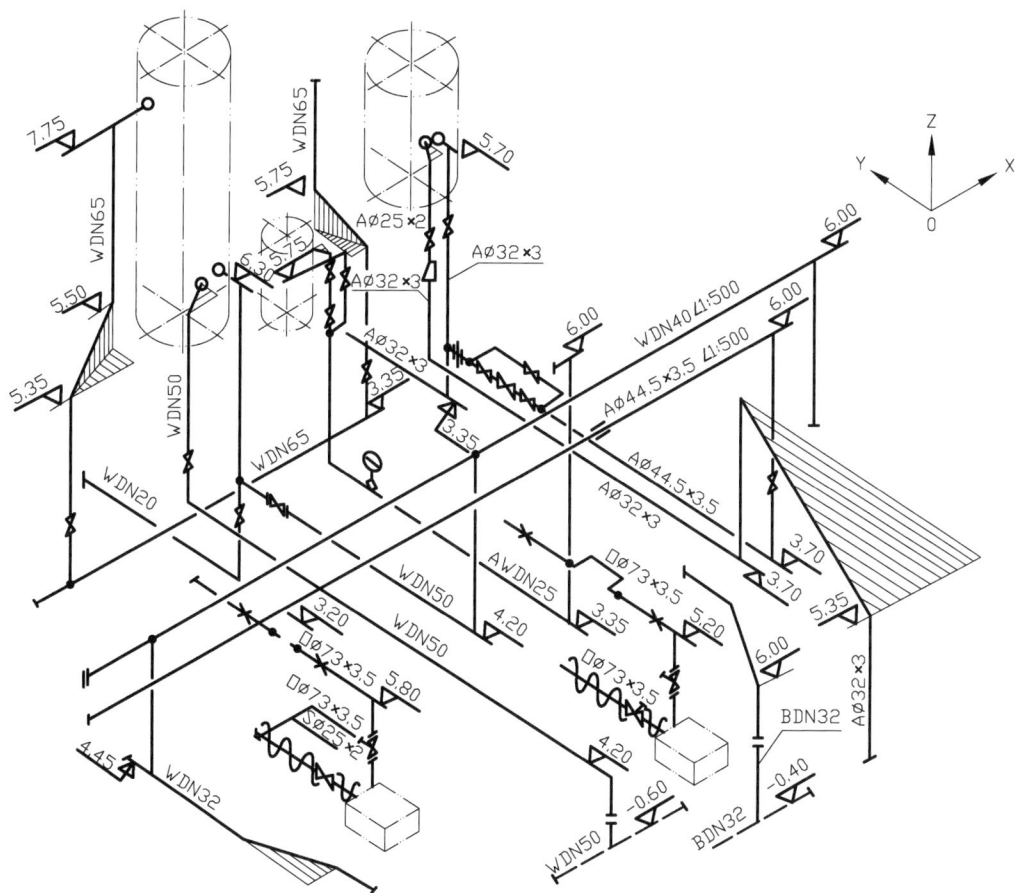

图 10-17　管路轴测图

2. 管路轴测图的表示方法

（1）当管路平行于直角坐标轴时，其轴测图用平行于对应轴测轴的直线绘制。

（2）当管路或管段不平行于直角坐标轴时，在轴测图应同时画出它在相应坐标平面上的投影及投射平面。投射平面一般用直角三角形表示（图 10-18（a）），也允许用长方形（图 10-18（b））或长方体表示（图 10-18（c））。

（3）垂直管路或管段的法兰连接图形符号按与水平线方向成 30°角绘制，水平管路或管段的法兰连接图形符号则按垂直方向绘制，如图 10-19 所示。同一张图样上，法兰连接图形符号的方向应一致。

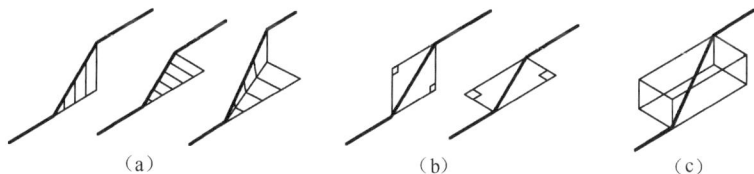

（a）　　　　　　　　　　（b）　　　　　　　　　　（c）

图 10-18　管路轴测图的表示方法（一）

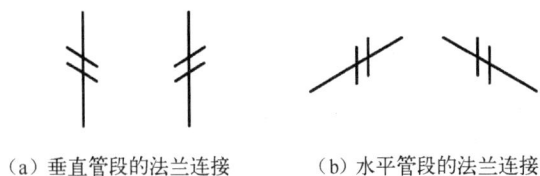

（a）垂直管段的法兰连接　　　（b）水平管段的法兰连接

图 10-19　管路轴测图的表示方法（二）

（4）阀门图形符号的画法如图 10-20（a）、（b）所示。必要时，应画出阀门上控制元件的图形符号的类型（人工、活塞等）和位置，当控制元件的符号的位置与任一坐标轴平行时，可不标注，如图 10-20（c）所示。否则应标注其与直角坐标平面的相对位置，如图 10-20（d）所示。

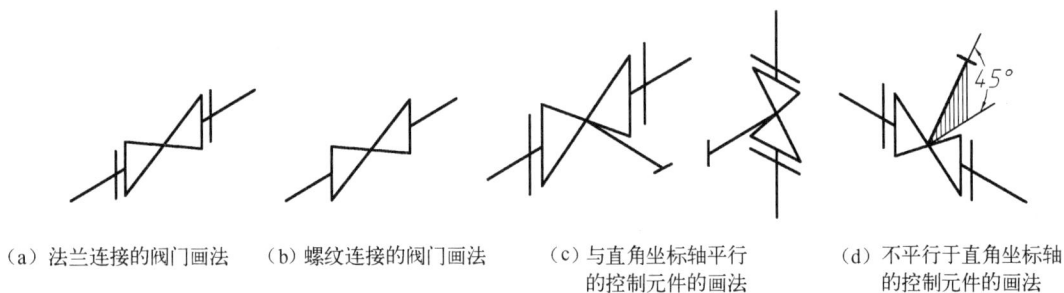

（a）法兰连接的阀门画法　　（b）螺纹连接的阀门画法　　（c）与直角坐标轴平行　　（d）不平行于直角坐标轴
　　　　　　　　　　　　　　　　　　　　　　　　　　　的控制元件的画法　　　的控制元件的画法

图 10-20　管路轴测图的表示方法（三）

第**11**章

第三角画法

1．熟悉第三角视图的画法。
2．能识读用第三角画法表达的中等复杂程度的零件图和简单的装配图。

教学目标

怎样阅读其他国家和地区的工程
图样呢（图11-1）？

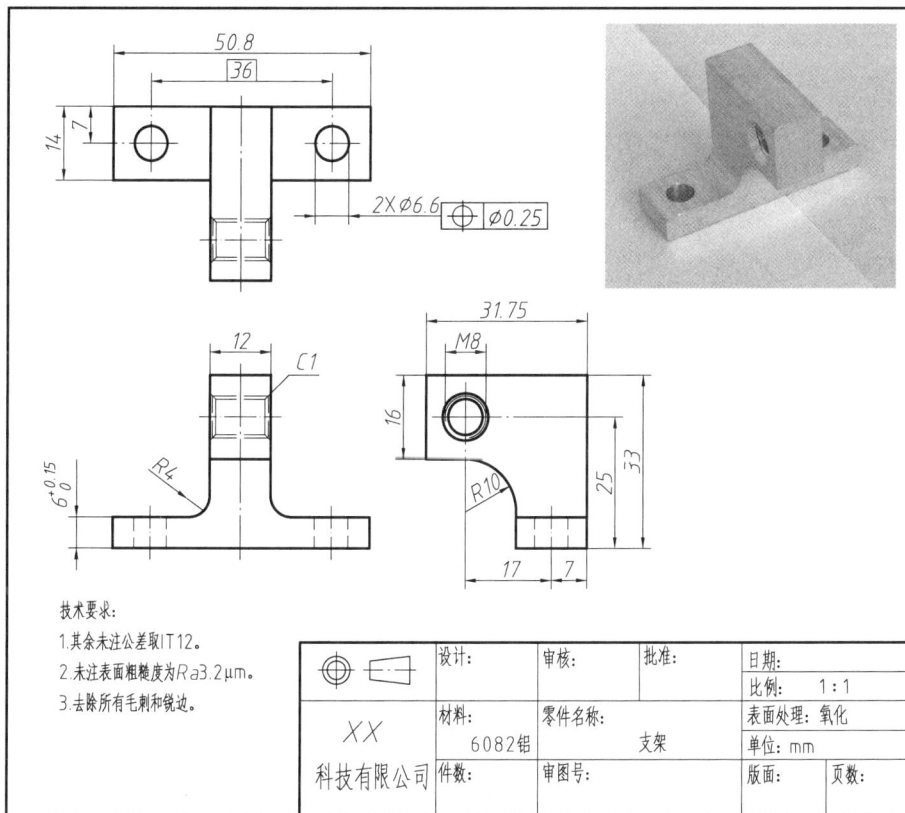

图 11-1　外资企业图纸

用正投影法绘制工程图样时，有第一角投影法和第三角投影法两种画法（又称"第一角画法"和"第三角画法"）。国际标准 ISO 规定这两种画法具有同等效力。我国国标规定：技术图样用正投影法绘制，并优先采用第一角画法，必要时（如按合同规定等）才允许使用第三角画法。除中国外，英国、德国和俄罗斯等国家采用第一角画法，美国、日本、新加坡等国家及某些企业采用第三角画法。为了便于进行国际间的技术交流和发展国际贸易，了解第三角画法是很有必要的。为此，将第三角画法简述如下。

11.1　第三角投影体系的建立

三个相互垂直的投影面将空间划分成八个分角，分别称为第一角、第二角、第三角、…，各分角排列如图 11-2 所示。

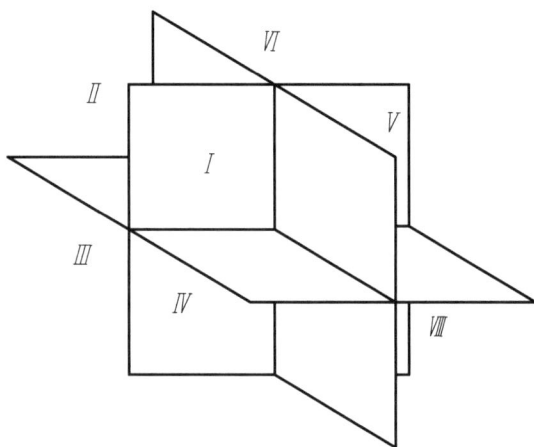

图 11-2　八个分角

将机件放在第一角内，使其处于观察者与投影面之间而得到正投影称为第一角画法；第三角投影法是将物体放在第三角内，投影面处在观察者与物体之间，把投影面假设看成是透明的，仍然采用正投影法，这样得到的视图称为第三角投影，这种方法称为第三角投影法或第三角画法，如图 11-3（b）所示。

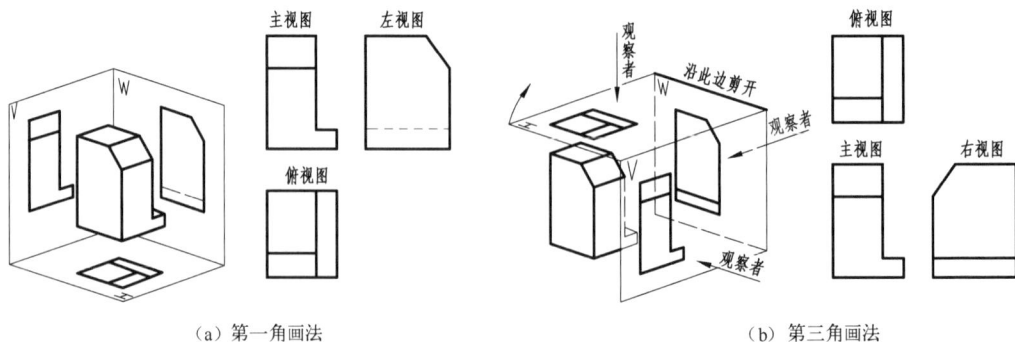

（a）第一角画法　　　　　　　　　　　　（b）第三角画法

图 11-3　第一角画法与第三角画法的三视图对比

从图 11-3 所示两种画法的三视图对比中，可以看出：

● 第三角画法的主视图与第一角画法的主视图一致；

● 第三角画法的俯视图置于主视图上方，与第一角画法的俯视图相反；

● 第三角画法的主视图右侧是右视图，第一角画法的主视图右侧是左视图。

11.2　第三角画法的视图配置

与第一角画法一样，第三角画法也有六个基本视图。将机件向六个基本投影面进行投射，然后如图 11-4（a）所示正面保持不动，将其余各投影面展开，即可得六个基本视图，六个基本视图的名称与第一角画法是相同的，见表 11-1。视图的配置如图 11-4（b）所示，相应视图之间仍保持"长对正、高平齐、宽相等"的对应关系。

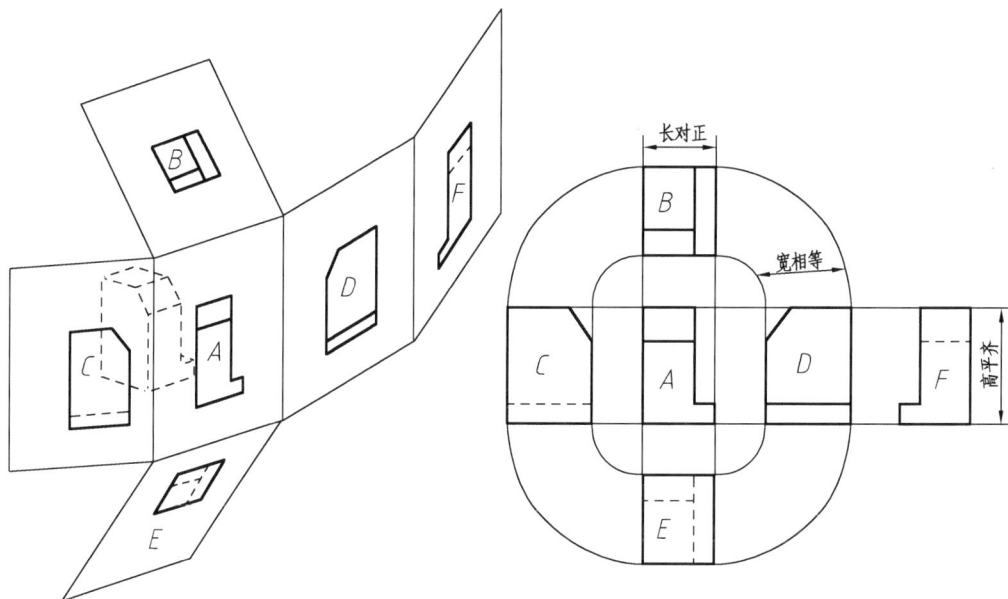

图 11-4　第三角投影投影面的展开及视图配置

表 11-1　六个基本视图的名称

视图代号	A	B	C	D	E	F
视图名称	主视图	俯视图	左视图	右视图	仰视图	后视图

为了识别第三角画法与第一角画法，规定了相应的识别符号，如图 11-5 所示。当采用第三角画法时，必须在图样中画出第三角投影的识别符号；采用第一角画法时，一般不画，但当同一单位采用两种画法时，必须分别标出两种识别符号。

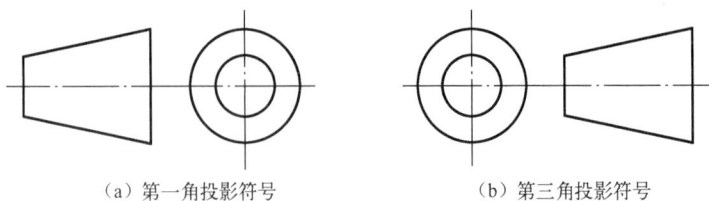

（a）第一角投影符号 　　　　（b）第三角投影符号

图 11-5 识别符号

思考与练习

请将左侧用第一角画法绘制的三视图改画成第三角画法的主、俯、右三视图，其中主视图已给出。

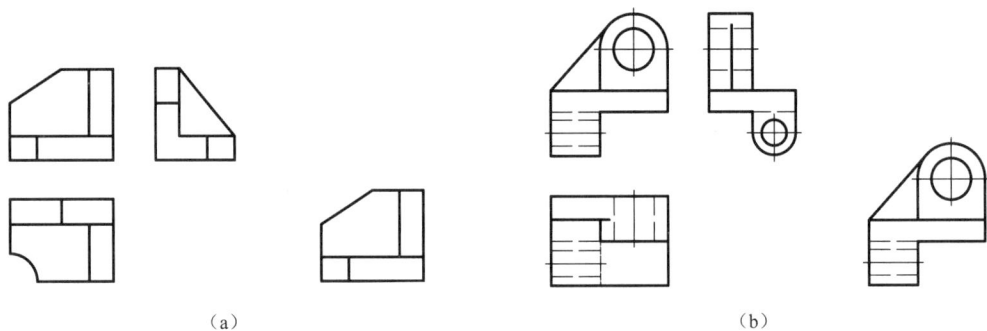

（a） 　　　　　　　　　　　　　　（b）

图 11-6 用第三角画法改画三视图

附表 1　普通螺纹牙型、直径与螺距（摘自 GB/T 192—2003，GB/T 193—2003）

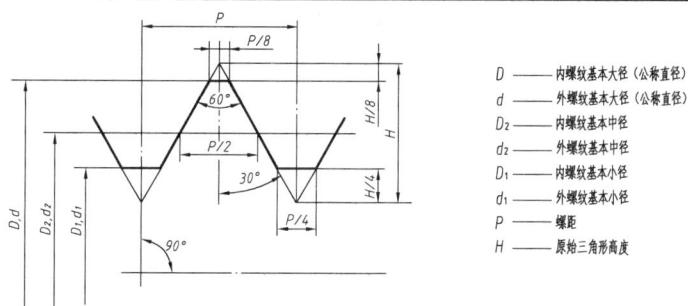

D —— 内螺纹基本大径（公称直径）
d —— 外螺纹基本大径（公称直径）
D_2 —— 内螺纹基本中径
d_2 —— 外螺纹基本中径
D_1 —— 内螺纹基本小径
d_1 —— 外螺纹基本小径
P —— 螺距
H —— 原始三角形高度

标记示例：

M10（粗牙普通螺纹、公称直径 d=10、右旋、中径及大径公差带代号均为6g、中等旋合长度）　　　（单位：mm）

公称直径 D、d			螺距 P	
第一系列	第二系列	第三系列	粗牙	细牙
4	3.5		0.7	0.5
5			0.8	0.5
		5.5		
6			1	0.75
	7		1	0.75
8			1.25	1、0.75
		9	1.25	1、0.75
10			1.5	1.25、1、0.75
		11	1.5	1.5、1、0.75
12			1.75	1.25、1
	14		2	1.5、1.25、1
		15		1.5、1
16			2	1.5、1
	22		2.5	
			3	
24		25		2、1.5、1
		26		1.5
	27		3	2、1.5、1
		28		2、1.5、1
30			3.5	（3）、2、1.5、1
		32		2、1.5
	33		3.5	（3）、2、1.5
		35		1.5
36			4	3、2、1.5
		38		1.5
	39			3、2、1.5

附表2　六角头螺栓

六角头螺栓-A级和B级(GB/T 5782—2016)

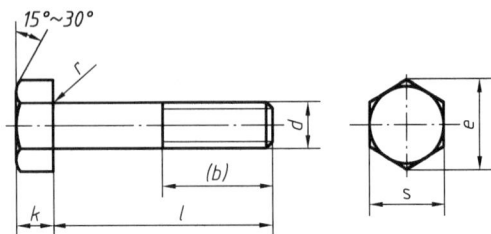

标记示例：螺栓 GB/T 5782 M6×30

螺纹规格为M6，公称长度 l＝30mm，性能等级为8.8级，表面不经处理，产品等级为A级的六角头螺栓

（单位：mm）

螺纹规格 d		M5	M6	M8	M10	M12	M16	M20	M24	M30	M36	M42	M48
b 参考	$l \leqslant 125$	16	18	22	26	30	38	40	54	66	78	—	—
	$125 < l \leqslant 200$	22	24	28	32	36	44	52	60	72	84	96	108
	$l > 200$	35	37	41	45	49	57	65	73	85	97	109	121
k 公称		3.5	4.0	5.3	6.4	7.5	10	12.5	15	18.7	22.5	26	30
s_{max}		8	10	13	16	18	24	30	36	46	55	65	75
e_{min}	A	8.79	11.05	14.38	17.77	20.03	26.75	33.53	39.98	—	—	—	—
	B	8.63	10.89	14.20	17.59	19.85	26.17	32.95	39.55	50.85	60.79	71.30	82.6
l 范围	GB/T 5782 —2000	25~50	30~60	35~80	40~ 100	45~ 120	55~ 160	65~ 200	80~ 240	90~ 300	110~ 300	160~ 420	180~ 480
l 系列		10、12、16、20~50（5进位）、(55)、60、(65)、70~160（10进位）、180、220~500（20进位）											

附表3　双 头 螺 柱

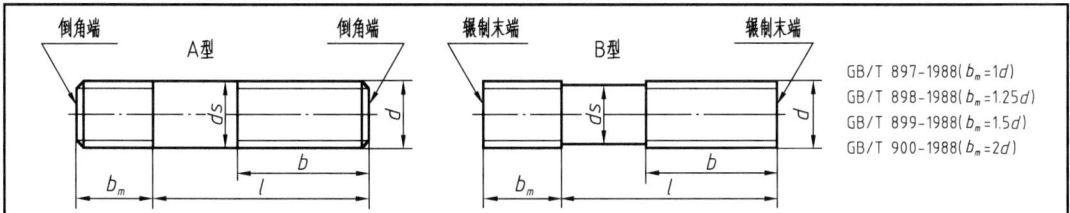

倒角端　A型　倒角端　　螺制末端　B型　螺制末端

ds　d　b_m　b　l　ds　d　b_m　b　l

GB/T 897—1988（$b_m=1d$）
GB/T 898—1988（$b_m=1.25d$）
GB/T 899—1988（$b_m=1.5d$）
GB/T 900—1988（$b_m=2d$）

标记示例：螺柱 GB/T 897　M8×30

两端均为粗牙普通螺纹，$d=8$mm，$l=30$mm，性能等级为4.8级，不经表面处理的 B 型、$b_m=1d$ 的双头螺柱

若为 A 型，则标记为：螺柱 GB/T 897　A　M8×30

（单位：mm）

螺纹规格d	b_m（旋入机体端长度）				l/b（螺纹长度/旋螺母端长度）				
	GB/T 897	GB/T 898	GB/T 899	GB/T 900					
M4	—	—	6	8	16~22 / 8	25~40 / 14			
M5	5	6	8	10	16~22 / 10	25~50 / 16			
M6	6	8	10	12	20~22 / 10	25~30 / 14	32~75 / 18		
M8	8	10	12	16	20~22 / 12	25~30 / 16	32~90 / 22		
M10	10	12	15	20	25~28 / 14	30~38 / 16	40~120 / 26	130 / 32	
M12	12	15	18	24	25~30 / 16	32~40 / 20	45~120 / 30	130~180 / 36	
M16	16	20	24	32	30~38 / 20	40~55 / 30	60~120 / 38	130~200 / 44	
M20	20	25	30	40	35~40 / 25	45~65 / 35	70~120 / 46	130~200 / 52	
（M24）	24	30	36	48	45~50 / 30	55~75 / 45	80~120 / 54	130~200 / 60	
（M30）	30	38	45	60	60~65 / 40	70~90 / 50	95~120 / 66	130~200 / 72	210~250 / 85
M36	36	45	54	72	65~75 / 45	80~110 / 60	120 / 78	130~200 / 84	210~300 / 97
M42	42	52	63	84	65~80 / 50	85~110 / 70	120 / 90	130~200 / 96	210~300 / 109
M48	48	60	72	96	80~90 / 50	95~110 / 80	120 / 102	130~200 / 108	210~300 / 121
l系列	12、（14）、16、（18）、20、（22）、25、（28）、30、（32）、35、（38）、40、45、50、55、60、（65）、70、75、80、（85）、90、（95）、100~260（10 进位）、280、300								

附表4　I型六角螺母

1型六角螺母-A级和B级（GB/T 6170—2015）
1型六角螺母-细牙-A级和B级（GB/T 6170—2015）
1型六角螺母-C级（GB/T 6170—2015）

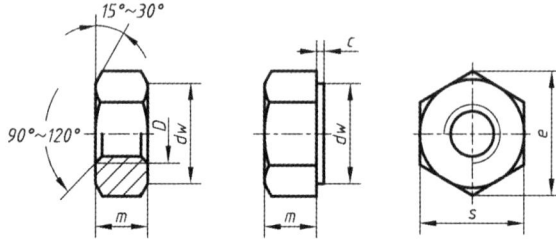

标记示例：螺母 GB/T 6170　M12

螺纹规格为 M12，性能等级为 8 级，不经表面处理，产品等级为 A 级的 1 型六角螺母

（单位：mm）

螺纹规格	D	M4	M5	M6	M8	M10	M12	M16	M20	M24	M30	M36	M42	M48
	$D×P$	—	—	—	M8×1	M10×1	M12×1.5	M16×1.5	M20×2	M24×2	M30×2	M36×3	M42×3	M48×3
C		0.4	0.5		0.6				0.8				1	
S_{max}		7	8	10	13	16	18	24	30	36	46	55	65	75
e_{min}	A、B级	7.66	8.79	11.05	14.38	17.77	20.03	26.75	32.95	39.95	50.85	60.79	72.02	82.6
	C级	—	8.63	10.89	14.2	17.59	19.85	26.17						
m_{max}	A、B级	3.2	4.7	5.2	6.8	8.4	10.8	14.8	18	21.5	25.6	31	34	38
	C级	—	5.6	6.1	7.9	9.5	12.2	15.9	18.7	22.3	26.4	31.5	34.9	38.9
$d_{w\,min}$	A、B级	5.9	6.9	8.9	11.6	14.6	16.6	22.5	27.7	33.2	42.7	51.1	60.6	69.4
	C级	—	6.9	8.7	11.5	14.5	16.5	22						

附表 5　垫　圈

小垫圈 —— A级（摘自GB/T 848—2002）
平垫圈 —— A级（摘自GB/T 97.1—2002）
平垫圈　倒角型 —— A级（摘自GB/T 97.2—2002）
平垫圈　C级（摘自GB/T 95—2002）
大垫圈 —— A级（摘自GB/T 96.1—2002）
特大垫圈 —— C级（摘自GB/T 5287—2002）

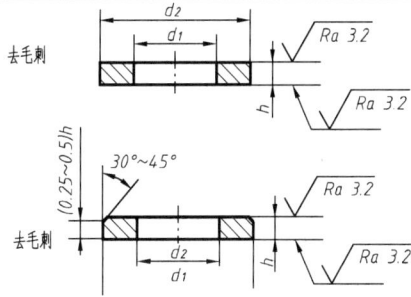

标记示例：垫圈 GB/T 97.18

标准系列，公称尺寸 d＝8mm，性能等级为 140HV，不经表面处理的 A 级平垫圈　　　（单位：mm）

公称尺寸(螺纹规格)d	标准系列									特大系列			大系列			小系列		
	GB/T 95 (C级)			GB/T 97.1 (A级)			GB/T 97.2 (A级)			GB/T 5287 (C级)			GB/T 96.1 (A级)			GB/T 848 (A级)		
	$d_{1 min}$	$d_{2 max}$	h	$d_{1 min}$	$d_{2 max}$	h	$d_{1 min}$	$d_{2 max}$	h	$d_{1 min}$	$d_{2 max}$	h	$d_{1 min}$	$d_{2 max}$	h	$d_{1 min}$	$d_{2 max}$	h
4	—	—	—	4.3	9	0.8	—	—	—	—	—	—	4.3	12	1	4.3	8	0.5
5	5.5	10	1	5.3	10	1	5.3	10	1	5.5	18	2	5.3	15	1.2	5.3	9	1
6	6.6	12	1.6	6.4	12	1.6	6.4	12	1.6	6.6	22	2	6.4	18	1.6	6.4	11	1.6
8	9	16	1.6	8.4	16	1.6	8.4	16	1.6	9	28	3	8.4	24	2	8.4	15	1.6
10	11	20	2	10.5	20	2	10.5	20	2	11	34	3	10.5	30	2.5	10.5	18	1.6
12	13.5	24	2.5	13	24	2.5	13	24	2.5	13.5	44	4	13	37	3	13	20	2
14	15.5	28	2.5	15	28	2.5	15	28	2.5	15.5	50	4	15	44	3	15	24	2.5
16	17.5	30	3	17	30	3	17	30	3	17.5	56	5	17	50	3	17	28	2.5
20	22	37	3	21	37	3	21	37	3	22	72	5	22	60	4	21	34	3
24	26	44	4	25	44	4	25	44	4	26	85	6	26	72	5	25	39	4
30	33	56	4	31	56	4	31	56	4	33	105	6	33	92	6	31	50	4
36	39	66	5	37	66	5	37	66	5	39	125	8	39	110	8	37	60	5
42①	45	78	8	—	—	—	—	—	—	—	—	—	45	125	10	—	—	—
48①	52	92	8	—	—	—	—	—	—	—	—	—	52	115	10	—	—	—

注：1．A 级适用于精装配系列，C 级适用于中等装配系列。

2．C 级垫圈没有 Ra3.2 和去毛刺的要求。

3．GB/T 848—2002 主要用于圆柱头螺钉，其他用于标准的六角螺栓、螺母和螺钉。

① 表示尚未列入相应产品标准的规格。

附表6 标准型弹簧垫圈（摘自 GB/T 93—1987）

标记示例：垫圈 GB/T 93　8

规格 8mm，材料为 65Mn，表面氧化的标准型弹簧垫圈 　　　　　　（单位：mm）

规格 （螺纹大径）	4	5	6	8	10	12	16	20	24	30	36	42	48
$d_{1\,min}$	4.1	5.1	6.1	8.1	10.2	12.2	16.2	20.2	24.5	30.5	36.5	42.5	48.5
$S=b_{公称}$	1.1	1.3	1.6	2.1	2.6	3.1	4.1	5	6	7.5	9	10.5	12
$m\leqslant$	0.55	0.65	0.8	1.05	1.3	1.55	2.05	2.5	3	3.75	4.5	5.25	6
H_{max}	2.75	3.25	4	5.25	6.5	7.75	10.25	12.5	15	18.75	22.5	26.25	30

注：m 应大于零。

附表7 螺　钉

开槽圆柱头螺钉
GB/T 65—2016

开槽盘头螺钉
GB/T 67—2016

开槽沉头螺钉
GB/T 68—2016

标记示例：螺钉 GB/T 68　M5×45

螺纹规格 d＝M5，公称长度 l＝45mm，性能等级为 4.8 级，不经表面处理的开槽沉头螺钉 　　　　　　（单位：mm）

螺纹规格 d	P	b_{min}	$n_{公称}$	k_{max}			$d_{k\,max}$			t_{min}			$l_{范围}$		
				GB/T 65	GB/T 67	GB/T 68	GB/T 65	GB/T 67	GB/T 68	GB/T 65	GB/T 67	GB/T 68	GB/T 65	GB/T 67	GB/T 68
M2	0.4	25	0.5	1.4	1.3	1.2	3.8	4	3.8	0.6	0.5	0.4	3~20	2.5~20	3~20
M3	0.5		0.8	2	1.8	1.65	5.5	5.6	5.5	0.85	0.7	0.6	4~30	4~30	5~30
M4	0.7		1.2	2.6	2.4	2.7	7	8	8.4	1.1	1	1	5~40	5~40	6~40
M5	0.8			3.3	3		8.5	9.5	9.3	1.3	1.2	1.1	6~50	6~50	8~50
M6	1	38	1.6	3.9	3.6	3.3	10	12	11.3	1.6	1.4	1.2	8~60	8~60	8~60
M8	1.25		2	5	4.8	4.65	13	16	15.8	2	1.9	1.8	10~80		
M10	1.5		2.5	6	6	5	16	23	18.5	2.4	2.4	2			
l 系列	2、2.5、3、4、5、6、8、10、12、（14）、16、20~50（5 进位）、（55）、60、（65）、70、（75）、80														

附表8　紧 定 螺 钉

开槽锥端紧定螺钉（摘自GB/T 71—2018）　开槽平端紧定螺钉（摘自GB/T 73—2017）　开槽长圆柱端紧定螺钉（摘自GB/T 75—2018）

标记示例：螺钉 GB/T 71　M5×20

螺纹规格 d＝M5，公称长度 l＝20mm，性能等级为 14H 级，表面氧化的开槽锥端紧定螺钉

（单位：mm）

螺纹规格 d	P	d_f	$d_{t\,max}$	$d_{p\,max}$	$n_{公称}$	t_{max}	Z_{max}	l 范围		
								GB/T 71	GB/T 73	GB/T 75
M2	0.4	螺纹小径	0.2	1	0.25	0.84	1.25	3～10	2～10	3～10
M3	0.5		0.3	2	0.4	1.05	1.75	4～16	3～16	5～16
M4	0.7		0.4	2.5	0.6	1.42	2.25	6～20	4～20	6～20
M5	0.8		0.5	3.5	0.8	1.63	2.75	8～25	5～25	8～25
M6	1		1.5	4	1	2	3.25	8～30	6～30	8～30
M8	1.25		2	5.5	1.2	2.5	4.3	10～40	8～40	10～40
M10	1.5		2.5	7	1.6	3	5.3	12～50	10～50	12～50
M12	1.75		3	8.5	2	3.6	6.3	14～60	12～60	14～60
l 系列	2、2.5、3、4、5、6、8、10、12、（14）、16、20、25、30、35、40、45、50、（55）、60									

附表9　内六角圆柱头螺钉

标记示例：

螺钉 GB/T 70.1 M5×20

螺钉规格 d＝M5，公称长度 l＝20，性能等级为 8.8 级、表面氧化的内六角圆柱头螺钉

（单位：mm）

螺纹规格 d		M4	M5	M6	M8	M10	M12	（M14）	M16	M20	M24	M30	M36
螺距 P		0.7	0.8	1	1.25	1.5	1.75	2	2	2.5	3	3.5	4
$b_{参考}$		20	22	24	28	32	36	40	44	52	60	72	84
$d_{k\,max}$	滚花头部	7	8.5	10	13	16	18	21	24	30	36	45	54
	光滑头部	7.22	8.72	10.22	13.27	16.27	18.27	21.33	24.33	30.33	36.39	45.39	54.46
k_{max}		4	5	6	8	10	12	14	16	20	24	30	36
t_{min}		2	2.5	3	4	5	6	7	8	10	12	15.5	19
$S_{公称}$		3	4	5	6	8	10	12	14	17	19	22	27
e_{min}		3.44	4.58	5.72	6.86	9.15	11.43	13.72	16	19.44	21.73	25.15	30.35
$d_{s\,max}$		4	5	6	8	10	12	14	16	20	24	30	36
l 范围		6～40	8～50	10～60	12～80	16～100	20～120	25～140	25～160	30～200	40～200	45～200	55～200
全螺纹时最大长度		25	25	30	35	40	45	55	55	65	80	90	100
l 系列		6、8、10、12、（14）、（16）、20～50（5进位）、（55）、60、（65）、70～160（10进位）、180、200											

附表10　普通平键及键槽各部分尺寸（摘自 GB/T 1096—2003，GB/T 1095—2003）

普通平键键槽的尺寸公差（GB/T 1095—2003）

普通平键的型式与尺寸（GB/T 1096—2003）

A型　B型　C型

标记示例：

GB 1096—79 键 16×10×100　A 型普通平键 b＝16mm，h＝10mm，l＝100mm

GB 1096—79 键 B16×10×100　B 型普通平键 b＝16mm，h＝10mm，l＝100mm

GB 1096—79 键 C16×10×100　C 型普通平键 b＝16mm，h＝10mm，l＝100mm

（单位：mm）

轴	键		键　槽									
公称直径 d	键尺寸 b×h (h8)(h11)	倒角或倒圆 s	宽度 b					深度				半径 r
			基本尺寸 b	极限偏差				轴 t1		毂 t2		
				正常连接		紧密连接	松连接					
				轴 N9	毂 JS9	轴和毂 P9	轴 H9	毂 D10	基本尺寸	极限偏差	基本尺寸	极限偏差	min	max
>10~12	4×4	0.25~0.40	4	0 -0.030	±0.015	-0.012 -0.042	+0.030 0	+0.078 +0.030	2.5	+0.1 0	1.8	+0.1 0	0.08	0.16
>12~17	5×5		5						3.0		2.3			
>17~22	6×6		6						3.5		2.8		0.16	0.25
>22~30	8×7		8	0 -0.036	±0.018	-0.015 -0.051	+0.036 0	+0.098 +0.040	4.0		3.3			
>30~38	10×8		10						5.0		3.3			
>38~44	12×8		12	0 -0.043	±0.0215	-0.018 -0.061	+0.043 0	+0.120 +0.050	5.0		3.3			
>44~50	14×9		14						5.5		3.8		0.25	0.40
>50~58	16×10		16						6.0	+0.2 0	4.3	+0.2 0		
>58~65	18×11		18						7.0		4.4			
>65~75	20×12		20	0 -0.052	±0.026	-0.022 -0.074	+0.052 0	+0.149 +0.065	7.5		4.9			
>75~85	22×14		22						9.0		5.4			
>85~95	25×14		25						9.0		5.4		0.40	0.60
>95~110	28×16		28						10		6.4			

附表 11　圆柱销　不淬硬钢和奥氏体不锈钢（GB/T 119.1—2000）

圆柱销　淬硬钢和马氏体不锈钢（GB/T 119.2—2000）

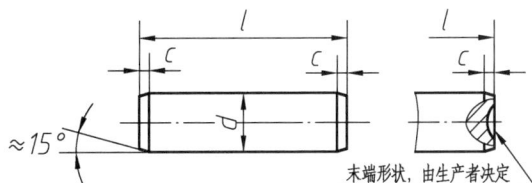

标记示例：销 GB/T 119.2　6×30

公称直径 d＝6mm，长度 l＝30mm，公差为 m6，材料为钢，普通淬火（A 型），表面氧化的圆柱销

销　GB/T 119.1　6m 6×30

公称直径 d＝6mm，公差为 m6，公称长度 l＝30mm，材料为钢，不经淬火，不经表面处理的圆柱销

（单位：mm）

d（公称）m6/h8	2	3	4	5	6	8	10	12	16	20	25
c≈	0.35	0.5	0.63	0.8	1.2	1.6	2	2.5	3	3.5	4
l 范围	6～20	8～30	8～40	10～50	12～60	14～80	18～95	22～140	26～180	35～200	50～200
l 系列（公称）	2、3、4、5、6～32（2 进位）、35～100（5 进位）、120～≥200（按 20 递增）										

附表 12　圆锥销（GB/T 117—2000）

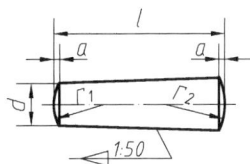

标记示例：销 GB/T 117　6×24

公称直径 d＝6mm，公称长度 l＝24mm，材料为 35 钢，热处理硬度 28～38HRC，表面氧化处理的 A 型圆锥销

（单位：mm）

d 公称	2	2.5	3	4	5	6	8	10	12	16	20	25
a≈	0.25	0.3	0.4	0.5	0.63	0.8	1.0	1.2	1.6	2.0	2.5	3.0
l 范围	10～35	10～35	12～45	14～55	18～60	22～90	22～120	26～160	32··180	40～200	45～200	50～200
l 系列	2、3、4、5、6～32（2 进位）、35～100（5 进位）、120～200（20 进位）											

机械制图（多学时）第2版

附表13 开口销（GB/T 91—2000）

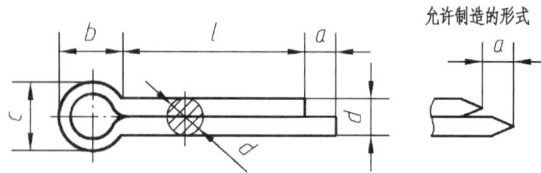

标记示例：销 GB/T 91　5×30

公称直径 $d=5mm$，公称长度 $l=30mm$，材料为 Q215 或 Q235，不经表面表面处理的开口销　　（单位：mm）

	公称	0.8	1	1.2	1.6	2	2.5	3.2	4	5	6.3	8	10	13
d	max	0.7	0.9	1	1.4	1.8	2.3	2.9	3.7	4.6	5.9	7.5	9.5	12.4
	min	0.6	0.8	0.9	1.3	1.7	2.1	2.7	3.5	4.4	5.7	7.3	9.3	12.1
c_{max}		1.4	1.8	2	2.8	3.6	4.6	5.8	7.4	9.2	11.8	15	19	24.8
b		2.4	3	3	3.2	4	5	6.4	8	10	12.6	16	20	26
a_{max}		1.6				2.5			3.2	4			6.3	
l 范围		5~16	6~20	8~26	8~32	10~40	12~50	14~65	18~80	22~100	30~120	40~160	45~200	70~200
l 系列		4、5、6~32（2进位）、36、40~100（5进位）、120~200（20进位）												

注：销孔的公称直径等于 d 公称，$d_{min}\leqslant$（销的直径）$\leqslant d_{max}$。

附表 14　滚　动　轴　承

| 深沟球轴承
(GB/T 276—2013) | | | | | 圆锥滚子轴承
(GB/T 297—2015) | | | | | | 推力球轴承
(GB/T 301—2015) | | | | |

标记示例：　　　　　　　　标记示例：　　　　　　　　标记示例：

滚动轴承　6310　GB/T 276　　滚动轴承　30212　GB/T 297　　滚动轴承　51305　GB/T 301

轴承 型号	尺寸/mm			轴承 型号	尺寸/mm					轴承 型号	尺寸/mm			
	d	D	B		d	D	B	C	T		d	D	T	d_1
02 系列				02 系列						12 系列				
6202	15	35	11	30203	17	40	12	11	13.25	51202	15	32	12	17
6203	17	40	12	30204	20	47	14	12	15.25	51203	17	35	12	19
6204	20	47	14	30205	25	52	15	13	16.25	51204	20	40	14	22
62/22	22	50	14	30206	30	62	16	14	17.25	51205	25	47	15	27
6205	25	52	15	302/32	32	65	17	15	18.25	51206	30	52	16	32
62/28	28	58	16	30207	35	72	17	15	18.25	51207	35	62	18	37
6206	30	62	16	30208	40	80	18	16	19.75	51208	40	68	19	42
62/32	32	65	17	30209	45	85	19	16	20.75	51209	45	73	20	47
6207	35	72	17	30210	50	90	20	17	21.75	51210	50	78	22	52
6208	40	80	18	30211	55	100	21	18	22.75	51211	55	90	25	57
6209	45	85	19	30212	60	110	22	19	23.75	51212	60	95	26	62
03 系列				03 系列						13 系列				
6302	15	42	13	30302	15	42	13	11	14.25	51304	20	47	18	22
6303	17	47	14	30303	17	47	14	12	15.25	51305	25	52	18	27
6304	20	52	15	30304	20	52	15	13	16.25	51306	30	60	21	32
63/22	22	56	16	30305	25	62	17	15	18.25	51307	35	68	24	37
6305	25	62	17	30306	30	72	19	16	20.75	51308	40	78	26	42
63/28	28	68	18	30307	35	80	21	18	22.75	51309	45	85	28	47
6306	30	72	19	30308	40	90	23	20	25.25	51310	50	95	31	52
63/32	32	75	20	30309	45	100	25	22	27.25	51311	55	105	35	57
6307	35	80	21	30310	50	110	27	23	29.25	51312	60	110	35	62
6308	40	90	23	30311	55	120	29	23	31.50	51313	65	115	36	67
6309	45	100	25	30312	60	130	31	26	33.50	51314	70	125	40	72

附表15　中心孔表示法（摘自 GB/T 145—2001）

中心孔型式及尺寸	R 型（弧形中心孔）	A 型（不带护锥的中心孔）	B 型（带护锥的中心孔）	C 型（带螺纹的中心孔）
用途	通常用于需要提高加工精度的场合	通常用于加工后可以保留的场合	通常用于加工后必须保留的场合	通常用于一些需要带压禁装置的零件

中心孔表示法	要　求	规定表示法	简化表示法	说　明
	在完工的零件上要求保留中心孔	GB/T 4459.5-B4/12.5	B4/12.5	采用 B 型中心孔 $d=4$，$D1=12.5$
	在完工的零件上可以保留中心孔	GB/T 4459.5-A2/4.25	A2/4.25	采用 A 型中心 $d=2$，$D=4.25$
	在完工的零件上不允许保留中心孔	GB/T 4459.5-A1.6/3.35	A1.6/3.35	采用 A 型中心孔 $d=16$，$D=3.35$

中心孔的尺寸参数　　　　　　　　　　　　　　　　　　　　（单位：mm）

d	R 型 D	A 型 D	A 型 参考尺寸 t	B 型 $D2$	B 型 参考尺寸 t	C 型 d	C 型 $D3$
1	2.12	2.12	0.9	3.15	0.9	M3	5.8
1.6	3.35	3.35	1.4	5	1.4	M4	7.4
2	4.25	4.25	1.8	6.3	1.8	M5	8.8
2.5	5.3	5.3	2.2	8	2.2	M6	10.5
3.15	6.7	6.7	2.8	10	2.8	M8	13.2
4	8.5	8.5	3.5	12.5	3.5	M10	16.3
（5）	10.6	10.6	4.4	16	4.4	M12	19.8
6.3	13.2	13.2	5.5	18	5.5	M16	25.3
（8）	17	17	7	22.4	7	M20	31.3
10	21.2	21.2	8.7	28	8.7	M24	38

附表 16　标准公差数值（摘自 GB/T 1800.2—2020）

公称尺寸 mm		标准公差等级																	
		IT1	IT2	IT3	IT4	IT5	IT6	IT7	IT8	IT9	IT10	IT11	IT12	IT13	IT14	IT15	IT16	IT17	IT18
大于	至	μm											mm						
—	3	0.8	1.2	2	3	4	6	10	14	25	40	60	0.1	0.14	0.25	0.4	0.6	1	1.4
3	6	1	1.5	2.5	4	5	8	12	18	30	48	75	0.12	0.18	0.3	0.48	0.75	1.2	1.8
6	10	1	1.5	2.5	4	6	9	15	22	36	58	90	0.15	0.22	0.36	0.58	0.9	1.5	2.2
10	18	1.2	2	3	5	8	11	18	27	43	70	110	0.18	0.27	0.43	0.7	1.1	1.8	2.7
18	30	1.5	2.5	4	6	9	13	21	33	52	84	130	0.21	0.33	0.52	0.84	1.3	2.1	3.3
30	50	1.5	2.5	4	7	11	16	25	39	62	100	160	0.25	0.39	0.62	1	1.6	2.5	3.9
50	80	2	3	5	8	13	19	30	46	74	120	190	0.3	0.46	0.74	1.2	1.9	3	4.6
80	120	2.5	4	6	10	15	22	35	54	87	140	220	0.35	0.54	0.87	1.4	2.2	3.5	5.4
120	180	3.5	5	8	12	18	25	40	63	100	160	250	0.4	0.63	1	1.6	2.5	4	6.3
180	250	4.5	7	10	14	20	29	46	72	115	185	290	0.46	0.72	1.15	1.85	2.9	4.6	7.2
250	315	6	8	12	16	23	32	52	81	130	210	320	0.52	0.81	1.3	2.1	3.2	5.2	8.1
315	400	7	9	13	18	25	36	57	89	140	230	360	0.57	0.89	1.4	2.3	3.6	5.7	8.9
400	500	8	10	15	20	27	40	63	97	155	250	400	0.63	0.97	1.55	2.5	4	6.3	9.7
500	630	9	11	16	22	32	44	70	110	175	280	440	0.7	1.1	1.75	2.8	4.4	7	11
630	800	10	13	18	25	36	50	80	125	200	320	500	0.8	1.25	2	3.2	5	8	12.5
800	1000	11	15	21	28	40	6	90	140	230	360	560	0.9	1.4	2.3	3.6	5.6	9	14
1000	1250	13	18	24	33	47	66	105	165	260	420	660	1.05	1.65	2.6	4.2	6.6	10.5	16.5
1250	1600	15	21	29	39	55	78	125	195	310	500	780	1.25	1.95	3.1	5	7.8	12.5	19.5
1600	2000	18	25	35	46	65	92	150	230	370	600	920	1.5	2.3	3.7	6	9.2	15	23
2000	2500	22	30	41	55	78	110	175	280	440	700	1100	1.75	2.8	4.4	7	11	17.5	28
2500	3150	26	36	50	68	96	135	210	330	540	860	1350	2.1	3.3	5.4	8.6	13.5	21	33

注 1：公称尺寸大于 500mm 的 IT1～IT5 的标准公差为试行。

注 2：公称尺寸小于或等于 1mm 时，无 IT14～IT18。

附表17 轴的极限偏差（基本尺寸至500mm的优先常用配合）（摘自 GB/T 1800.2—2020）

(μm)

代号 公称尺寸mm	c	d	e	f	g	h	h	h	h	h	h	js	k	k	m	m	n	n	p	r	s	t	u	v	x	y	z
公差等级	11	9	8	7	6	6	7	8	9	10	11	6	6	7	6	7	5	6	6	6	6	6	6	6	6	6	6
≤3	-60/-120	-20/-45	-14/-28	-6/-16	-2/-8	0/-6	0/-10	0/-14	0/-25	0/-40	0/-60	±3	+6/0	+10/0	+8/+2	+12/+2	+8/+4	+10/+4	+12/+6	+16/+10	+20/+14	—	+24/+18	—	+26/+20	—	+32/+26
3~6	-70/-145	-30/-60	-20/-38	-10/-22	-4/-12	0/-8	0/-12	0/-18	0/-30	0/-48	0/-75	±4	+9/+1	+13/+1	+12/+4	+16/+4	+13/+8	+16/+8	+20/+12	+23/+15	+27/+19	—	+31/+23	—	+36/+28	—	+43/+35
6~10	-80/-170	-40/-76	-25/-47	-13/-28	-5/-14	0/-9	0/-15	0/-22	0/-36	0/-58	0/-90	±4.5	+10/+1	+16/+1	+15/+6	+21/+6	+16/+10	+19/+10	+24/+15	+28/+19	+32/+23	—	+37/+28	—	+43/+34	—	+51/+42
10~14	-95/-205	-50/-93	-32/-59	-16/-34	-6/-17	0/-11	0/-18	0/-27	0/-43	0/-70	0/-110	±5.5	+12/+1	+19/+1	+18/+7	+25/+7	+20/+12	+23/+12	+29/+18	+34/+23	+39/+28	—	+44/+33	—	+51/+40	—	+61/+50
14~18	-95/-205	-50/-93	-32/-59	-16/-34	-6/-17	0/-11	0/-18	0/-27	0/-43	0/-70	0/-110	±5.5	+12/+1	+19/+1	+18/+7	+25/+7	+20/+12	+23/+12	+29/+18	+34/+23	+39/+28	—	+44/+33	+50/+39	+56/+45	—	+71/+60
18~24	-110/-240	-65/-117	-40/-73	-20/-41	-7/-20	0/-13	0/-21	0/-33	0/-52	0/-84	0/-130	±6.5	+15/+2	+23/+2	+21/+8	+29/+8	+24/+15	+28/+15	+35/+22	+41/+28	+48/+35	—	+54/+41	+60/+47	+67/+54	+76/+63	+86/+73
24~30	-110/-240	-65/-117	-40/-73	-20/-41	-7/-20	0/-13	0/-21	0/-33	0/-52	0/-84	0/-130	±6.5	+15/+2	+23/+2	+21/+8	+29/+8	+24/+15	+28/+15	+35/+22	+41/+28	+48/+35	+54/+41	+61/+48	+68/+55	+77/+64	+88/+75	+101/+88
30~40	-120/-280	-80/-142	-50/-89	-25/-50	-9/-25	0/-16	0/-25	0/-39	0/-62	0/-100	0/-160	±8	+18/+2	+27/+2	+25/+9	+34/+9	+28/+17	+33/+17	+42/+26	+50/+34	+59/+43	+64/+48	+76/+60	+84/+68	+96/+80	+110/+94	+128/+112
40~50	-130/-290	-80/-142	-50/-89	-25/-50	-9/-25	0/-16	0/-25	0/-39	0/-62	0/-100	0/-160	±8	+18/+2	+27/+2	+25/+9	+34/+9	+28/+17	+33/+17	+42/+26	+50/+34	+59/+43	+70/+54	+86/+70	+97/+81	+113/+97	+130/+114	+152/+136
50~65	-140/-330	-100/-174	-60/-106	-30/-60	-10/-29	0/-19	0/-30	0/-46	0/-74	0/-120	0/-190	±9.5	+21/+2	+32/+2	+30/+11	+41/+11	+33/+20	+39/+20	+51/+32	+60/+41	+72/+53	+85/+66	+106/+87	+121/+102	+141/+122	+163/+144	+191/+172
65~80	-150/-340	-100/-174	-60/-106	-30/-60	-10/-29	0/-19	0/-30	0/-46	0/-74	0/-120	0/-190	±9.5	+21/+2	+32/+2	+30/+11	+41/+11	+33/+20	+39/+20	+51/+32	+62/+43	+78/+59	+94/+75	+121/+102	+139/+120	+165/+146	+193/+174	+229/+210
80~100	-170/-390	-120/-207	-72/-126	-36/-71	-12/-34	0/-22	0/-35	0/-54	0/-87	0/-140	0/-220	±11	+25/+3	+38/+3	+35/+13	+48/+13	+38/+23	+45/+23	+59/+37	+73/+51	+93/+71	+113/+91	+146/+124	+168/+146	+200/+178	+236/+214	+280/+258
100~120	-180/-400	-120/-207	-72/-126	-36/-71	-12/-34	0/-22	0/-35	0/-54	0/-87	0/-140	0/-220	±11	+25/+3	+38/+3	+35/+13	+48/+13	+38/+23	+45/+23	+59/+37	+76/+54	+101/+79	+126/+104	+166/+144	+194/+172	+232/+210	+276/+254	+332/+310

续表

公称尺寸mm	c 11	d 9	e 8	f 7	g 6	h 5	h 6	h 7	h 8	h 9	h 10	h 11	js 6	k 6	k 7	m 6	m 7	n 5	n 6	p 6	r 6	s 6	t 6	u 6	v 6	x 6	y 6	z 6
120~140	-200 / -450	-145 / -245	-85 / -148	-43 / -83	-14 / -39	0 / -18	0 / -25	0 / -40	0 / -63	0 / -100	0 / -160	0 / -250	±12.5	+28 / +3	+43 / +3	+40 / +15	+55 / +15	+45 / +27	+52 / +27	+68 / +43	+88 / +63	+117 / +92	+147 / +122	+195 / +170	+227 / +202	+273 / +248	+325 / +300	+390 / +365
140~160	-210 / -460																				+90 / +65	+125 / +100	+159 / +134	+215 / +190	+253 / +228	+305 / +280	+365 / +340	+440 / +415
160~180	-230 / -480																				+93 / +68	+133 / +108	+171 / +146	+235 / +210	+277 / +252	+335 / +310	+405 / +380	+490 / +465
180~200	-240 / -530	-170 / -285	-100 / -172	-50 / -96	-15 / -44	0 / -20	0 / -29	0 / -46	0 / -72	0 / -115	0 / -185	0 / -290	±14.5	+33 / +4	+50 / +4	+46 / +17	+63 / +17	+51 / +31	+60 / +31	+79 / +50	+106 / +77	+151 / +122	+195 / +166	+265 / +236	+313 / +284	+379 / +350	+454 / +425	+549 / +520
200~225	-260 / -550																				+109 / +80	+159 / +130	+209 / +180	+287 / +258	+339 / +310	+414 / +385	+499 / +470	+604 / +575
225~250	-280 / -570																				+113 / +84	+169 / +140	+225 / +196	+313 / +284	+369 / +340	+454 / +425	+549 / +520	+669 / +640
250~280	-300 / -620	-190 / -320	-110 / -191	-56 / -108	-17 / -49	0 / -23	0 / -32	0 / -52	0 / -81	0 / -130	0 / -210	0 / -320	±16	+36 / +4	+56 / +4	+52 / +20	+72 / +20	+57 / +34	+66 / +34	+88 / +56	+126 / +94	+190 / +158	+250 / +218	+347 / +315	+417 / +385	+507 / +475	+612 / +580	+742 / +710
280~315	-330 / -650																				+130 / +98	+202 / +170	+272 / +240	+382 / +350	+457 / +425	+557 / +525	+682 / +650	+822 / +790
315~355	-360 / -720	-210 / -350	-125 / -214	-62 / -119	-18 / -54	0 / -25	0 / -36	0 / -57	0 / -89	0 / -140	0 / -230	0 / -360	±18	+40 / +4	+61 / +4	+57 / +21	+78 / +21	+62 / +37	+73 / +37	+98 / +62	+144 / +108	+226 / +190	+304 / +268	+426 / +390	+511 / +475	+626 / +590	+766 / +730	+936 / +900
355~400	-400 / -760																				+150 / +114	+244 / +208	+330 / +294	+471 / +435	+566 / +530	+696 / +660	+856 / +820	+1036 / +1000
400~450	-440 / -840	-230 / -385	-135 / -232	-68 / -131	-20 / -60	0 / -27	0 / -40	0 / -63	0 / -97	0 / -155	0 / -250	0 / -400	±20	+45 / +5	+68 / +5	+63 / +23	+86 / +23	+67 / +40	+80 / +40	+108 / +68	+166 / +126	+272 / +232	+370 / +330	+530 / +490	+635 / +595	+780 / +740	+960 / +920	+1140 / +1100
450~500	-480 / -880																				+172 / +132	+292 / +252	+400 / +360	+580 / +540	+700 / +660	+860 / +820	+1040 / +1000	+1290 / +1250

公差等级

附表18 孔的极限偏差（基本尺寸至500mm的优先常用配合）（摘自 GB/T 1800.2—2020） （μm）

每格上为上偏差，下为下偏差。

代号 / 公称尺寸mm	C11	D9	E8	F8	G7	H6	H7	H8	H9	H10	H11	H12	JS7	JS8	K6	K7	M6	M7	N6	N7	P6	P7	R6	R7	S6	S7	T6	T7	U6
≤3	+120/+60	+45/+20	+28/+14	+20/+6	+12/+2	+6/0	+10/0	+14/0	+25/0	+40/0	+60/0	+100/0	±5	±7	0/−6	0/−10	−2/−8	−2/−12	−4/−10	−4/−14	−6/−12	−6/−16	−10/−16	−10/−20	−14/−20	−14/−24	—	—	−18/−24
3~6	+145/+70	+60/+30	+38/+20	+28/+10	+16/+4	+8/0	+12/0	+18/0	+30/0	+48/0	+75/0	+120/0	±6	±9	+2/−6	+3/−9	−1/−9	0/−12	−5/−13	−4/−16	−9/−17	−8/−20	−12/−20	−11/−23	−16/−24	−15/−27	—	—	−20/−28
6~10	+170/+80	+76/+40	+47/+25	+35/+13	+20/+5	+9/0	+15/0	+22/0	+36/0	+58/0	+90/0	+150/0	±7	±11	+2/−7	+5/−10	−3/−12	0/−15	−7/−16	−4/−19	−12/−21	−9/−24	−16/−25	−13/−28	−20/−29	−17/−32	—	—	−25/−34
10~14	+205/+95	+93/+50	+59/+32	+43/+16	+24/+6	+11/0	+18/0	+27/0	+43/0	+70/0	+110/0	+180/0	±9	±13	+2/−9	+6/−12	−4/−15	0/−18	−9/−20	−5/−23	−15/−26	−11/−29	−20/−31	−16/−34	−25/−36	−21/−39	—	—	−30/−41
14~18	+205/+95	+93/+50	+59/+32	+43/+16	+24/+6	+11/0	+18/0	+27/0	+43/0	+70/0	+110/0	+180/0	±9	±13	+2/−9	+6/−12	−4/−15	0/−18	−9/−20	−5/−23	−15/−26	−11/−29	−20/−31	−16/−34	−25/−36	−21/−39	—	—	−30/−41
18~24	+240/+110	+117/+65	+73/+40	+53/+20	+28/+7	+13/0	+21/0	+33/0	+52/0	+84/0	+130/0	+210/0	±10	±16	+2/−11	+6/−15	−4/−17	0/−21	−11/−24	−7/−28	−18/−31	−14/−35	−24/−37	−20/−41	−31/−44	−27/−48	—	—	−37/−50
24~30	+240/+110	+117/+65	+73/+40	+53/+20	+28/+7	+13/0	+21/0	+33/0	+52/0	+84/0	+130/0	+210/0	±10	±16	+2/−11	+6/−15	−4/−17	0/−21	−11/−24	−7/−28	−18/−31	−14/−35	−24/−37	−20/−41	−31/−44	−27/−48	−37/−50	−33/−54	−44/−57
30~40	+280/+120	+142/+80	+89/+50	+64/+25	+34/+9	+16/0	+25/0	+39/0	+62/0	+100/0	+160/0	+250/0	±12	±19	+3/−13	+7/−18	−4/−20	0/−25	−12/−28	−8/−33	−21/−37	−17/−42	−29/−45	−25/−50	−38/−54	−34/−59	−43/−59	−39/−64	−55/−71
40~50	+290/+130	+142/+80	+89/+50	+64/+25	+34/+9	+16/0	+25/0	+39/0	+62/0	+100/0	+160/0	+250/0	±12	±19	+3/−13	+7/−18	−4/−20	0/−25	−12/−28	−8/−33	−21/−37	−17/−42	−29/−45	−25/−50	−38/−54	−34/−59	−49/−65	−45/−70	−65/−81
50~65	+330/+140	+174/+100	+106/+60	+76/+30	+40/+10	+19/0	+30/0	+46/0	+74/0	+120/0	+190/0	+300/0	±15	±23	+4/−15	+9/−21	−5/−24	0/−30	−14/−33	−9/−39	−26/−45	−21/−51	−35/−54	−30/−60	−47/−66	−42/−72	−60/−79	−55/−85	−81/−100
65~80	+340/+150	+174/+100	+106/+60	+76/+30	+40/+10	+19/0	+30/0	+46/0	+74/0	+120/0	+190/0	+300/0	±15	±23	+4/−15	+9/−21	−5/−24	0/−30	−14/−33	−9/−39	−26/−45	−21/−51	−37/−56	−32/−62	−53/−72	−48/−78	−69/−88	−64/−94	−96/−115
80~100	+390/+170	+207/+120	+126/+72	+90/+36	+47/+12	+22/0	+35/0	+54/0	+87/0	+140/0	+220/0	+350/0	±17	±27	+4/−18	+10/−25	−6/−28	0/−35	−16/−38	−10/−45	−30/−52	−24/−59	−44/−66	−38/−73	−64/−86	−58/−93	−84/−106	−78/−113	−117/−139
100~120	+400/+180	+207/+120	+126/+72	+90/+36	+47/+12	+22/0	+35/0	+54/0	+87/0	+140/0	+220/0	+350/0	±17	±27	+4/−18	+10/−25	−6/−28	0/−35	−16/−38	−10/−45	−30/−52	−24/−59	−47/−69	−41/−76	−72/−94	−66/−101	−97/−119	−91/−126	−137/−159

续表

公差等级（单位：μm；各栏数值为上偏差/下偏差）

公称尺寸 mm	C11	D9	E8	F8	G7	H6	H7	H8	H9	H10	H11	H12	JS7	JS8	K6	K7	M7	N6	N7	P6	P7	R6	R7	S6	S7	T6	T7	U6
120~140	+450/+200	+245/+145	+148/+85	+106/+43	+54/+14	+25/0	+40/0	+63/0	+100/0	+160/0	+250/0	+400/0	±20	±31	+4/-21	+12/-28	0/-40	-20/-45	-12/-52	-36/-61	-28/-68	-56/-81	-48/-88	-85/-110	-77/-117	-115/-140	-107/-147	-163/-188
140~160	+460/+210	+245/+145	+148/+85	+106/+43	+54/+14	+25/0	+40/0	+63/0	+100/0	+160/0	+250/0	+400/0	±20	±31	+4/-21	+12/-28	0/-40	-20/-45	-12/-52	-36/-61	-28/-68	-58/-83	-50/-90	-93/-118	-85/-125	-127/-152	-119/-159	-183/-208
160~180	+480/+230	+245/+145	+148/+85	+106/+43	+54/+14	+25/0	+40/0	+63/0	+100/0	+160/0	+250/0	+400/0	±20	±31	+4/-21	+12/-28	0/-40	-20/-45	-12/-52	-36/-61	-28/-68	-61/-86	-53/-93	-101/-126	-93/-133	-139/-164	-131/-171	-203/-228
180~200	+530/+240	+285/+170	+172/+100	+122/+50	+61/+15	+29/0	+46/0	+72/0	+115/0	+185/0	+290/0	+460/0	±23	±36	+5/-24	+13/-33	0/-46	-22/-51	-14/-60	-41/-70	-33/-79	-68/-97	-60/-106	-113/-142	-105/-151	-157/-186	-149/-195	-227/-256
200~225	+550/+260	+285/+170	+172/+100	+122/+50	+61/+15	+29/0	+46/0	+72/0	+115/0	+185/0	+290/0	+460/0	±23	±36	+5/-24	+13/-33	0/-46	-22/-51	-14/-60	-41/-70	-33/-79	-71/-100	-63/-109	-121/-150	-113/-159	-171/-200	-163/-209	-249/-278
225~250	+570/+280	+285/+170	+172/+100	+122/+50	+61/+15	+29/0	+46/0	+72/0	+115/0	+185/0	+290/0	+460/0	±23	±36	+5/-24	+13/-33	0/-46	-22/-51	-14/-60	-41/-70	-33/-79	-75/-104	-67/-113	-131/-160	-123/-169	-187/-216	-179/-225	-275/-304
250~280	+620/+300	+320/+190	+191/+110	+137/+56	+69/+17	+32/0	+52/0	+81/0	+130/0	+210/0	+320/0	+520/0	±26	±40	+5/-27	+16/-36	0/-52	-25/-57	-14/-66	-47/-79	-36/-88	-85/-117	-74/-126	-149/-181	-138/-190	-209/-241	-198/-250	-306/-338
280~315	+650/+330	+320/+190	+191/+110	+137/+56	+69/+17	+32/0	+52/0	+81/0	+130/0	+210/0	+320/0	+520/0	±26	±40	+5/-27	+16/-36	0/-52	-25/-57	-14/-66	-47/-79	-36/-88	-89/-121	-78/-130	-161/-193	-150/-202	-231/-263	-220/-272	-341/-373
315~355	+720/+360	+350/+210	+214/+125	+151/+62	+75/+18	+36/0	+57/0	+89/0	+140/0	+230/0	+360/0	+570/0	±28	±44	+7/-29	+17/-40	0/-57	-26/-62	-16/-73	-51/-87	-41/-98	-97/-133	-87/-144	-179/-215	-169/-226	-257/-293	-247/-304	-379/-415
355~400	+760/+400	+350/+210	+214/+125	+151/+62	+75/+18	+36/0	+57/0	+89/0	+140/0	+230/0	+360/0	+570/0	±28	±44	+7/-29	+17/-40	0/-57	-26/-62	-16/-73	-51/-87	-41/-98	-103/-139	-93/-150	-197/-233	-187/-244	-283/-319	-273/-330	-424/-460
400~450	+840/+440	+385/+230	+232/+135	+165/+68	+83/+20	+40/0	+63/0	+97/0	+155/0	+250/0	+400/0	+630/0	±31	±48	+8/-32	+18/-45	0/-63	-27/-67	-17/-80	-55/-95	-45/-108	-113/-153	-103/-166	-219/-259	-209/-272	-317/-357	-307/-370	-477/-517
450~500	+880/+480	+385/+230	+232/+135	+165/+68	+83/+20	+40/0	+63/0	+97/0	+155/0	+250/0	+400/0	+630/0	±31	±48	+8/-32	+18/-45	0/-63	-27/-67	-17/-80	-55/-95	-45/-108	-119/-159	-109/-172	-239/-279	-229/-292	-347/-387	-337/-400	-527/-567

代号

附表 19　基孔制配合推荐（摘自 GB/T 1800.1—2020）

基准孔	轴公差带代号																			
	间隙配合							过渡配合				过盈配合								
H6						g5	h5	js5	k5	m5		n5	p5							
H7					f6	g6	h6	js6	k6	m6	n6		p6	r6	s6	t6	u6	x6		
H8				e7	f7		h7	js7	k7	m7					s7		u7			
			d8	e8	f8		h8													
H9			d8	e8	f8		h8													
H10	b9	c9	d9	e9			h9													
H11	b11	c11	d10				h10													

注：表格中灰色底纹的公差带代号为优先选用的公差带代号

附表 20　基轴制配合推荐（摘自 GB/T 1800.1—2020）

基准轴	孔公差带代号		
	间隙配合	过渡配合	过盈配合
h5	G5　H5	JS5　K5　M5	N6　P6
h6	F7　G7　H7	JS7　K7　M7　N7	P7　R7　S7　T7　U7　X7
h7	E8　F8　H8		
h8	D9　E9　F9　H9		
h9	B10　C9　D9　E9　H10		

注：表格中灰色底纹的公差带代号为优先选用的公差带代号

反侵权盗版声明

电子工业出版社依法对本作品享有专有出版权。任何未经权利人书面许可，复制、销售或通过信息网络传播本作品的行为；歪曲、篡改、剽窃本作品的行为，均违反《中华人民共和国著作权法》，其行为人应承担相应的民事责任和行政责任，构成犯罪的，将被依法追究刑事责任。

为了维护市场秩序，保护权利人的合法权益，我社将依法查处和打击侵权盗版的单位和个人。欢迎社会各界人士积极举报侵权盗版行为，本社将奖励举报有功人员，并保证举报人的信息不被泄露。

举报电话：（010）88254396；（010）88258888

传　　真：（010）88254397

E-mail：　dbqq@phei.com.cn

通信地址：北京市万寿路 173 信箱

　　　　　电子工业出版社总编办公室

邮　　编：100036